高等职业院校互联网+新形态创新系列教材·计算机系列

HTML 5+CSS 3+JavaScript 网页设计教程
(微课版)

张润花　　赵培植　　王尚瀛　　主　编

U0286560

清华大学出版社

北　京

内 容 简 介

本书以基础知识、实例、综合案例相结合的方式详细讲解了使用 HTML 5、CSS 3 和 JavaScript 开发 Web 前端页面所需掌握的知识。

全书共 12 章，主要内容包括初步认识 HTML 5 简介、HTML 5 网页结构、HTML 5 表单应用、HTML 5 多媒体应用、HTML 5 绘图应用、HTML 5 数据存储、HTML 5 文件和拖放、CSS 3 新增选择器、CSS 3 修饰文本和背景、CSS 3 变形/过渡和动画及 JavaScript 脚本编程快速入门。本书不仅仅将笔墨局限于语法讲解上，还通过一个个鲜活、典型的实例来达到学以致用的目的。每个语法都有相应的实例，每章又配有综合实例，力求达到理论知识与实践操作完美结合的效果；同时本书配套有各实例的操作微视频、电子课件、习题答案等数字教学资源。

本书可作为普通高校、高职高专计算机及相关专业的教材，也可供从事网页设计与制作、网站开发、网页编程等行业人员参考阅读。

图书在版编目(CIP)数据

HTML 5+CSS 3+JavaScript 网页设计教程：微课版/张润花，赵培植，王尚瀛主编. —北京：清华大学出版社，2021.7
高等职业院校互联网+新形态创新系列教材. 计算机系列
ISBN 978-7-302-58193-2

Ⅰ. ①H… Ⅱ. ①张… ②赵… ③王… Ⅲ. ①超文本标记语言—程序设计—高等职业教育—教材 ②网页制作工具—高等职业教育—教材 ③JAVA 语言—程序设计—高等职业教育—教材 Ⅳ. ①TP321.8 ②TP393.092

中国版本图书馆 CIP 数据核字(2021)第 094569 号

责任编辑：桑任松
装帧设计：杨玉兰
责任校对：么丽娟
责任印制：刘海龙
出版发行：清华大学出版社
　　　　网　　　址：http://www.tup.com.cn, http://www.wqbook.com
　　　　地　　　址：北京清华大学学研大厦 A 座　　邮　　编：100084
　　　　社 总 机：010-62770175　　邮　　购：010-62786544
　　　　投稿与读者服务：010-62776969, c-service@tup.tsinghua.edu.cn
　　　　质量反馈：010-62772015, zhiliang@tup.tsinghua.edu.cn
印 装 者：三河市铭诚印务有限公司
经　　销：全国新华书店
开　　本：185mm×260mm　　印　张：20　　字　数：485 千字
版　　次：2021 年 8 月第 1 版　　印　次：2021 年 8 月第 1 次印刷
定　　价：59.00 元

产品编号：089735-01

互联网技术日新月异。在 2011 年以前，HTML 5 和 CSS 3 看起来还遥不可及，如今很多公司都已经开始运用这些技术了，Chrome、Safari、Firefox、JE 和 Opera 等主流浏览器已经逐步实现对它们的支持。从前端开发技术来看，互联网经历了三个阶段：第一个阶段是 Web 1.0 以内容为主的网络，主流技术是 HTML 和 CSS；第二个阶段是 Web 2.0 的 Ajax 应用，热门技术是 JavaScript 和 DOM；第三个阶段是现在的 HTML 5 和 CSS 3 技术，这两者相辅相成，使互联网进入一个崭新的时代。

所以如果想从事网页设计或网站管理相关工作，就必须学习并掌握 HTML、CSS 和 JavaScript 技术。本书紧密围绕网页设计师在制作网页过程中的实际需要和应该掌握的技术，全面介绍了使用 HTML、CSS、JavaScript 进行网页设计和制作的各方面内容和技巧。在讲解时采用了最新的 HTML 5 规范和 CSS 3 标准，并以 Chrome 浏览器为主要测试环境。

本书内容

本书共分为 12 章，主要内容如下。

第 1 章　初步认识 HTML 5。本章首先带领读者了解网页设计的基础知识和 Web 标准布局知识，然后介绍从 HTML 到 XHTML 再到 HTML 5 的过渡，之后对 HTML 5 的语法变化作了详细介绍。

第 2 章　HTML 5 网页结构。本章主要介绍 HTML 5 中新增与网页结构相关的元素，包括头部元素、结构元素、语义元素、节点元素和交互元素、全局属性。

第 3 章　HTML 5 表单应用。本章主要介绍 HTML 5 中新增的表单输入类型、表单属性、表单元素和表单验证方式。

第 4 章　HTML 5 多媒体应用。本章主要介绍如何使用 HTML 5 新增的 video 元素和 audio 元素播放视频和音频。

第 5 章　HTML 5 绘图应用。本章主要介绍使用 canvas 元素对图形进行各种绘制，像绘制三角形、文本、渐变和阴影等，还介绍了操作图形的各种方法，像坐标转换等。

第 6 章　HTML 5 数据存储。本章主要介绍 HTML 5 中新增的两种数据存储方式，即 Web 存储和本地数据库存储。

第 7 章　HTML 5 文件和拖放。本章主要介绍 HTML 5 的文件新特性，主要包括允许选择多个文件、读取文件的信息和内容、实现文件上传以及判断是否在线等；最后介绍了如何对元素进行拖放。

第 8 章　CSS 3 新增选择器。本章主要介绍 CSS 3 新增选择器的使用，像属性选择器、伪类选择器和伪对象选择器等。

第 9 章　CSS 3 修饰文本和背景。本章主要介绍 CSS 3 中新增的背景、边框、字体、颜色等相关属性，例如与背景有关的 background-clip、background-size、background-origin 属性，与边框有关的 border-radius、bobx-shadow、border-image 属性，等等。

第 10 章　CSS 3 变形、过渡和动画。本章主要介绍 CSS 3 的动画功能，包括变形效果、过渡效果和动画帧等。

第 11 章　CSS 3 布局属性。本章主要介绍 CSS 3 中的新增布局属性，例如多列布局属性、盒模型布局属性等。

第 12 章　JavaScript 脚本编程快速入门。本章主要介绍 JavaScript 的基础知识，包括 JavaScript 语言的语法规则、运算符、流程控制语句、常用函数、常用对象及常用事件等内容。

本书特色

本书中采用大量的实例进行讲解，力求通过实际操作使读者更容易地制作出前端页面、设计出页面样式和操作页面脚本。本书难度适中，内容由浅入深，实用性强，覆盖面广，条理清晰。

1. 知识点全

本书紧紧围绕前端的 HTML 5、CSS 3 和 JavaScript 展开讲解，具有很强的逻辑性和系统性。

● 实例丰富

本书实例丰富，既能体现出知识点，同时又录制了相应的微视频，让读者能轻松地进行学习，并能灵活地应用到实际的软件项目中去。

● 应用广泛

对于精选案例，给出了详细步骤，结构清晰简明，分析深入浅出，而且有些程序能够直接在项目中使用，帮助读者进行二次开发。

● 基于理论，注重实践

在讲解过程中，不仅介绍理论知识，而且在合适位置安排综合应用实例或者小型应用程序，将理论应用到实践中，来加强读者的实际应用能力，巩固开发基础和知识。

2. 贴心的提示

为了便于读者阅读，本书还穿插了一些提示、注意和技巧等小板块，体例约定如下。

● 提示：通常是一些贴心的提醒，让读者加深印象，或提供建议以及解决问题的方法。
● 注意：提出学习过程中需要特别注意的一些知识点和内容，或者相关信息。
● 技巧：通过简短的文字，指出知识点在应用时的一些小窍门。

本书由甘肃建筑职业技术学院的张润花、赵培植、王尚瀛主编，其中，张润花老师负责编写了第 2、3、4、9 章，共计 168 千字；赵培植老师编写了第 5~8 章，共计 168 千字；王尚瀛老师编写了第 1、10、11、12 章，共计 128 千字。其他参与书中内容整理及设计的人员还有郑志荣、侯艳书、刘利利、侯政洪、肖进、李海燕、侯政云、祝红涛、崔再喜、贺春雷等，在此表示感谢。

在本书的编写过程中，我们力求精益求精，但难免存在一些不足之处，敬请广大读者批评指正。

编　者

目录

第1章 初步认识 HTML 5.............................1

1.1 认识网页和网站......................................2
 1.1.1 网页..2
 1.1.2 网站..3
1.2 Web 标准布局介绍 4
 1.2.1 为什么使用 Web 标准 4
 1.2.2 CSS 布局标准..........................5
1.3 HTML 与 HTML 5................................6
 1.3.1 HTML 发展历史 6
 1.3.2 HTML 4.01 和 XHTML 7
 1.3.3 HTML 和 XHTML 的文档
    类型定义................................8
 1.3.4 从 XHTML 到 HTML 5 10
 1.3.5 HTML 5 的优势 10
1.4 HTML 5 语法变化 12
 1.4.1 DOCTYPE 声明......................12
 1.4.2 命名空间声明...........................13
 1.4.3 编码类型.................................13
 1.4.4 文档媒体类型...........................14
 1.4.5 HTML 5 兼容 HTML 15
1.5 综合应用实例：浏览器 HTML 5
  性能测试.................................18
本章小结 20
习题 20

第2章 HTML 5 网页结构.............................21

2.1 认识 html 根元素 22
2.2 文档头部元素..22
2.3 结构元素..25
 2.3.1 header 元素............................26
 2.3.2 article 元素............................27
 2.3.3 section 元素...........................28
 2.3.4 aside 元素..............................29
 2.3.5 footer 元素 31

2.4 节点元素..31
 2.4.1 nav 元素................................31
 2.4.2 hgroup 元素............................32
 2.4.3 address 元素...........................33
2.5 语义元素..33
 2.5.1 mark 元素...............................34
 2.5.2 cite 元素.................................35
 2.5.3 time 元素................................35
 2.5.4 wbr 元素.................................35
 2.5.5 ruby、rt 和 rp 元素...............36
2.6 交互元素..36
 2.6.1 meter 元素..............................36
 2.6.2 progress 元素..........................38
 2.6.3 details 元素............................39
 2.6.4 summary 元素.........................40
2.7 全局属性..41
 2.7.1 hidden 属性............................41
 2.7.2 contenteditable 属性............42
 2.7.3 spellcheck 属性 43
2.8 综合应用实例：设计旅游网站
  首页.................................44
本章小结 50
习题 50

第3章 HTML 5 表单应用 53

3.1 重新认识 HTML 表单 54
 3.1.1 表单简介................................54
 3.1.2 表单标记................................54
3.2 新增输入类型 55
 3.2.1 url 类型................................56
 3.2.2 number 类型............................57
 3.2.3 email 类型...............................58
 3.2.4 range 类型..............................58
 3.2.5 datepickers 类型....................59

3.2.6　color 类型 61

3.2.7　tel 类型 61

3.2.8　search 类型 62

3.3　新增属性 62

3.3.1　表单类属性 62

3.3.2　输入类属性 64

3.4　表单元素 69

3.4.1　datalist 元素 69

3.4.2　keygen 元素 70

3.4.3　output 元素 71

3.4.4　optgroup 元素 72

3.5　表单验证 73

3.5.1　自动验证 73

3.5.2　显式验证 74

3.5.3　自定义验证 76

3.5.4　取消验证 76

3.6　综合应用实例：设计用户录入表单...77

本章小结 81

习题 81

第 4 章　HTML 5 多媒体应用 83

4.1　多媒体简介 84

4.2　播放视频 85

4.2.1　video 元素基础用法 85

4.2.2　video 元素方法 87

4.2.3　video 元素事件 88

4.3　播放音频 90

4.3.1　audio 元素基础用法 90

4.3.2　audio 元素事件 91

4.4　综合应用实例：网页视频播放器 92

本章小结 97

习题 98

第 5 章　HTML 5 绘图应用 99

5.1　认识 canvas 元素 100

5.1.1　canvas 简介 100

5.1.2　创建 canvas 元素 100

5.1.3　综合应用实例：判断浏览器

是否支持 canvas 元素 101

5.2　绘制简单图形 101

5.2.1　绘制矩形 102

5.2.2　绘制直线 104

5.2.3　绘制圆形 107

5.2.4　综合应用实例：

绘制三角形 109

5.2.5　保存和恢复图形 111

5.2.6　输出图形 112

5.3　绘制文本 113

5.3.1　绘制普通文本 113

5.3.2　绘制阴影文本 115

5.4　变换图形 116

5.4.1　坐标变换 117

5.4.2　矩阵变换 120

5.4.3　组合图形 122

5.4.4　线性渐变 124

5.4.5　径向渐变 126

5.5　使用图像 127

5.5.1　绘制图像 128

5.5.2　平铺图像 129

5.5.3　裁剪和复制图像 131

5.6　综合应用实例：制作图片黑白和

反转效果 132

本章小结 134

习题 134

第 6 章　HTML 5 数据存储 137

6.1　认识 Web 存储和 Cookie 存储 138

6.2　两大 Web 存储对象 138

6.2.1　sessionStorage 对象 139

6.2.2　localStorage 对象 140

6.3　操作本地数据 142

6.3.1　保存数据 142

6.3.2　读取数据 143

6.3.3　清空数据 145

6.3.4 遍历数据 145

6.4 综合应用实例：实现工程管理
模块 147

6.5 操作本地数据库数据 152

6.5.1 创建数据库 152

6.5.2 执行 SQL 语句 153

6.6 综合应用实例：查看学生列表 154

本章小结 156

习题 156

第 7 章 HTML 5 文件和拖放 159

7.1 操作文件 160

7.1.1 获取文件信息 160

7.1.2 限制文件类型 161

7.2 综合应用实例：文件上传 163

7.3 FileReader 接口 164

7.3.1 FileReader 接口简介 165

7.3.2 读取文本文件内容 165

7.3.3 监听读取事件 167

7.3.4 处理读取异常 169

7.4 综合应用实例：预览图片 170

7.5 拖放功能 171

7.5.1 拖放 API 简介 171

7.5.2 dataTransfer 对象 173

本章小结 176

习题 176

第 8 章 CSS 3 新增选择器 179

8.1 CSS 3 简介 180

8.2 综合应用实例：浏览器 CSS 3 性能
测试 183

8.3 CSS 选择器分类 185

8.4 属性选择器 188

8.4.1 E[att^="val"] 188

8.4.2 E[att$="val"] 189

8.4.3 E[att*="val"] 189

8.4.4 综合应用实例：设计颜色
选择器 190

8.5 伪类选择器 191

8.5.1 E:last-child 选择器 191

8.5.2 E:only-child 选择器 193

8.5.3 E:nth-child(n)选择器 193

8.5.4 E:nth-last-child(n)选择器 194

8.5.5 E:root 选择器 195

8.5.6 E:not(s)选择器 196

8.5.7 E:empty 选择器 197

8.5.8 E:target 选择器 197

8.5.9 综合应用实例：单击超链接
显示具体内容 199

8.6 伪对象选择器 200

8.6.1 E::selection 选择器 200

8.6.2 E::placeholder 选择器 201

8.6.3 已修改的选择器 201

8.6.4 综合应用实例：练习 content
属性 202

8.7 兄弟选择器 205

本章小结 206

习题 207

第 9 章 CSS 3 修饰文本和背景 209

9.1 新增基本属性 210

9.1.1 文本属性 210

9.1.2 字体属性 211

9.1.3 颜色属性 212

9.1.4 边框属性 212

9.1.5 背景属性 213

9.2 设置文本样式 213

9.2.1 文本换行设置 213

9.2.2 文本对齐方式 216

9.2.3 文本单个阴影 217

9.2.4 文本多个阴影 219

9.2.5 综合应用实例：制作
火焰字 220

9.3 设置边框样式 221

9.3.1 边框圆角属性 221

9.3.2 图形填充边框.................224

9.3.3 边框阴影效果.................227

9.4 设置背景样式.......................229

9.4.1 background-size 属性.............229

9.4.2 background-origin 属性.........231

9.4.3 background-clip 属性.........232

9.5 综合应用实例：制作太极图.............232

9.6 渐变属性.......................233

9.6.1 线性渐变.................234

9.6.2 综合应用实例：实现图片

闪光划过效果.........235

9.6.3 径向渐变.................236

9.6.4 综合应用实例：制作一张

优惠券.................239

9.6.5 重复渐变.................240

9.6.6 综合应用实例：制作记事本

纸张效果.................240

本章小结.......................241

习题.......................241

第 10 章　CSS 3 变形、过渡和动画.......245

10.1 变形属性.......................246

10.1.1 平移.................246

10.1.2 缩放.................247

10.1.3 旋转.................248

10.1.4 倾斜.................249

10.1.5 综合应用实例：制作个性

图片墙.................250

10.1.6 指定变形中心原点.........252

10.2 过渡属性.......................253

10.2.1 过渡属性概述.................253

10.2.2 单个属性实现过渡.........254

10.2.3 多个属性同时过渡.................255

10.2.4 综合应用实例：光标悬浮

特效的过渡功能.................257

10.3 动画属性.......................258

10.3.1 了解 animation 属性.............258

10.3.2 @keyframes 动画帧.............260

10.3.3 综合应用实例：绘制旋转的

太极图案.................262

10.4 综合应用实例：动态复古时钟.......262

本章小结.......................265

习题.......................265

第 11 章　CSS 3 布局属性.................267

11.1 多列布局属性.......................268

11.1.1 多列布局属性列表.........268

11.1.2 设置显示列的宽度.........268

11.1.3 设置显示的固定列.........270

11.1.4 设置显示列的样式.........270

11.1.5 设置各列间的间距.........271

11.2 弹性盒模型布局属性.........272

11.2.1 Flex 布局属性.........272

11.2.2 flex-direction 属性.............273

11.2.3 flex-wrap 属性.........275

11.2.4 justify-content 属性.............276

11.2.5 其他属性简述.........277

11.2.6 综合应用实例：实现三栏

布局.........280

本章小结.......................281

习题.......................282

**第 12 章　JavaScript 脚本编程

快速入门**.................285

12.1 JavaScript 语言简介 286

12.2 编写 JavaScript 程序.................287

12.2.1 集成 JavaScript 程序............287

12.2.2 使用外部 JavaScript 文件....289

12.3 JavaScript 脚本语法.................290

12.3.1 数据类型.................290

12.3.2 变量与常量.................290

12.3.3 运算符.................291

12.4 脚本控制语句.................294

12.4.1 if 条件语句.................294

12.4.2 switch 条件语句 297

12.4.3 while 循环语句 298

12.4.4 do while 循环语句 298

12.4.5 for 循环语句 299

12.4.6 for in 循环语句 299

12.5 函数 300

12.5.1 系统函数 300

12.5.2 自定义函数 301

12.6 常用对象 302

12.6.1 Array 对象 302

12.6.2 Document 对象 303

12.6.3 Window 对象 304

12.7 常用事件 305

12.7.1 键盘事件 305

12.7.2 鼠标事件 306

12.7.3 页面事件 307

本章小结 308

习题 308

参考文献 310

第1章

初步认识 HTML 5

从 2010 年开始，HTML 5 和 CSS 3 就一直是互联网技术中最受关注的两个话题。特别是 2010 年的互联网大会，它把前端技术的发展分为 3 个阶段：第一个阶段是以 Web 1.0 为主的网络阶段，前端主流技术是 HTML 和 CSS；第二个阶段是 Web 2.0 的 Ajax 应用阶段，前端主流技术是 JavaScript、DOM 和异步数据请求；第三个阶段是 HTML 5 和 CSS 3 的 Web App 应用阶段。第三个阶段的 HTML 5 和 CSS 3 相辅相成，使互联网进入一个崭新的时代。

本章首先带领读者了解网页设计的基础知识和 Web 标准布局知识，然后介绍从 HTML 到 XHTML 再到 HTML 5 的过渡，之后对 HTML 5 的语法作详细介绍。

学习要点

- ▶ 理解网页和网站的概念。
- ▶ 了解网站制作和设计流程。
- ▶ 了解 Web 标准和 CSS 布局标准。
- ▶ 了解 HTML 5 的发展历史。

学习目标

- ▶ 掌握 HTML 5 的 DOCTYPE 声明和编码类型。
- ▶ 掌握测试浏览器 HTML 5 支持情况的方法。

1.1 认识网页和网站

网页和网站是相互关联的两个因素。两者之间相互作用，共同推动了互联网技术的飞速发展。本节将对网页和网站的基本概念进行简要说明。

1.1.1 网页

网页和网站是有差别的，例如，平常说的搜狐、新浪和网易等都是网站，而网易上的一则文学类文章就是一个网页。从严格意义上讲，网页(Web Page)是 Web 站点中使用 HTML 等标记语言编写而成的单位文档，它是 Web 中的信息载体。一个典型的网页由如下几个元素构成。

1. 文本

文本就是文字，是网页中最重要的信息，在网页中可以通过字体、文字大小、颜色、底纹、边框等来设置文本的属性。在网页概念中的文本是指文字，但不是图片中的文字。在网页制作中，文本可以方便地设置成各种字体、大小和颜色。

2. 图像

图像是页面中最重要的构成部分。图像就是网页中的图，如明星图片和自然风光图片。只有在网页中加入图像，才能使页面达到完美的显示效果，可见图像在网页中的重要性。在网页设计中用到的图片一般为 JPG 和 GIF 格式。

3. 超链接

超链接是指从一个网页指向另一个目的端的链接，是从文本、图片、图形或图像映射到全球广域网上的网页或文件的指针。在因特网上，超链接是网页之间和 Web 站点之间主要的导航方法。由此可见，超链接是一个神奇的功能，移动你的鼠标就可以逛遍全世界。

4. 表格

表格大家都知道，平常生活中经常见到小如值日轮流表，大到国家统计局的统计表。其实表格在网页设计中的作用远不止如此，它是传统网页排版的灵魂，即便在 CSS 标准推出后，它也能够继续发挥其不可估量的作用。通过表格，可以精确地控制各网页元素在网页中的位置。

5. 表单

表单的作用很重要，它是用来收集站点访问者信息的域集，是网页中站点服务器处理的一组数据输入域。当访问者单击按钮或图形来提交表单后，数据就会传送到服务器上。表单网页是非常重要的通过网页与服务器之间传递信息的途径，可以用来收集浏览者的意见和建议，以实现浏览者与站点之间的互动。

6. Flash 动画

Flash 一经推出便迅速成为最重要的 Web 动画形式之一。Flash 利用其自身所具有的关键帧补间、运动路径、动画蒙版、形状变形和洋葱皮等动画特性，不仅可以建立 Flash 电影，而且可以把动画输出为不同文件格式的播放文件。

7. 框架

框架是网页中一种重要的组织形式，它能够将相互关联的多个网页的内容组织在一个浏览器窗口中进行显示。从实现方法的定义上讲，框架由一系列相互关联的网页构成，并且相互间通过框架网页来实现交互。框架网页是一种特别的 HTML 网页，它可将浏览器视窗分为不同的框架，每一个框架可显示不同网页。

如图 1-1 所示就是由上述元素构成的典型网页。将上述各种网页元素组合在一起，为所有的浏览者呈现绚丽的界面效果。在本书后面的章节中，将和读者一起来领略 HTML 5 的神奇，共同开始我们的网页设计神奇之旅。

图 1-1　网页示例

1.1.2　网站

简单来说，网站(Web Site)是多个网页的集合，即根据一定的规则，将用于展示特定内容的相关网页，通过超链接构成一个网站整体。通俗地讲，网站就像因特网上的布告栏一样，人们可以通过网站发布自己想要公开的资讯，或者利用网站提供相关的网络服务。人们可以通过网页浏览器访问网站，获取自己需要的资讯或者享受网络服务，例如，常见的网站有搜狐、新浪、雅虎等。

一个典型网站的内容结构，如图 1-2 所示。网站内容结构中的各种元素在服务器上将被保存在不同的文件夹内，典型的目录结构，如图 1-3 所示。

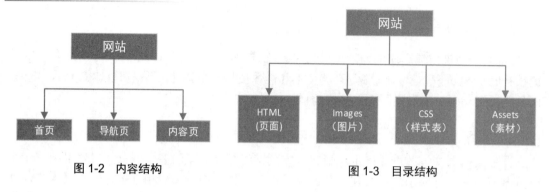

图 1-2　内容结构　　　　　　　　　　　图 1-3　目录结构

1.2　Web 标准布局介绍

　　无论做什么事情，都需要遵循一定的标准和规则，设计网页也如此，同样需要一个标准来约束迅猛增长的网页数量。随着网络技术的飞速发展，各种应用类型的站点纷纷建立。因为网络的无限性和共享性，以及各种设计软件的推出，多样化的站点展示方式便应运而生。为保证设计出的站点信息能完整地展现在用户面前，Web 标准技术也应运而生。

1.2.1　为什么使用 Web 标准

　　Web 标准就是网页业界的 ISO 标准，推出 Web 标准的主要目的是不管哪一家的技术，都要遵循这个规范来设计、制作并发展，这样大家的站点才能以完整、标准的格式展现出来。具体来说，使用 Web 标准主要目的如下。

- ▶　提供最多的利益给最多的网站用户，范围包括世界各地。
- ▶　保证任何网站文档都能够长期有效，不必在软件升级后进行修改。
- ▶　大大简化了代码，并降低了站点建设成本。
- ▶　让网站更容易使用，能适应更多不同用户和更多网络设备，因为硬件制造商也按照此标准推出自己的产品。
- ▶　当浏览器版本更新，或者出现新的网络交互设备时，能确保所有应用能够继续正确执行。

　　使用 Web 标准后，不仅为用户带来了多元化的浏览展示，而且为站点拥有者和维护人员带来了极大的方便。使用 Web 标准后，对用户的具体意义如下。

- ▶　页面内容能被更多的用户所访问。
- ▶　页面内容能被更广泛的设备所访问。
- ▶　用户能够通过样式选择定制自己的浏览界面。
- ▶　使文件的下载与页面显示速度更快。

　　使用 Web 标准后，对网站所有者的具体意义如下。

- ▶　带宽要求降低，减少了站点成本。
- ▶　使用更少的代码和组件，使站点更加容易维护。
- ▶　更容易被搜索引擎搜索到。

- ▶ 使改版工作更加方便，不再需要变动页面内容。
- ▶ 能够直接提供打印版本，不需要另行复制打印内容。
- ▶ 大大提高了站点的易用性。

1.2.2　CSS 布局标准

作为一个站点页面设计人员，必须严格遵循前面介绍的标准，使页面完美地展现在用户面前。在推出 Web 标准以前，站点网页是以<table>元素作为布局的。从本质上看来，传统的<table>元素布局和现在的 CSS 布局所遵循的是截然不同的思维模式。下面将介绍传统页面布局和标准布局的区别，并着重说明标准布局的重要意义。

1. 传统页面布局

传统的页面布局方法是使用表格<table>元素，其具体实现方法如下。

(1) 使用<table>元素的单元格根据需要将页面划分为不同区域，并且划分后的单元格内可以继续嵌套其他的表格内容。

(2) 利用<table>元素的属性来控制内容的具体位置，如 algin 和 valgin。

2. 标准布局

在 Web 标准布局的页面中，表现部分和结构部分是各自独立的。结构部分是用 HTML 或 XHTML 编写的，而表现部分是用可以调用的 CSS 文件实现的。这样就实现了页面结构和表现内容的分离，方便了页面维护。例如，下面的代码使用了标准布局。

```
<html>
<head>
<meta http-equiv="Content-Type" content="text/html; charset=gb2312">
<title>无标题文档</title>
<link href="style.css" type="text/css" rel="stylesheet"/>          <!--调用样式代码-->
</head>
<body>
<table width="600" height="200" border="0" align="center">
  <tr><td><div class="unnamed1">语文</div></td></tr>          <!--使用样式-->
  <tr><td><div class="unnamed1">数学</div></td></tr>
  <tr><td><div class="unnamed1">英语</div></td></tr>
  <tr><td><div class="unnamed1">体育</div></td></tr>
  <tr><td><div class="unnamed1">德育</div></td></tr>
</table>
</body>
</html>
```

文件 style.css 的具体代码如下。

```
.unnamed1 {
    background-position: center;
    text-align:center;

    color:#CC0000;
}
```

5

从上述演示代码中可以清楚看出，在使用 CSS 标准样式后，结构部分和表现部分已经完全分离了。如果想继续修改字的颜色为 green，则只需对 CSS 文件中的 color 值进行修改。这样，如果整个站点的页面都调用此 CSS 文件，则只需改变此样式的某属性值，那么整个站点的此属性元素都将修改。

所以说当使用标准样式后，可以实现页面结构和表现的分离，这对站点设计具有重大意义，主要体现在以下几个方面。

- ▶ 由于页面的表现部分由样式文件独立控制，所以使站点的改版工作变得更加轻松自如。
- ▶ 由于页面内容可以使用不同的样式文件，这使页面内容能够完全适应各种应用设备。
- ▶ 充分结合 XHTML 的清晰结构，实现建议的数据处理。
- ▶ 根据 XHTML 的明确语意，轻松实现搜索工作。

1.3　HTML 与 HTML 5

HTML 的全称是 Hyper Text Markup Language(超文本标记语言)，它是互联网上应用最广泛的标记语言。注意，初学者不要把 HTML 语言和 Java、C#等编程语言混淆(把 HTML 想得很复杂)，HTML 只是一种标记语言。简单地说，HTML 文件就是普通文本+HTML 标记，而不同的标记能表示不同的效果。

1.3.1　HTML 发展历史

在 HTML 语言的发展历史中，主要经历了以下版本。

- ▶ HTML 1.0：1993 年 6 月由 IETF 发布第一个 HTML 工作草案。
- ▶ HTML 2.0：1995 年 11 月作为 RFC 1866 发布。
- ▶ HTML 3.2：1996 年 1 月由 W3C 组织发布，是 HTML 文档第一个被广泛使用的标准。
- ▶ HTML 4.0：1997 年 12 月由 W3C 组织发布，也是 W3C 推荐标准。
- ▶ HTML 4.01：1999 年由 W3C 组织发布，是 HTML 文档另一个重要的、广泛使用的标准。
- ▶ XHTML 1.0：发布于 2000 年 1 月，是由 W3C 组织推荐标准，后来经过修订于 2002 年 8 月重新发布。

在 HTML 3.2 以前，HTML 的发展极为混乱，各软件厂商经常自行增加 HTML 标记，而各浏览器厂商为了保持最好的兼容性，总是尽力支持各种 HTML 标记。在 HTML 发展历史上，最广为人知的就是 HTML 3.2 和 HTML 4.01。

在早期的 HTML 发展历史中，由于 HTML 从未执行严格的规范，而且各浏览器对各种错误的 HTML 极为"宽容"，这就导致 HTML 显得极为混乱。例如，以下是一段 HTML 代码：

```
<ol>
    <li>语文
    <li>数学
    <li>英语
</ol>
```

虽然上面是一段极不规范的 HTML 代码，但是随便使用一个浏览器来浏览它，都会看到一个"有序列表"的效果，如图 1-4 所示。

图 1-4　Chrome 和 IE 中 HTML 的效果

从图 1-4 可以看出，<ol>标记和<li>标记在浏览器中可以呈现特定效果——这就是 HTML 文档的作用：通过在文本文件中嵌入 HTML 标记，这些标记告诉浏览器如何显示页面，从而使 HTML 文件呈现更丰富的表现效果。

 注意

当修改了 HTML 文档内容后，浏览器并不会自动更新该文档的显示。我们必须用浏览器重新打开该文档，或者通过浏览器的刷新功能重新加载该文档，这样浏览器才会显示 HTML 文档的最新改变。

1.3.2　HTML 4.01 和 XHTML

XHTML 的全称是 eXtensible Hyper Text Markup Language(可扩展的超文本标记语言)，XHTML 和 HTML 4.01 具有很好的兼容性，而且 XHTML 是更严格、更纯净的 HTML 代码。前面介绍过，由于 HTML 已经发展到一种极为混乱的程度，所以 W3C 组织制定了 XHTML。它的目标是逐步取代原有的 HTML，也就是说 XHTML 是最新版 HTML 的规范。

我们习惯上认为 HTML 是一种结构化的文档，但实际上 HTML 的语法非常自由、宽容(主要是各浏览器纵容的结果)，所以如下的 HTML 代码也是正确的。

```
<html>
<head>
<title>混乱的 HTML 文档</title>
<body>
<h3>混乱的 HTML 文档
```

在这段代码中有 4 个标记没有正确结束，这显然违背了 HTML 结构化文档的规则。但是使用浏览器来浏览该文档时，依然可以看到正确的结果——这就是 HTML 不规范的地方。而 XHTML 致力于消除这种不规范，XHTML 要求 HTML 文档首先必须是一份 XML 文档。

即一个 XHTML 文档要满足 XML 的以下 4 个基本规则。

- 整个文档有且只有一个根元素。
- 每个元素都由开始标记和结束标记组成(例如<h2>是开始标记，</h2>是结束标记)，除非使用非空元素语法(例如
元素就是非空元素语法)。
- 元素与元素之间应该合理嵌套。例如，"<p><h2>规范的文档结构</h2></p>"可以很明显地看出 h2 元素是 p 元素的子元素，这就是合理嵌套；但是像"<p><h2>规范的文档结构</p></h2>"这种写法就是不合理嵌套。
- 元素的属性必须有属性值，而且属性值应该使用引号(可以是单引号或者双引号)括起来。

通常，客户端的浏览器可以很好地处理各种不规范的 HTML 文档。但是现在很多浏览器运行在移动端，它们就没有足够的能力来处理这些糟糕的标记结构。因此，W3C 建议使用 XML 规范来约束 HTML 文档，将 HTML 和 XML 的长处加以结合，从而得到现在看到的 XHTML 标记语言。

XHTML 可以被所有支持 XML 的设备读取，在其他浏览器升级到支持 XML 之前，XHTML 强制 HTML 文档具有更加良好的结构，从而来保证这些文档可以被所有的浏览器正确解释。

1.3.3 HTML 和 XHTML 的文档类型定义

从表面上看，HTML 和 XHTML 显得杂乱无章，但实际上，W3C 为 HTML 和 XHTML 制定了严格的语义结构。W3C 组织使用 DTD(Document Type Definition，文档类型定义)来定义 HTML 和 XHTML 的语义结构，包括 HTML 文档中可以出现哪些元素，各元素支持哪些属性，等等。

【实例 1-1】

打开 HTML 4.01 的 DTD 文档 http://www.w3.org/TR/html401/loose.dtd，在该文档中可以看到如下代码片段：

实例 1-1　查看 HTML 4.01 的 DTD 文档.mp4

```
<!ELEMENT BODY O O (%flow;)* +(INS|DEL) -- document body -->
<!ATTLIST BODY
  %attrs;                           -- %coreattrs, %i18n, %events --
  onload          %Script;   #IMPLIED   -- the document has been loaded --
  onunload        %Script;   #IMPLIED   -- the document has been removed --
  background      %URI;      #IMPLIED   -- texture tile for document
                                           background --
  %bodycolors;                      -- bgcolor, text, link, vlink, alink --
  >
```

这段 DTD 代码定义了 BODY 元素可以支持%attrs 指定的各种通用属性；除此之外，BODY 元素还可以指定 onload、onunload、background、bgcolor、text、link、vlink 和 alink 这些属性。

 注意

在 HTML 语言中经常会把元素称为标记，但实际上按标准说法应该称为元素。例如，实例 1-1 的 DTD 片段使用 ELEMENT 来定义 BODY 元素(不区分大小写)。

BODY 元素能接受的子元素则由%flow 来决定，它是一个参数实体引用。%flow 参数的实体定义如下：

```
<!ENTITY %flow "%block; | %inline;">
```

此外，%block 也是一个参数实体引用，它代表换行的"块模型"的 HTML 元素。%block 参数的实体定义如下：

```
<!ENTITY % block
    "P | %heading; | %list; | %preformatted; | DL | DIV | CENTER |
    NOSCRIPT | NOFRAMES | BLOCKQUOTE | FORM | ISINDEX | HR |
    TABLE | FIELDSET | ADDRESS">
```

此外，%inline 也是一个参数实体引用，它代表不换行的"内联模型"的 HTML 元素。%inline 参数的实体定义如下：

```
<!ENTITY % inline "#PCDATA | %fontstyle; | %phrase; | %special; | %formctrl;">
```

【实例 1-2】

从 http://www.w3.org/TR/xhtml1/DTD/xhtml1-transitional.dtd 地址打开 XHTML 1.0 的 DTD 文档，在文档中可以看到如下 BODY 元素的定义代码：

实例 1-2　查看 XHTML 1.0 的 DTD 文档.mp4

```
<!ELEMENT body %Flow;>
<!ATTLIST body
    %attrs;
    onload          %Script;        #IMPLIED
    onunload        %Script;        #IMPLIED
    background      %URI;           #IMPLIED
    bgcolor         %Color;         #IMPLIED
    text            %Color;         #IMPLIED
    link            %Color;         #IMPLIED
    vlink           %Color;         #IMPLIED
    alink           %Color;         #IMPLIED
    >
```

上述 DTD 代码同样定义了 BODY 元素可以包含哪些子元素，BODY 元素除了支持%attrs 指定的各种通用属性，还可以指定 onload、onunload、background、bgcolor、text、link、vlink 和 alink 这些属性。

BODY 元素可包含的子元素由%flow 参数实体引用定义，%flow 参数的实体定义如下：

```
<!ENTITY % Flow "(#PCDATA | %block; | form | %inline; | %misc;)*">
```

通过实例 1-1 和实例 1-2 的对比不难发现，HTML 4.01 与 XHTML 基本相似，只是 HTML 4.01 允许元素使用大写字母，而 XHTML 则要求所有元素、属性都必须是小写字母。

无论是 HTML 4.01 还是 XHTML，它们都由 DTD 作为语义结束。也就是说，它们都有严格的规范标准，但实际上很少有页面完全遵守 HTML 1.0 或者 XHTML 规范。在这样的背景下，WHATWG(Web Hypertext Application Technology Working Group，Web 超文本应用技术工作组)制定了一个新的 HTML 标准——HTML 5。

■ 1.3.4　从 XHTML 到 HTML 5

虽然 W3C 努力为 HTML 制订规范，但由于绝大部分编写 HTML 页面的人员并没有受过专业训练，他们对 HTML 规范、XHTML 规范也不甚了解，所以他们制作的 HTML 网页绝大部分都没有遵守 HTML 规范。大量调查表明，即使是比较正规的网站，也很少能通过 HTML 规范验证。

虽然互联网上绝大部分 HTML 页面都不符合规范，但各种浏览器却可以正常解析、显示这些页面，在这样的局面下，HTML 页面的开发者甚至感觉不到遵守 HTML 规范的意义。于是出现了一个尴尬的局面：一方面，W3C 组织努力地呼吁大家应该制作遵守规范的 HTML 页面；另一方面，HTML 开发者却根本不太理会这种呼吁(因为浏览器为不规范的 HTML 页面作了处理，使其能正常显示)。

现有的 HTML 页面存在大量如下 4 种不符合规范的内容。

  ▶ 元素的标记大小写混杂的情况。例如"<span>Hello</SpAn>"，这里的结束标记与开始标记大小写不匹配。

  ▶ 元素没有合理结束的情况。例如，只有开始标记没有结束标记。

  ▶ 元素中使用了属性，但没有指定属性值。例如，"<input type='text' disabled>"。

  ▶ 为元素的属性值指定值时没有引号。例如，"<input type=text >"。

可能是出于"存在即是合理"的考虑，WHATWG 组织开始制订一种"妥协式"的规范——HTML 5。既然互联网上大量存在上面 4 种不符合规范的内容，而且制作者也很少遵守这些规范，因此，HTML 5 干脆承认它们符合规范。

由于 HTML 5 规范十分宽松，因此 HTML 5 甚至不再提供文档类型定义。到 2008 年，WHATWG 的努力终于被 W3C 认可，W3C 制订了 HTML 5 草案。

■ 1.3.5　HTML 5 的优势

从 HTML 4.01、XHTML 到 HTML 5，并不是一种革命性的升级，而是一种规范向习惯的妥协。因此，HTML 5 并不会带给开发人员过多的冲击，他们发现从 HTML 4.01 过滤到 HTML 5 非常轻松。但另一方面，HTML 5 也增加了很多非常实用的新功能，这些新功能将吸引开发人员投入 HTML 5 的怀抱。

1．解决跨浏览器问题

对于有过实际开发经验的前端开发人员来说，跨浏览器问题绝对是一个永恒的"噩梦"：明明在一个浏览器中可以正常运行的 HTML+CSS+JavaScript 页面，但换一个浏览器之后就会出现很多问题，如页面布局错乱，JavaScript 运行出错，等等。因此，很多前端开发人员在开发 HTML+CSS+JavaScript 页面时，往往会先判断客户端浏览器，然后根据浏览器编写不同的页面代码。

HTML 5 的出现可能会改变这种局面，目前各种主流浏览器像 Internet Explorer、Firefox、Safari、Chrome 和 Opera 都表现出对 HTML 5 的极大支持。

  ▶ Internet Explorer：2010 年 3 月，微软宣布从 Internet Explorer 9 开始全面支持 HTML 5、CSS 3 和 SVG 等新规范。

- Chrome：Google 一直以来都在积极推动 HTML 5 的发展。
- Firefox：从 Firefox 4 开始就一直积极支持 HTML 5 的规范，包括全新的 HTML 5 语法分析，视频和音频播放等。
- Opera：从 Opera 10 开始每一次版本升级都支持最全的 HTML 5 规范。
- Safari：从 Safari 5 开始全面支持 HTML 5 规范，像 HTML 5 拖放、视频和音频播放等。

在 HTML 5 以前，各浏览器对 HTML、JavaScript 的支持也很不统一，这样就造成了同一个页面在不同浏览器中的表现不同。HTML 5 的目标是详细分析各浏览器所具有的功能，并以此为基础制定一个通用标准，并要求各浏览器厂家能支持这个通用标准。从目前来看，除 Internet Explorer 兼容性较弱之外，其他浏览器都能统一地遵守 HTML 5 规范。

2. 部分代替原来的 JavaScript

HTML 5 增加了一些非常实用的功能，这些功能有的可以部分代替 JavaScript，而这些功能只需为标记增加一些属性即可。

【实例 1-3】

假设，要在页面打开之后立即让一个单行文本框获取输入焦点。在 HTML 5 以前，可能需要借助 JavaScript 来实现，示例代码如下：

实例 1-3 让单行文本框
自动获取输入焦点.mp4

```
姓名: <input type="text" name="name" id="name"/><br/>
年龄: <input type="text" name="age" id="age"/><br/>
<script type="text/javascript">
  document.getElementById('name').focus();
</script>
```

如果使用 HTML 5，则只需为单行文本框添加 autofocus 属性即可。修改后的代码如下：

```
姓名: <input type="text" name="name" id="name"/><br/>
年龄: <input type="text" name="age" id="age" autofocus/><br/>
```

对比两段代码，不难发现使用 HTML 5 之后代码要简洁很多。除了这里介绍的 autofocus 属性用于自动获得焦点之外，HTML 5 还支持其他一些属性，像输入校验以前必须通过 JavaScript 来实现，现在也只需要一个 HTML 5 属性即可。

3. 更明确的语义结构

在 HTML 5 以前，如果要定义一个文档的结构只能通过 div 元素来实现。例如，如下是一个页面的典型结构：

```
<div id="header"></div>
<div id="nav"></div>
<div id="article">
    <div id="section"></div>
</div>
<div id="aside"></div>
<div id="footer"></div>
```

在上面的页面结构中，所有的页面元素都采用 div 元素来实现。通过为不同 div 元素设置不同的 id 来表示不同的含义。由于整个页面全部是 div 元素，导致缺乏明确的语义元素，且对搜索引擎和移动设备的支持也不友好。

在 HTML 5 中为页面布局提供了更加明确的语义元素。如下是使用 HTML 5 后的页面结构：

```
<header></header>
<nav></nav>
<article>
    <section></section>
</article>
<aside></aside>
<footer></footer>
```

通过对比不难发现，应用 HTML 5 后页面结构变得更加清晰，语义也更明确。除此之外，在以前的 HTML 中会使用 em 元素表示"被强调"的内容，但内容是哪一种强调，em 元素却无法表达。而在 HTML 5 中则提供了更多的语义强调元素，像 time 元素用于强调被标记的内容是日期或时间，mark 元素则用于强调被标记的内容是文本，等等。

4．增强 Web 应用程序的功能

一直以来，HTML 页面的功能都被限制着：客户端从服务器下载 HTML 页面数据，浏览器负责呈现这些 HTML 页面数据。出于对客户端安全性的考虑，以前的 HTML 在安全性方面确实做得足够安全。

这样一来，我们就必须要通过 JavaScript 或者插件等其他方式来增加 HTML 的功能。换句话来说，HTML 对 Web 程序而言功能太单薄了，比如，上传文件时想同时选择多个文件都不行。为了弥补类似这样的不足，HTML 5 规范增加了很多新的 API，而各种浏览器正在努力实现这些 API 功能，因此使用 HTML 5 开发 Web 应用将会更加轻松。

1.4　HTML 5 语法变化

我们知道，HTML 5 并不是对 HTML 4 和 XHTML 的革命性升级，也就是说原来的 HTML 页面和 XHTML 页面同样可用。下面分别从 DOCTYPE 声明、命名空间声明、编码类型和文档媒体类型等几个方面介绍 HTML 5 的语法。

1.4.1　DOCTYPE 声明

HTML 5 的 HTML 语法要求文档必须声明 DOCTYPE，以确保浏览器可以在标准模式下展示页面。在 HTML 早期版本声明中，HTML 是建立在 SGML 基础上的，因此通过 DOCTYPE 声明时，需要关联引用一个相对应的 DTD。

HTML 4.01 版本的 DOCTYPE 声明如下：

```
<!DOCTYPE HTML PUBLIC "-//W3C//DTD HTML 4.01//EN" "http://www.w3.org/TR/html4/ strict.dtd">
```

XHTML 版本的 DOCTYPE 声明如下：

```
<!DOCTYPE html PUBLIC "-//W3C//DTD XHTML 1.0 Transitional//EN"
"http://www.w3.org/TR/xhtml1/DTD/xhtml1-transitional.dtd">
```

　　HTML 5 和之前的版本不一样，它仅仅声明 DOCTYPE 就可以告诉文档启用的是 HTML 5 语法标准，浏览器会为其做剩余工作。HTML 5 中 DOCTYPE 的声明代码如下：

```
<!DOCTYPE html>
```

1.4.2　命名空间声明

　　HTML 5 不需要再像 HTML 4 那样为 html 元素添加命名空间。例如，在 HTML 4 中声明 html 元素时的代码如下：

```
<html xmlns="http://www.w3.org/1999/xhtml" lang="zh-cn">
```

　　HTML 4 中的 xmlns 属性在 XHTML 中是必需的，它没有任何实际效果，但是由于验证的原因，把 HTML 转换为 XHTML 的过程是很有帮助的。HTML 5 中没有理由这么做，但是仍然定义此属性的值，并且此属性的值只有一个。HTML 5 中可以直接通过以下代码声明文档：

```
<html lang="zh-cn">
```

　　另外，HTML 5 中新增加了一个名称是 manifest 的属性，此属性的值指向一个 URL 地址，表示脱机使用时定义的缓存信息。

1.4.3　编码类型

编码类型 meta
元素.mp4

　　HTML 4 中需要使用<meta>标记指定文件中的编码类型。代码如下：

```
<meta http-equiv="Content-Type" content="text/html; charset=UTF-8" />
```

　　从 HTML 5 开始，对于文档的编码类型推荐使用 UTF-8，而且在 HTML 5 中可以直接对<meta>标记追加 charset 属性的方式指定字符编码。代码如下：

```
<meta charset="UTF-8" />
```

　　在 HTML 5 中也可以使用 HTML 4 中的编码方式，这两种方式都有效，但是它们不能同时混合使用。例如，下面这种编码方式就是错误的：

```
<meta charset="UTF-8" http-equiv="Content-Type" content="text/html; charset=UTF-8" />
```

　　虽然 HTML 5 兼容了 HTML 4 中的 meta 元素的语法，但是在 HTML 5 中并不推荐使用。如表 1-1 所示是 HTML 4 和 HTML 5 对<meta>标记属性的支持情况。在此表中，"√"表示此版本支持某属性，而"×"则表示不支持某属性。

表 1-1　HTML 4 和 HTML 5 对<meta>标记属性的支持

属　　性	值	说　　明	HTML 4	HTML 5
charset	character/encoding	定义文档的字符编码	×	√
content	some_text	定义与 http-equiv 或 name 属性相关的元信息	√	√

续表

属　性	值	说　明	HTML 4	HTML 5
http-equiv	content-type/expires/ refresh/set-cookie	把 content 属性关联到 HTTP 头部	√	√
name	author/description/ keywords/generator/ revised/others	把 content 属性关联到一个名称	√	√
scheme	some_text	定义用于翻译 content 属性值的格式	√	×

【实例 1-4】

下面的示例分别通过<meta>标记的属性指定不同的值实现不同的内容设置，设置步骤如下所示。

(1) 将 name 属性的值指定为 keywords，可以定义针对搜索引擎的关键词。代码如下：

```
<meta name="keywords" content="HTML, CSS, XML, XHTML, JavaScript" />
```

(2) 将 name 属性的值指定为 description，可以定义对页面的描述。代码如下：

```
<meta name="description" content="免费的 web 技术教程。" />
```

(3) 将 name 属性的值指定为 revised，可以定义页面的最新版本。代码如下：

```
<meta name="revised" content="David, 2018/8/8/" />
```

(4) 设置 http-equiv 属性的值为 refresh，指定每 5 秒钟刷新一次页面。代码如下：

```
<meta http-equiv="refresh" content="5" />
```

1.4.4　文档媒体类型

HTML 5 定义的 HTML 语法大部分都兼容 HTML 4 和 XHTML 1，但是也有一部分不兼容。大多数 HTML 文档都是保存成 text/html 媒体类型。HTML 5 为 HTML 语法定义了详细的解析规则(包括错误处理)，用户必须遵守这些规则，并将文档保存成 text/html 媒体类型。

【实例 1-5】

下面代码是一个符合 HTML 5 语法规范的例子：

```
<!doctype html>
<html>
    <head>
        <meta charset="UTF-8">
        <title>Example document</title>
    </head>
    <body>
        <p>Example paragraph</p>
    </body>
</html>
```

实例 1-5 HTML 5
中 HTML 语法
规范示例.mp4

HTML 5 为 HTML 语法定义了一个 text/html-standboxed 媒体类型，以便管理不信任的内容。其他能够用在 HTML 5 中的语法是 XML，它兼容 XHTML

1, 使用 XML 语法时需要将文档保存成 XML 媒体类型, 并且根据 XML 的规范需要设置命名空间, 该命名空间是 http://www.w3.org/1999/xhtml。

实例 1-6 HTML 5
中 XML 语法规范
示例.mp4

【实例 1-6】

下面代码符合 HTML 5 中的 XML 语法规范, 需要注意的是, XML 文档必须保存成 XML 媒体类型, 例如 application/xhtml+xml 或者 application/xml。代码如下:

```xml
<?xml version="1.0" encoding="UTF-8"?>
<html xmlns="http://www.w3.org/1999/xhtml">
    <head>
        <title>Example document</title>
    </head>
    <body>
        <p>Example paragraph</p>
    </body>
</html>
```

1.4.5 HTML 5 兼容 HTML

HTML 5 的语法是为了保证与之前的 HTML 语法达到最大程度的兼容而设计的。例如, 在使用<p>标记时, 可以不为它添加结束标记, 这种情况在 HTML 5 中是允许存在的, 不会将它当作错误进行处理, 但是也明确规定了这种情况该如何处理。

针对上述问题, 下面分别从可省略的标记、具有布尔值的属性和引号的省略这 3 个方面介绍 HTML 5 是如何确保与之前版本的 HTML 实现兼容的。

1. 可省略的标记

具体来划分, 可以将 HTML 5 中的标记分为"不允许写结束标记""可以省略结束标记"和"开始标记与结束标记均可省略"这 3 种类型。下面针对这 3 种类型列出一个清单, 如下所示。

▶ 不允许写结束标记

"不允许写结束标记"是指不允许使用开始标记与结束标记将元素括起来的形式, 只允许使用<标记 />的形式进行书写。例如,
不能写成
</br>, 当然在 HTML 5 中也支持之前的
这种形式。

HTML 中不允许写结束标记的元素包括: area、base、br、col、command、embed、hr、img、input、keygen、link、meta、param、source、track 和 wbr。

▶ 可以省略结束标记

"可以省略结束标记"是指结束标记可有可无, 可以存在, 也可以不存在。HTML 中可以省略结束标记的元素包括: li、dt、dd、p、rt、rp、optgroup、option、colgroup、thead、tbody、tfoot、tr、td 和 th。

▶ 开始标记与结束标记均可省略

"开始标记和结束标记均可省略"是指元素可以完全被忽略, 即使标记被省略了, 它还是以隐式的方式存在。例如, 将 body 元素的开始标记和结束标记都省略时, 它实际上还是在文档中存在的。HTML 中开始标记和结束标记都可省略的元素包括: html、head、body、colgroup 和 tbody。

2. 具有布尔值的属性

布尔值是一个逻辑值，即真(true)/假(false)值，例如 disabled 和 readonly 属性的值都是一个布尔值。对于具有布尔值的属性，只写属性而不指定属性值时，表示属性值为 true；如果想要将属性值设置为 false，那么可以不写该属性。

总体来说，如果要将具有布尔值的属性值设置为 true，有如下 4 种方法。

▶ 只写属性不写属性值。

▶ 将属性的属性值指定为 true。

▶ 将属性值指定为空字符串。

▶ 将属性值指定为当前属性，即属性值等于属性名。

实例 1-7 上复选框
赋值.mp4

【实例 1-7】

以复选框为例，下面分别通过 4 种方式指定布尔属性的值。主要代码如下：

```html
<!-- 只写属性不写属性值，结果为 true-->
<input type="checkbox" name="list1" value="北京" checked />北京
<!-- 直接将属性的值指定为 true -->
<input type="checkbox" name="list1" value="云南" checked="true" />云南
<!-- 属性值等于属性名，结果为 true -->
<input type="checkbox" name="list1" value="杭州" checked="checked" />杭州
<!-- 属性值等于空字符串，结果为 true -->
<input type="checkbox" name="list1" value="海南" checked="" />海南
<!-- 不写属性，结果为 false -->
<input type="checkbox" name="list1" value="其他地方" />其他地方
```

3. 引号的省略

在 HTML 中，为属性指定属性值时，属性值两边既可以用双引号，也可以用单引号。HTML 5 在此基础上进行了更改，当属性值不包括空字符串、"<"、">"、"="、单引号、双引号和空格等字符时，属性值两边的引号可以省略。

例如，下面几行代码的效果是相同的。

```html
<input type="text" value="abc" />
<input type=password value=abc />
<input type='radio' value='abc' />
```

【实例 1-8】

使用前面介绍的 HTML 5 新语法创建第一个页面，具体步骤如下。

(1) 新建一个 HTML 页面，使用 HTML 5 的语法指定页面的 DOCTYPE 声明。代码如下：

实例 1-8 HTML 5 语法
创建一个页面.mp4

```html
<!DOCTYPE html>
```

(2) 使用 html 标记的不带命名空间形式，并指定 lang 属性为 zh-cn。代码如下：

```html
<html lang="zh-cn">
```

(3) 指定当前页面的字符集编码为 utf-8，这也是 HTML 5 推荐的页面编码。代码如下：

```
<meta charset="utf-8" />
```

(4)　使用 title 元素将页面的标题设置为"HTML 5 教程"。代码如下：

```
<title> HTML 5 教程</title>
```

(5)　使用 h1 元素定义一个文字为"HTML 5 教程"的标题。代码如下：

```
<h1>HTML 5 教程</h1>
```

(6)　使用 ul 元素创建一个列表，然后向其中添加一些没有 li 结束标记的项。代码如下：

```
<ul>
    <li>1.  HTML 5 中最新的鲜为人知的酷特性</li>
    <li>2.  HTML 5 新特性与技巧</li>
    <li>3.  细谈 HTML 5 新增的元素</li>
    <li>4.  HTML 5 技术概览</li>
</ul>
```

(7)　创建一条水平线，这里使用"<hr/>"形式，因为该元素不可写结束标记。代码如下：

```
<hr/>
```

(8)　使用 h4 元素定义一个文字为"专题：HTML 5 下一代 Web 开发标准详解"的标题。代码如下：

```
<h4>专题：HTML 5 下一代 Web 开发标准详解</h4>
```

(9)　创建一个段落，添加一个选中的订阅复选框。代码如下：

```
<p><input type="checkbox" checked/>订阅</p>
```

(10) 使用换行标记进行换行，再添加一个文本。代码如下：

```
<br/>查看所有教程
```

(11) 经过上面几步之后，第一个使用 HTML 5 新语法创建的网页就制作完成了。接下来需要打开支持 HTML 5 的浏览器进行测试，如图 1-5 所示为 Chrome 浏览器运行效果，如图 1-6 所示为 Firefox 浏览器运行效果。

图 1-5　Chrome 浏览器运行效果

图 1-6　Firefox 浏览器运行效果

1.5 综合应用实例：浏览器 HTML 5 性能测试

虽然，目前主流的浏览器都支持 HTML 5，但并不是所有的浏览器都提供了对 HTML 5 的全面支持。有些浏览器支持 HTML 5 大部分的属性和元素，而有些浏览器不支持或者只支持 HTML 5 少量的元素和属性。

因此，在使用 HTML 5 开发网页时，必须有一款或者多款浏览器以方便测试。下面介绍测试浏览器对 HTML 5 支持情况的方法。

(1) 打开任意一个浏览器，向地址栏中输入 html5test.com 后按回车键(即 Enter 键)即可查看当前浏览器的 HTML 5 性能分数，如图 1-7 所示。

图 1-7　Chrome 47 浏览器对 HTML 5 的支持情况

从图 1-7 中可以看出浏览器得分为 486 分(满分 555 分)，当前是在 Windows 7 操作系统中使用 Chrome 浏览器，该浏览器的版本号是 47。

(2) 向下拖动图 1-7 中的滚动条查看浏览器对 HTML 5 的具体支持情况。如图 1-8 所示显示了 Chrome 浏览器对 Web Components、Responsive images 和 2D Graphics 的支持情况。

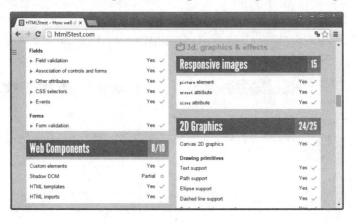

图 1-8　Chrome 浏览器对 HTML 5 的支持

从图 1-8 中可以看出，对于 Web Components 部分的内容来说得分为 8 分(共 10 分)，单击打开某些菜单项可以查看该浏览器的得分详情，例如，部分支持 Shadow DOM 等。对于

Responsive images 部分来说得分为 15 分(共 15 分),这表示当前浏览器支持 Responsive images 的所有功能。

图 1-8 只是显示了 Chrome 浏览器对 HTML 5 支持的部分截图,在该测试网站还可以查看对 video 元素、输入内容、离线应用、文件以及 3D 和 2D 图形的支持情况,这里不再显示具体的效果,读者可以登录该网站进行测试和查看。

(3)　单击图 1-7 中的 other browsers 链接,可以查看其他浏览器的得分以及之前旧版本的得分,如图 1-9 所示。

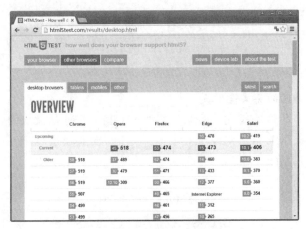

图 1-9　其他浏览器的得分

图 1-9 对 Chrome 浏览器、Opera 浏览器、Firefox 浏览器、Edge 浏览器以及 Safari 浏览器进行比较,Current 表示当前最新版本的得分,Older 表示旧版本的得分。

(4)　单击导航中的 compare 链接,在进入的页面中可针对浏览器进行详细对比。如图 1-10 所示为 Chrome 58、Firefox 53 和 Safari 10.2 三个浏览器之间的对比效果。在对比列表中,Yes 表示支持、No 表示不支持、Disabled 表示不可用、Partial 表示部分支持。

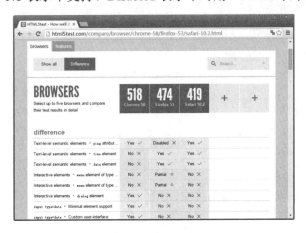

图 1-10　浏览器对比

本章小结

从 1993 年 HTML 首次革命式的推出，到 Web 标准的 XML 和 XHTML 发布，网页的重要性越来越大。最新的 HTML 5 更是倾覆了对前端的认识，它可以胜任以前 C/S 端才能完成的任务。HTML 5 构建了一个 Web 开放平台核心，它新增了很多支持 Web 应用开发的新特性，以及符合使用习惯的新元素，并重点关注定义清晰、一致的标准，以确保 Web 应用和内容在不同浏览器中的统一显示和操作。

习　题

一、填空题

1. 超文本标记语言的英文全称是_____。
2. 使用 HTML 5 的语法指定页面编码类型是 UTF-8，可以使用的代码是_____。
3. HTML 5 为 HTML 语法定义了一个_____媒体类型。

二、选择题

1. 在下列选项中，_____不是 Web 开发标准。
   A. HTML   B. CSS   C. JavaScript   D. PHP
2. 在下列选项中，_____不属于使用 Web 开发标准后的优势。
   A. 页面内容被更多的用户所访问   B. 更加安全
   C. 更丰富的界面表现方式   D. 更容易被搜索引擎搜索收录
3. 在下列选项中，_____不属于 body 元素的属性。
   A. width   B. bgcolor   C. text   D. link
4. 在下列选项中，_____不属于 HTML 5 新语法。
   A. <!DOCTYPE html>
   B. <html lang="zh-cn">
   C. <meta charset="UTF-8" />
   D. <html xmlns="http://www.w3.org/1999/xhtml" lang="zh-cn">
5. 在下列选项中，_____不会将具有布尔值的属性值设置为 true。
   A. 不写属性   B. 只写属性不写值
   C. 将属性值设置为空   D. 将属性值设置为属性名

三、上机练习

练习：了解 Firefox 浏览器的 HTML 5 和 CSS 3 的支持情况

本次练习要求读者下载并安装 Firefox 最新版本浏览器，然后根据本章介绍的内容了解该浏览器在 HTML 5 和 CSS 3 方面的支持情况，再与 Chrome 58 进行性能对比。

第2章

HTML 5 网页结构

　　HTML 5 的新增元素和属性是它的一大亮点：这些新增元素使文档结构更加清晰明确，容易阅读；属性则有助于实现更强大的功能。根据 HTML 5 新增元素的使用情况和语义，可以将它们进行不同的分类。有些元素的定义很模糊，以 header 元素为例，它既可以是结构元素，也可以作为语义元素，可以将该元素放到任意一种类型中，这也是为什么在不同的参考资料中，同一个元素所属不同分类的原因。

　　本章主要介绍 HTML 5 中新增的与网页结构相关的元素，包括头部元素、结构元素、节点元素、语义元素和交互元素。还介绍了 HTML 5 中新增的 3 个全局属性。通过本章的学习，读者可以熟练使用这些元素和属性构建网页。

📖 学习要点

- ▶ 掌握 html 根元素的使用方法。
- ▶ 熟悉文档头部元素包括的内容。
- ▶ 熟悉 HTML 5 中常用的分组元素。
- ▶ 能够使用 HTML 5 中新添加的元素创建简单的页面。

📖 学习目标

- ▶ 熟练掌握 HTML 5 中元素常用的全局属性。
- ▶ 掌握 HTML 5 中常用的结构元素。
- ▶ 掌握 HTML 5 中常用的交互元素。
- ▶ 熟悉 HTML 5 中常用的语义元素。
- ▶ 掌握 HTML 5 中常用的节点元素。

2.1 认识 html 根元素

一个 HTML 文档中包含的任何内容都是 HTML 元素，这些元素的根是 html。html 是 HTML 文档的最外层元素，也称为 html 根元素，所有的其他元素都被包含在该元素内。

浏览器在遇到 html 根元素时，将它理解为 HTML 文档。在用法上，HTML 5 与 HTML 4.01 中的 html 根元素没有太大的区别，主要区别就是 xmlns 属性。该属性在 HTML 4.01 中是必需的，用于对 HTML 文档进行验证；而在 HTML 5 中该属性可以省略，默认值是 "http://www.w3.org/1999/xhtml"。

HTML 5 为 html 根元素新增了一个 manifest 属性，用于指向一个保存文档缓存信息的 URL。另外，使用 lang 属性可以定义 HTML 文档使用的语言，这对搜索引擎和浏览器非常有帮助，默认值是 en。

根据 W3C 推荐标准，应该通过 html 根元素的 lang 属性对页面中的主要语言进行声明。示例代码如下：

```
<html lang="en">
</html>
```

2.2 文档头部元素

在 HTML 文档中，head 通常是 html 根元素的第一个元素。在 head 元素中包含的是对页面头部信息的设置，如标题、描述、收藏图片、样式和脚本等，这些内容不会显示到页面中。因此，head 元素又可称为 HTML 文档的头部元素。

表 2-1 中列出了头部元素中常用的子元素及其描述。

表 2-1 头部常用子元素

元素名称	描　述
base	为页面上的所有链接定义默认地址或默认目标
link	定义文档与外部资源之间的关系，像链接外部样式表，链接外部图标
meta	定义页面的辅助信息，像针对搜索引擎的描述和关键词
script	定义客户端脚本，例如 JavaScript，也可以链接外部脚本文件
style	定义页面的样式信息
title	定义文档的标题

1. base 元素

在 HTML 5 中，建议把 base 作为 head 的第一个元素，这样 head 中的其他元素就可以使用 base 的信息。如下代码演示了 base 元素的使用方法：

```
<head>
<base href="http://www.oa.cn/" target="_blank" />
</head>
```

```
<body>
<a href="index.html ">首页</a>
</body>
```

在这里将默认 URL 设置为 www.oa.cn，因此首页的真实链接 URL 是 www.oa.cn/index.html。

2. link 元素

link 元素最常用于链接外部样式表，示例代码如下：

```
<link rel="stylesheet" type="text/css" href="menu.css" />
```

HTML 5 中的 link 元素不再支持 charset、rev 和 target 属性，同时新增了 sizes 属性。sizes 属性仅适用于 rel 属性为 icon 的情况，此时该属性用于定义图标的尺寸，示例代码如下：

```
<link rel="icon" href="demo_icon.gif" type="image/gif" sizes="16x16" />
```

3. meta 元素

在 HTML 5 中，meta 元素不再支持 scheme 属性，另外新增了一个 charset 属性用于快速定义页面的字符集。如下都是符合 HTML 5 规范的 meta 元素用法：

```
<meta charset="utf-8 ">
<meta name="keywords" content="HTML, CSS, XML, XHTML, JavaScript" />
<meta name="description" content="免费的 Web 技术教程" />
<meta name="revised" content="tangguo, 2018/1/1/" />
<meta http-equiv="refresh" content="10" />
```

4. script 元素

script 元素通常用于定义一段 JavaScript 脚本，或者链接外部的脚本文件。例如，下面的示例弹出一个显示"Hello HTML 5"的对话框。

```
<script type="text/javascript">
alert("Hello HTML 5");
</script>
```

在 HTML 5 中，script 元素的 type 属性是可选的，不再支持 xml 属性，而且新增了 async 属性。async 属性用于定义当脚本可用时是否立即异步执行。

下面示例代码以异步方式向页面中输出"Hello HTML 5"字符串。

```
<script type="text/javascript" async="async">
document.write ("Hello HTML 5");
</script>
```

5. style 元素

style 元素用于定义页面所用到 CSS 样式代码。例如，下面示例代码定义页面中 p 元素的字体颜色为黑色，h1 元素的字体为红色。

```
<style type="text/css">
h1 {color:red}
p {color:black}
</style>
```

在 HTML 5 中为 style 元素增加了 scoped 属性，该属性可以为文档的指定部分定义样式，而不是整个文档。使用 scoped 属性后，所规定的样式只能应用到 style 元素的父元素及其子元素。

6．title 元素

title 元素定义的标题将显示在浏览器的标题栏、收藏夹以及搜索引擎的结果中。HTML 4.01 和 HTML 5 中的 title 元素用法相同，但是要注意一个文档中该元素只能出现一次。

示例代码如下：

```
<title>HTML 5 发展过程</title>
```

【实例 2-1】

现在使用上面介绍的 6 个元素创建一个实例，通过该实例演示各个 head 子元素的具体用法。

head 子元素
示例.mp4

（1）首先新建一个 HTML 文件，并搭建 HTML 5 的基本结构。

```
<!DOCTYPE HTML>
<html>
<head>
</head>
<body>
</body>
</html>
```

（2）向 body 元素中添加要显示的内容，如下为本实例中使用的代码。

```
<div class="yh_c">
    <div class="k1_top">
        <a class="yh_back1" href="#"><i class="fa fa-chevron-left"></i></a>
        <h1 id="h1"></h1>
    </div>
        <h2 class="kq_search_h2">信息查询</h2>
        <div class="kq_search_box">
            <div class="kq_search1"><input class="kq_txt1" type="text" placeholder="输入员工姓名"><i class=
                "fa fa-search"></i></div>
        </div>
</div>
```

（3）运行代码，将会看到如图 2-1 所示的效果。接下来在 head 元素中使用 base 元素定义页面的默认 URL 为 data.yidong.com。

```
<base href="http://data.yidong.com/" target="_blank" />
```

（4）使用 meta 元素定义页面的字符集为 utf-8。

```
<meta charset="utf-8">
```

（5）使用 meta 元素为页面添加关键字、描述信息以及版权声明。

```
<meta name="keywords" content="考勤，智能考勤,考勤系统,智能考勤,门禁考勤" />
<meta name="description" content="一套满足你需求的考勤系统"/>
```

```
<meta name="Copyright" content="糖果科技" />
```

(6) 使用 link 元素为页面添加一个收藏图标。

```
<link rel="icon" href="images/logo.ico" type="image/gif" sizes="32x32" />
```

(7) 使用 title 元素设置页面的标题为"考勤管理"。

```
<title>考勤管理</title>
```

(8) 使用 style 元素为 body 中的内容定义显示样式代码。

```
<link href="css/bootstrap.min.css" rel="stylesheet">
<link href="css/font-awesome.min.css" rel="stylesheet">
<link href="css/css.css" rel="stylesheet">
<style type="text/css">
        body{background: url(images/bg3.jpg) no-repeat; background-size: 100% 100%;}
</style>
```

(9) 使用 script 元素编写一段 JavaScript 脚本,在页面加载完成后执行。

```
<script src="js/jquery.min.js"></script>
  <script>
$(function(){
     $("#h1").html("信息查询");
});
</script>
```

(10) 保存代码,再次在浏览器中查看,将会看到如图 2-2 所示的运行效果。

图 2-1　未添加 head 子元素之前运行效果　　　图 2-2　使用 head 子元素之后运行效果

2.3　结构元素

在 HTML 5 中,为了使文档的结构更加清晰明确,逻辑思路更加清晰,增加了一些与文档结构相关联的结构元素,如页眉、页脚和内容区块等。下面依次介绍这些结构元素。

2.3.1　header 元素

header 元素.mp4

HTML 5 新增的 header 元素是一种具有引导和导航作用的结构元素，用于定义文档的页眉(介绍信息)。header 元素通常用来放置整个页面或页面内的一个内容区块的标题，也可以包含网站 Logo 图片、数据表格和搜索表单等内容。

整个页面的标题应该放在页面的开头，它的使用方式与其他元素一样。基本格式如下：

```
<header>
    <h1>网页主题</h1>
</header>
```

 技巧

在一个 HTML 网页中，并不限制 header 元素的个数。一个网页中可以拥有多个 header 元素，也可以为每一个内容块添加 header 元素。

【实例 2-2】

在一个完整的网站中，首先会设计网站的页面布局。HTML 5 出现之前，通常会使用以下代码来表示标题：

```
<div id="container ">
  <div id="header">
      <!--   这里是页面头部内容 -->
     </div>
  </div>
  <!-- 其他内容 -->
</div>
```

在上述代码中，最外侧的 div 元素搭建整个网站的框架，id 属性值为 header 的 div 元素表示网站的头部信息。另外，可以通过不同种类的选择器(例如 ID 选择器和样式选择器)为 div 元素添加 CSS 样式。上述内容的示例 CSS 样式代码如下：

```
#container {}   /* 定义全局的样式 */
#header {}   /* 定义顶部标题的样式 */
```

现在通过使用 header 元素来替换 id 属性值为 header 的 div 元素。页面相关代码如下：

```
<div    id="container">
    <header class="xy_h">
        <div class="btn-group">
            <div class="xy_user" data-toggle="dropdown" aria-haspopup="true" aria-expanded="false">
                <img src="images/yh_p1.jpg" alt="" />你好，用户 1 <span class="caret"></span>
            </div>
            <ul class="dropdown-menu">
                <li><a href="#" class="clearfix"><i class="fa fa-cog"></i>修改密码</a></li>
                <li><a href="#" class="clearfix"><i class="fa fa-share-square-o"></i>退出</a></li>
            </ul>
        </div>
        <a href="#" class="xy_logo"><img src="images/xy_logo.png" alt="" /></a>
```

```
    </header>
  </div>
```

重新更改与 header 元素相关的 CSS 代码，直接通过元素选择器指定样式。也可以说，将使用#header(ID 选择器)设置的代码通过 header(元素选择器)替换。部分代码如下：

```
header{
    height: 87px;
    border-bottom: 17px solid #f1f2f7;
    padding: 9px 68px 0 18px;
}
```

在浏览器中运行更改后的 HTML 网页查看效果，如图 2-3 所示。

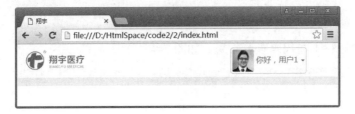

图 2-3　header 元素示例

◼ 2.3.2　article 元素

article 元素.mp4

article 元素代表文档、页面或者应用程序中独立的、完整的、可以独自被外部引用的内容。它可以是一篇博客或者报刊中的文章、一篇论坛帖子、一段用户评论或独立的插件，或者其他任何独立的内容。

article 元素可以单独使用，也可以和其他元素结合使用。一个 article 元素通常可以包含自己的标题，标题一般放在 header 元素中；有时还可以有脚注，脚注一般放在 footer 元素中。

▤【实例 2-3】

article 元素是一个容器，里面可以放各种布局代码。下面通过 article 元素显示博客中的一篇文章内容，代码如下：

```
<article class="post type-post">
  <div class="post-top">
    <div class="post-thumbnail"> <img class="img-responsive" src="images/blog-single/1.jpg" alt="post
    Image"> </div>
      <div class="post-meta">
        <div class="entry-meta">
          <div class="author-avatar"> <img src="images/author/1.jpg" alt="Author Image"> </div>
          <div class="entry-meta-content"> <span class="author-name"> <a href="#">系统管理员</a>
          </span> <span class="entry-date">
        <time datetime="2018-01-15">2018-01-15</time>
        </span> </div>
    </div>
  </div>
</div>
<div class="post-content">
```

```
<h2 class="entry-title"><a href="blog-single.html">HTML 5 简介</a></h2>
<p class="entry-text">HTML5 将成为 HTML、XHTML 以及 HTML DOM 的新标准。</p>
<p> HTML5 仍处于完善之中。然而，大部分现代浏览器已经具备了某些 HTML5 支持。</p>
<blockquote> HTML5 中的一些有趣的新特性：
<p>用于绘画的 canvas 元素</p>
<p>用于媒介回放的 video 元素 和 audio 元素</p>
<p>对本地离线存储的更好的支持</p>
<p>新的页面元素，比如 article、footer、header、nav、section</p>
<p>新的表单控件，比如 calendar、date、time、email、url、search </p>
</blockquote>
<p> 更多内容>>> </p>
</div>
</article>
```

在浏览器中运行上述代码查看效果，如图 2-4 所示。

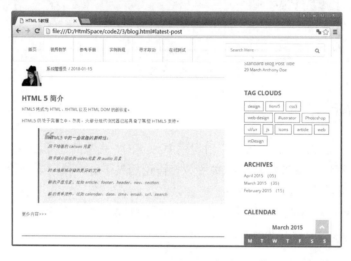

图 2-4 article 元素示例

试一试

　　article 元素是可以进行嵌套的，内层的内容在原则上需要与外层的内容相关联。例如，一篇文章，针对该文章的评论就可以使用嵌套 article 元素的方式，用来呈现评论的 article 元素被包含在表示整体内容的 article 元素中。

2.3.3 section 元素

section 元素.mp4

　　section 元素用于对网站或应用程序中页面上的内容进行分块。一个 section 元素通常由内容和标题组成。但是 section 元素并非一个普通的容器元素，当一个容器需要被直接定义样式或通过脚本定义行为时，推荐使用 div 元素，而不是 section 元素。

　　在使用 section 元素时，需要注意以下 3 点。

▶　不要将 section 元素用作设置样式的页面容器，那是 div 元素的工作。

- ▶ 如果 article 元素、aside 元素或 nav 元素更符合使用条件，那么不要使用 section 元素。
- ▶ 不要为没有标题的内容区块使用 section 元素。

📖【实例 2-4】

在上一节 article 元素示例的基础上添加代码，使用 section 元素来显示文章的评论信息，这些评论信息作为一个独立的区域进行显示。部分代码如下：

```
<section class="parent">
  <article class="comment">
    <div class="comment-author"> <img src="images/comment/1.jpg" > </div>
    <div class="comment-content">
      <h4 class="author-name">小白菜</h4>
      <span class="comment-date"> <span class="entry-date">
      <time datetime="12-02-2018">Feb 12, 2018</time>
      </span> </span>
      <p>网站做得不错，资料挺多的，希望越办越好。加油！</p>
    </div>
  </article>
</section>
<!-- 其他评论也使用相同的 section 元素 -->
```

在浏览器中运行上述代码查看效果，如图 2-5 所示。

图 2-5　section 元素示例

ℹ️ 提示

在 HTML 5 中，article 元素可以看作是一种特殊的 section 元素，它比 section 元素更强调独立性，即 section 元素强调分段或分块，而 article 强调独立性。具体来说，如果一块内容相对来说比较独立、完整时，应该使用 article 元素；但是如果想要将一块内容分成多段，应该使用 section 元素。

▌ 2.3.4　aside 元素

aside 元素用来表示当前页面或者文章的附属信息部分，它可以包含与当前页面或主要内容相关的引用、侧边栏、广告、导航条，以及其他类似的有别于主要内容的部分。一般情况下，aside 元素有以下两种用法。

aside 元素.mp4

- ▶ 被包含在 article 元素中作为主要内容的附属信息，其中的内容可以是与当前文章有关的参考资料、名词解释等。
- ▶ 在 article 元素之外使用，作为页面或站点全局的附属信息部分。最典型的形式是侧边栏，其中的内容可以是友情链接、博客中其他文章列表和广告单元等。

【实例 2-5】

(1) 下面通过 aside 元素实现博客右侧的栏目内容。首先使用 article 元素定义一个显示当前博客内容分类的栏目，代码如下：

```
<aside class="widget widget_categories">
  <h3 class="widget-title"> Blog Categories </h3>
  <ul class="category-list">
    <li><a href="#" >Web Design</a></li>
    <li><a href="#" >Graphic Design</a></li>
    <li><a href="#" >e-Commerce</a></li>
    <li><a href="#" >Flash Animation</a></li>
    <li><a href="#" >Wordpress Theme</a></li>
    <li><a href="#" >HTML5/CSS3</a></li>
    <li><a href="#" >Coding</a></li>
  </ul>
</aside>
```

(2) 使用 aside 元素定义一个表示博客文章归档的栏目，代码如下：

```
<aside class="widget widget_archive">
  <h3 class="widget-title"> Archives </h3>
  <ul class="archive-list">
    <li><a href="#">April 2015 <span class="count">05</span></a> </li>
    <li><a href="#">March 2015 <span class="count">35</span></a> </li>
    <li><a href="#">February 2015 <span class="count">15</span></a> </li>
  </ul>
</aside>
```

(3) 在浏览器中运行上述代码查看效果，如图 2-6 所示。其中的 TAG CLOUDS 栏目也是使用 aside 元素定义的。

图 2-6　aside 元素示例

▌2.3.5　footer 元素

　　footer 元素很容易理解，它可以作为其上层父级内容区块或者是一个根区块的脚注。它通常包含相关区块的脚注信息，例如作者、相关阅读链接及版权信息等。在 HTML 5 出现之前，通常都是使用\<div id="footer"\>\</div\>标记来实现上述功能，HTML 5 出现之后，直接使用 footer 元素来代替刚才的内容。

footer 元素.mp4

　　footer 元素与 header 元素一样，一个页面中可以使用多个 footer 元素。同时，可以为 article 元素或者 section 元素添加 footer 元素。

【实例 2-6】

下面代码在页面的底部使用 footer 元素显示版权信息：

```
<footer>
    <p class="xy_footer_p1"><span>POWERED by TGtech</span>滨海市糖果网络科技有限公司</p>
</footer>
```

2.4　节点元素

　　HTML 5 在页面区域的划分上增加了很多元素，使用这些元素可以更加清晰地对节点按内容或者段进行归类，像使用 nav 元素划分一组导航链接，等等。

▌2.4.1　nav 元素

　　nav 元素是一个可以用作页面导航的容器，其中的导航元素链接到其他页面或当前页面的其他部分。并不是所有的链接都被放进 nav 元素，只需要将主要的、基本的链接放进 nav 元素即可。

nav 元素.mp4

　　一个 HTML 网页中可以包含多个 nav 元素，作为页面整体或者不同部分的导航。具体来说，nav 元素可以用于以下几个场合。

　　▶　传统导航条：目前主流网站上都有不同层级的导航条，其作用是将当前页面跳转到网站的其他主要页面。

　　▶　侧边栏导航：目前主流博客网站及商品网站上都有侧边栏导航，其作用是将页面从当前文章或当前商品跳转到其他文章或其他商品页面。

　　▶　页内导航：它的作用是在本页面几个主要的组成部分之间进行跳转。

　　▶　翻页操作：翻页操作是指在多个页面的前后页或博客网站的前后篇文章中滚动。

【实例 2-7】

几乎所有的网站都少不了导航条，下面的示例代码通过 nav 元素定义一个导航条。

```
<nav id="menu" class="menu collapse navbar-collapse">
    <ul id="headernavigation" class="menu-list nav navbar-nav">
     <li   class="active"><a href="./">首页</a></li>
     <li><a href="#about">视频教学</a></li>
     <li><a href="#portfolio">参考手册</a></li>
```

```
        <li><a href="#services">实例教程</a></li>
        <li><a href="#latest-post">寻求帮助</a></li>
        <li><a href="#contact">在线测试</a></li>
    </ul>
</nav>
```

在 nav 元素中添加了 ul 元素来作为导航菜单容器，每个 li 元素表示一个菜单。在浏览器中运行上述代码，效果如图 2-7 所示。

图 2-7　nav 元素示例

 注意

HTML 5 规范不推荐使用 menu 元素代替 nav 元素。因为 menu 元素是用于发出命令的菜单，是一种交互性的元素，或者更确切地说是在 Web 应用程序中使用的。

2.4.2　hgroup 元素

hgroup 元素用于将多个标题(主标题和副标题或者子标题)组成一个标题组。hgroup 元素扮演着一个可以包含一个或者更多与标题相关容器的角色。

在使用 hgroup 元素时要注意如下几点。

▶　如果只有一个标题元素(h1~h6 中的一个)，不建议使用 hgroup 元素。

▶　当出现一个或者一个以上的标题与元素时，推荐使用 hgroup 元素作为标题容器。

▶　当有一个标题有副标题、其他 section 或者 article 的元数据时，建议将 hgroup 元素和元数据放到一个单独的 header 元素容器中。

通常将 hgroup 元素放在 header 元素中，如下是一个简单的示例：

```
<header>
    <hgroup>
        <h2>HTML 5 快速入门</h2>
        <h3 id="welcome">HTML 5 简介</h3>
        <p> 本教程将介绍 HTML 5 的方方面面。</p>
    </hgroup>
</header>
```

如图 2-8 所示为代码的运行效果。

图 2-8　hgroup 元素示例

如下所示为使用 hgroup 元素作为标题容器的代码：

```
<hgroup>
    <figcaption class="left-nav-title"><font style=" font-size:16px;">标题组一</font></figcaption>
    <ul>
        <li class="left-nav-group"><a href="#">菜单链接 5-3</a></li>
        <li class="left-nav-group"><a href="#">菜单链接 5-4</a></li>
        <li class="left-nav-group"><a href="#">菜单链接 5-5</a></li>
        <li class="left-nav-group"><a href="#">菜单链接 5-6</a></li>
        <li class="left-nav-group"><a href="#">菜单链接 5-3</a></li>
        <li class="left-nav-group"><a href="#">菜单链接 5-4</a></li>
        <li class="left-nav-group"><a href="#">菜单链接 5-5</a></li>
        <li class="left-nav-group"><a href="#">菜单链接 5-6</a></li>
    </ul>
</hgroup>
```

2.4.3　address 元素

address 元素用来表示离它最近 article 或 body 元素内容的联系信息，例如文章作者名字、网站设计和维护者的信息。当 address 的父元素是 body 时，也可表示该文档的版权信息。但是要注意，address 元素并不适合所有需要地址信息的情况，例如对于客户的联系信息就不适合。

在 address 元素中不能包含标题、区块内容、header、footer 或 address 元素。通常将 address 元素和其他内容一起放在 footer 元素中。

下面再来看一个 address 与 footer 结合的示例，代码如下所示：

```
<footer>
    <address>当使用本站时，代表您已接受了本站的使用条款和隐私条款。版权所有，保留一切权利。
    </address>
    <p>赞助商：滨海糖果科技有限公司　　京 ICP 备 06000100 号</p>
</footer>
```

在上述代码中，address 元素定义了文档的版权信息并显示在页面最底部，效果如图 2-9 所示。

图 2-9　address 元素示例

2.5　语义元素

语义元素是指能够为浏览器和开发者清楚描述其意义的元素。例如，可以将 header 和

footer 等元素看作是语义元素，而 div 则属于无语义元素。

HTML 5 中新增的文本语义元素主要有：mark 元素、cite 元素、ruby 元素、rt 元素和 rp 元素、time 元素以及 wbr 元素，下面对这些元素依次进行介绍。

▌ 2.5.1 mark 元素

在 HTML 4 中虽然可以使用 em 元素或者 strong 元素突出显示文字，但是 mark 元素的作用是与它们有区别的，不能混合使用。下面分别对 mark、strong 和 em 元素进行说明。

mark 元素.mp4

- ▶ mark 元素与原文作者无关，或者说它不是原文作者用来标示文字的，而是在后来引用时添加上去的，其目的是吸引用户的注意力，提供给用户做参考，希望对用户有所帮助。
- ▶ strong 元素是原文作者用来强调一段文字的重要性的(例如警告信息)。
- ▶ em 元素是作者为了突出文章重点而使用的。

📖【实例 2-8】

下面是一个文章列表，假设要强调"英语"和"外语"，可以使用 mark 元素来实现。代码如下所示：

```
<ul class="newslist1">
    <li><span class="right hui f10">2017-11-11</span><a href="view.html">中国打破了世界软件巨头规则
    </a></li>
    <li><span class="right hui f10">2017-11-11</span><a href="view.html">口语：会说中文就能说<mark>英语
    </mark>！</a></li>
    <li><span class="right hui f10">2017-11-11</span><a href="view.html">农场摘菜不如在线学<mark>外语
    </mark>好玩</a></li>
    <li><span class="right hui f10">2017-11-11</span><a href="view.html">数理化老师竟也看学习资料?
    </a></li>
    <li><span class="right hui f10">2017-11-11</span><a href="view.html">学<mark>英语</mark>送 ipad2,45
    天突破听说</a></li>
    <li><span class="right hui f10">2017-11-11</span><a href="view.html">学<mark>外语</mark>，上北外！
    </a></li>
</ul>
```

在浏览器中运行上述代码查看效果，如图 2-10 所示。

图 2-10 mark 元素示例

2.5.2　cite 元素

cite 元素可以创建一个引用标记,用于文档中参考文献的引用说明,像书名或文章名称。使用 cite 元素定义的内容会以斜体显示,以区别于文档中的其他字符。

示例代码如下:

```
<h3>新华网新闻</h3>
<p>北京、上海等地银行房贷利率现折扣优惠</p>
<p>--- 引自 << <cite>新华网</cite> >> ---</p>
```

上述代码运行效果如图 2-11 所示。

图 2-11　cite 元素示例

2.5.3　time 元素

time 元素用于定义公历的时间或日期,时间和时区偏移是可选的。该元素能够以机器可读的方式对日期和时间进行编码。例如,用户代理能够把生日提醒或排定的事件添加到用户日程表中,搜索引擎也能够生成更智能的搜索结果。

time 元素.mp4

datetime 和 pubdate 属性是 time 元素常用的两个属性。datetime 属性指定日期/时间,否则,由元素的内容给定日期/时间;pubdate 属性指定 time 元素中的日期/时间是文档(或 article 元素)的发布日期。

【实例 2-9】

虽然目前所有的主流浏览器都支持 time 元素,但是该元素在任何浏览器内容中都不会呈现(属于隐藏元素)。如下代码演示了 time 元素的基本使用方法:

```
<p>我们在每天早上 <time>9:00</time> 开始营业。</p>
<p>我在 <time datetime="2018-02-14">情人节</time> 有个约会。</p>
```

2.5.4　wbr 元素

wbr 全称是 Word Break Opportunity,wbr 元素指定在文本中的何处适合添加换行符。如果单词过长,或者开发者担心浏览器会在错误的位置换行,那么就可以使用 wbr 元素来添加单词换行占位符。

wbr 元素.mp4

【实例 2-10】

wbr 元素的使用也非常简单，下面代码演示了该元素的基本使用方法：

```
<nobr>此行文本不会断行，不管窗口的宽度如何。</nobr>
<nobr>但是，本行如果<wbr>窗口的宽度太小的话，将在"如果"之后断行。</nobr>
```

2.5.5　ruby、rt 和 rp 元素

ruby 定义 ruby 注释，通常与 rt 和 rp 元素一块使用。rt 元素定义 ruby 注释的解释，如果浏览器不支持 ruby 元素显示的内容，就会显示 rp 元素定义的内容。

ruby 注释是中文注音或字符；若在东亚使用，显示的是东亚字条的发音。ruby 元素由一个或者多个字符(需要一个解释/发音)和一个提供该信息的 rt 元素组成，还包括可选的 rp 元素。

ruby 元素.mp4

【实例 2-11】

ruby、rt 和 rp 元素的使用非常简单，下面通过两种方式演示这些元素。代码如下：

```
<ruby>
    漢 <rt><rp>(</rp>ㄏㄢˋ <rp>)</rp></rt>
</ruby>
<ruby>
    汉<rt>ic</rt><rp>五笔拼写：hc</rp>
</ruby>
```

2.6　交互元素

HTML 5 不仅增加了许多 Web 页面特征，而且本身也是一个应用程序。对于应用程序而言，表现最为突出的就是交互操作。HTML 5 为操作新增加了对应的交互体验元素，本节就来简单了解这些元素。

2.6.1　meter 元素

meter 元素是 HTML 5 新增的一个表示度量单位的元素，该元素仅用于已知最大和最小值的度量。例如，显示硬盘容量或者对某个候选者的投票人数占投票人数的比例等，都可以使用 meter 元素。

meter 元素.mp4

meter 元素的开始标记和结束标记之间可以添加文本，在浏览器不支持该元素时可以显示标记之间的文字。基本格式如下：

```
<meter>浏览器不支持 meter 元素</meter>
```

<meter>标记包含多个属性，如表 2-2 显示了 meter 元素的 6 个常用属性。

表 2-2　meter 元素的常用属性

属性名称	说　明
value	定义需要显示在 min 和 max 之间的值，这是在元素中表示出来的实际值。默认值为 0
min	定义允许范围内的最小值，默认值为 0。该属性的值不能小于 0
max	定义允许范围内的最大值，默认值为 1。如果该属性的值小于 min 属性的值，那么把 min 视为最大值
low	定义范围内的下限值，必须小于或等于 high 属性的值。如果该值小于 min，则使用 min 作为 low 属性的值
high	定义范围内的上限值，如果该属性值小于 low，则使用 low 作为 high 的值。如果该值大于 max，则使用 max 作为 high 属性的值
optimum	最佳值，其值必须在 min 属性值与 max 属性值之间，可以大于 high 属性的值

【实例 2-12】

下面代码通过 meter 元素表示文章的热度：

```
<ul class="newslist1">
  <li><span class="right hui f10"><meter low="69" high="80" max="100" optimum="100" value="92">
  A</meter> 2017-11-11</span><a href="view.html">中国打破了世界软件巨头规则</a></li>
  <li><span class="right hui f10"><meter low="69" high="80" max="100" optimum="100" value="76">B</meter>
  2017-11-11</span><a href="view.html">口语：会说中文就能说<mark>英语</mark>！</a></li>
  <li><span class="right hui f10"><meter low="69" high="80" max="100" optimum="100" value="59">
  A</meter> 2017-11-11</span><a href="view.html">农场摘菜不如在线学<mark>外语</mark>好玩</a></li>
</ul>
```

运行上述代码观察效果，如图 2-12 所示。

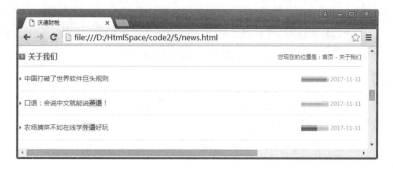

图 2-12　meter 元素初始效果

图 2-12 显示了 meter 元素的默认样式，如果不使用该元素的默认样式，开发者也可以自定义样式。例如，下面通过样式选择器指定 CSS 样式，此代码仅适用于 Webkit 内核的浏览器。内容如下：

```
.newslist1 meter { -webkit-appearance: none; }
.newslist1 ::-webkit-meter-bar {
    height: 1em;
    background: white;
    border: 1px solid black;
}
```

```
.newslist1 ::-webkit-meter-optimum-value { background: green; }   /* 高 */
.newslist1 ::-webkit-meter-suboptimum-value { background: orange; }    /* 中 */
.newslist1 ::-webkit-meter-even-less-good-value { background: blue; }    /* 低 */
.newslist1 ::-moz-meter-bar {
    background: rgba(0,96,0,.6);
}
```

重新运行页面或者刷新浏览器页面，自定义效果如图 2-13 所示。

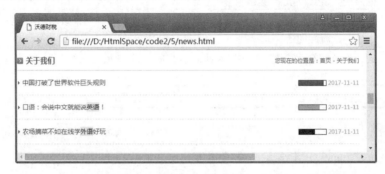

图 2-13　自定义 meter 元素样式

2.6.2　progress 元素

progress 元素表示一个任务的进度，这个进度可以是不确定的，只是表示进度正在进行，但是不清楚还有多少工作量没有完成。可以使用 0 到某个最大数字(例如 100)之间的数字表示方法准确地表达进度完成情况。

progress 元素.mp4

progress 元素具有两个属性可表示当前任务的完成情况：value 属性表示已经完成了多少工作量；max 属性表示总共有多少工作量，工作量单位是随意的，不用指定。在设置属性时，value 属性和 max 属性只能指定为有效的浮点数，value 属性的值必须大于 0，且小于或等于 max 属性，max 属性的值必须大于 0。

【实例 2-13】

下面的示例演示了 progress 元素的两种用法。第一个 progress 元素设置 value 和 max 属性的值；第二个 progress 元素只设置 max 的值，通过按钮控制进度条。实现步骤如下。

(1) 向 HTML 页面中添加第一个 progress 元素，指定该元素的 max 属性和 value 属性。代码如下：

```
<section>
    <h1>progress 元素的使用 1</h1>
    <p><progress value="45" max="100"><span>45%</span></progress></p>
</section>
```

(2) 向 HTML 页面中添加第二个 progress 元素，指定该元素的 max 属性值，然后添加一个按钮，并为该按钮添加 onClick 事件属性。代码如下：

```
<section>
    <h1>progress 元素的使用 2</h1>
    <p>完成百分比：<progress id="p" max="100"><span>0</span>%</progress></p>
```

```
        <input type="button" onClick="button_click()" value="开始" />
    </section>
```

(3)　向 JavaScript 脚本中添加 button_click()函数，在该函数中定义 progress 元素的值。当用户单击按钮时，progress 元素就会自动增长，当它的值增长到 100(即 progress 元素的 max 值)时，就会停止增长。JavaScript 脚本代码如下：

```
<script type="text/javascript">
    var newValue = 0;
    function button_click(){
        var progressBar = document.getElementById('p'); //获取页面中的 progress 元素
        newValue = 0;                                     //设置 newValue
        progressBar.getElementsByTagName('span')[0].textContent = 0;
        setTimeout("updateProgress()",500);
    }
    function updateProgress(){
        if(newValue>100){
            return ;
        }
        var progressBar = document.getElementById('p');
        progressBar.value = newValue;
        progressBar.getElementsByTagName('span')[0].textContent = newValue;
        setTimeout("updateProgress()",500);
        newValue++;
    }
</script>
```

(4)　在浏览器中运行上述代码查看效果，图 2-14 显示了页面的初始效果。

(5)　单击图中的【开始】按钮查看进度运行效果，如图 2-15 所示。

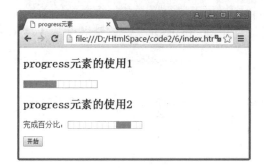

图 2-14　初始效果

图 2-15　单击【开始】按钮后效果

2.6.3　details 元素

details 元素提供了一种将页面上局部区域进行展开或收缩的方法，用于说明文档或某个细节信息的作用。<details>标记经常会使用到一个 open 属性，该属性定义 details 是否可见。

details 元素.mp4

【实例 2-14】

本示例向页面中分别添加两个 details 元素，并为第二个 details 元素指定 open 属性。代码如下：

```
<p>HTML 5 发展过程</p>
<details>HTML、XHTML、HTML 5</details>
<p>HTML 5 组织</p>
<details open="open">W3C、WHATWG</details>
```

在浏览器中运行上述代码观察效果，如图 2-16 所示。从该图中可以看出，为<details>标记指定 open 属性后，页面在运行时会自动展开显示内容。

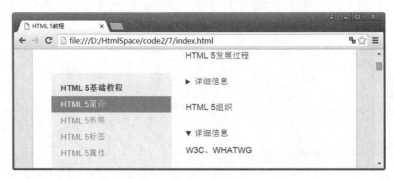

图 2-16　details 元素的使用

2.6.4　summary 元素

从 details 元素示例的效果图可以看出，details 元素只添加了显示的内容，并没有为其指定标题，这时浏览器会提供一个默认的标题，即"详细信息"，同时提供一个诸如上下箭头之类的图标，单击该图标可以进行展开和收缩操作。如果要为 details 元素自定义标题，这时可以使用 summary 元素，该元素用来定义 details 元素的标题。

summary 元素.mp4

【实例 2-15】

重新更改上个示例的代码，为每一个 details 元素添加 summary 元素，修改后的代码如下：

```
<p>HTML 5 发展过程</p>
<details>
    <summary>简述 HTML 5 的发展过程</summary>
    HTML、XHTML、HTML 5
</details>
<p>HTML 5 组织</p>
<details open="open">
    <summary>与 HTML 5 有关的组织</summary>
    W3C、WHATWG
</details>
```

再次在浏览器中运行代码查看效果，此时可通过单击 summary 元素来执行展开或者收缩操作，如图 2-17 所示。

图 2-17　summary 为 details 元素指定标题

> **提示**
>
> HTML 5 中新增了多个交互元素，除了本节介绍的几个元素外，command 元素和 dialog
> 元素都可以看作是交互元素。但是，目前还没有浏览器提供对它们的支持，因此这里不再
> 进行详细的介绍。

2.7　全局属性

全局属性是指在任何元素中都可以使用的属性。与之前的版本相比，HTML 5 也增加了
多个全局属性，其中最常用的全局属性有 hidden、spellcheck 和 contenteditable。下面依次详
细介绍它们的用法。

2.7.1　hidden 属性

hidden 是 HTML 5 新增的一个属性，该属性类似于 hidden 类型的 input
元素，功能是通知浏览器不显示该元素，使元素处于不可见状态，但是元素
中的内容还是由浏览器创建的。也就是页面加载后允许使用 JavaScript 脚本
将该属性取消，取消后该元素变为可见状态，同时元素中的内容也即时显示
出来。hidden 属性是一个布尔值的属性，当属性值设置为 true 时，元素处于不可见状态；
当属性值设置为 false 时，元素处于可见状态。

hidden 属性.mp4

【实例 2-16】

本示例通过 p 元素显示一段文本，并且通过 hidden 属性将这段文本进行隐藏，当用户
单击页面中的按钮时可以再次显示这段内容。实现步骤如下。

(1) 向网页的合适位置添加 div 元素并添加 hidden 属性。部分代码如下：

```
<h3 id="welcome"> HTML 5 简介<input    style="width:50px" type="button" id="btn" value="显示"
   onClick="show()" /></h3>
<div hidden id="h5_div">
<p> 本教程将介绍 HTML 5 的方方面面。</p>
<p>HTML5 将成为 HTML、XHTML 以及 HTML DOM 的新标准。</p>
```

```
</div>
```

（2） 添加一段 JavaScript 脚本，脚本内容用于显示或者隐藏 p 元素中指定的内容。代码如下：

```
<script>
var btn = document.getElementById("btn");
function show(){
    var p = document.getElementById("h5_div");
    if(btn.value == "显示"){
        btn.value="隐藏";
        p.hidden = false;
    }else{
        btn.value="显示";
        p.hidden = true;
    }
}
</script>
```

（3） 在浏览器中运行本示例的代码进行测试，如图 2-18 所示为单击【显示】按钮前后的效果。

图 2-18　hidden 属性示例

2.7.2　contenteditable 属性

contenteditable 属性的功能是允许用户编辑元素中的内容。因此需要注意，元素必须是可以获得鼠标焦点的元素，而且在鼠标单击后要向用户提供一个插入符号，提示用户该元素中的内容允许编辑。contenteditable 属性与 hidden 属性一样，也是一个布尔值，可以将该属性的值设置为 true 或 false。

contenteditable
属性.mp4

contenteditable 属性有一个隐藏的 inherit(继承)状态，属性值为 true 时，元素被指定为允许编辑；属性值为 false 时，元素被指定为不允许编辑；如果没有指定 true 或 false，则由 inherit 状态来决定，如果元素的父元素是可编辑的，则该元素就是可编辑的，否则为不可编辑。

另外，除了 contenteditable 属性外，元素还具有一个 iscontenteditable 属性，当元素可编辑时，属性值为 true；当元素不可编辑时，属性值为 false。

【实例 2-17】

下面通过 div 元素显示一段文本，并且将该标记 contenteditable 的属性值设置为 true。代码如下：

```
<div contenteditable="true" >
    <p> 本教程将介绍 HTML 5 的方方面面。</p>
    <p>HTML5 将成为 HTML、XHTML 以及 HTML DOM 的新标准。</p>
</div>
```

在浏览器中运行上述代码，在网页中单击这段文字并进行编辑，编辑效果如图 2-19 所示。

图 2-19　contenteditable 属性编辑效果

2.7.3　spellcheck 属性

spellcheck 属性是 HTML 5 针对 input 元素与 textarea 元素这两个文本输入框提供的一个新属性，其功能是对用户输入的文本内容进行拼写和语法检查。spellcheck 属性的值是一个布尔类型，它在书写时必须将属性值设置为 true 或者 false。

spellcheck
属性.mp4

【实例 2-18】

本示例演示 spellcheck 属性的使用。为了演示该属性值的效果，向页面中添加两个 textarea 元素，分别指定 spellcheck 属性的值为 true 和 false。代码如下：

```
spellcheck 属性值为 true：<br/><textarea row="10" cols="100" spellcheck="true"></textarea><br/>
spellcheck 属性值为 false：<br/><textarea row="10" cols="100" spellcheck="false"></textarea>
```

在浏览器中运行本示例的代码并输入内容进行测试，如图 2-20 所示为 Chrome 浏览器的测试效果。

图 2-20　spellcheck 属性示例

　注意

如果为元素指定 readOnly 属性或者 disabled 属性，并且将属性值设置为 true 时，即使设置了 spellcheck 属性也不会执行拼写检查。

2.8 综合应用实例：设计旅游网站首页

HTML 5 的出现使页面结构更加清晰、表达的语义更加明确且在最大程度上保证页面的简洁性，但是并非在页面中使用 HTML 5 元素越多越好。在本节之前已经通过大量的案例讲解了 HTML 5 中新增加的全局属性和元素，如 header 元素、footer 元素、menu 元素、nav 元素及 ul 元素等。本节将使用常用的 HTML 5 元素设计网站首页，加深读者对这些元素及 HTML 5 的理解。

随着社会经济的不断发展，旅游越来越多地成为大家放松心情、减少压力的一个选择。本实例就使用新增加的 HTML 5 元素设计旅游网站首页。网站首页内容非常简单且便于理解，其最终运行效果如图 2-21 所示。

图 2-21　旅游网站首页最终效果

实现网站首页的主要步骤如下。

(1) 首先对网站首页的页面划分区域，采用目前比较主流的框架，将整个页面分为上、中、下 3 个大的区域，其中又将中间区域划分为左侧、中间和右侧 3 个部分，页面的整体结构框架，如图 2-22 所示。

(2) 在页面 head 部分分别定义 meta 元素和 title 元素，meta 元素用于定义页面的编码格式，title 元素用于定义页面的标题。具体代码如下所示：

```
<meta http-equiv="Content-Type" content="text/html; charset=utf-8" />
<title>快乐一夏(旅游网)</title>
```

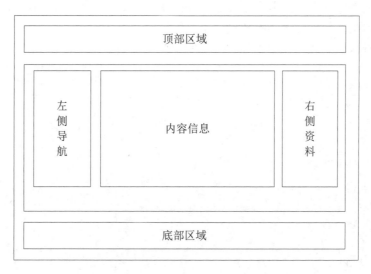

图 2-22　页面划分整体结构

（3）在 title 元素下方添加两个 link 元素，该元素为当前页面引用一个外部 CSS 样式表，并且添加一个图标。具体代码如下：

```
<link rel="stylesheet" href="styling.css" type="text/css" media="screen" />
<link rel="shortcut icon" href="img/favicon.ico" sizes="16×16" />
```

（4）上面的基本工作完成后，对顶部区域进行分析，顶部区域包含图片、导航菜单和搜索框等内容。实现的主要代码如下：

```
<header>
    <div id="navcontainer" style=" height:auto;">
        <div id="tagline"> <a href="#"> <br /><img src="img/blank.gif" alt="Your logo here" width="200"
            height="110" /><br /></a> </div>
        <menu>
            <li><a accesskey="1" id="taba" href="index.html" class="active">首页</a></li>
            <li><a accesskey="2" id="tabb" href="#">酒店</a></li>
            <li><a accesskey="3" id="tabc" href="#">团队旅游</a></li>
            <li><a accesskey="4" id="tabd" href="#">留言</a></li>
        </menu>
    </div>
    <div id="tabbar"></div>
    <div id="search">
        <form method="get" action="">
            <table width="500px"><tr><td>搜索的关键字：<input type="text" spellcheck="true" value=""
                class="tbox" /><input type="submit" value="搜索" name="submit" /></td></tr></table>
        </form>
        <nav><li><a href="#">搜索</a></li><li><a href="#">地图</a></li></nav>
    </div>
</header>
```

上述代码中首先使用 header 元素定义整个头部区域的内容；接着将 menu 元素和 li 元素相结合实现首页页面的导航列表信息；然后创建用于用户输入的 HTML 表单，在该表单中添加用户搜索的输入框，指定该输入框的 spellcheck 属性以检查输入的内容是否合法；最后通过 nav 元素实现搜索后面的超链接信息。

（5）为顶部区域的相关元素添加样式，其主要代码如下：

```css
menu {
        width: 100%;
        margin: 0 auto;
        padding: 0;
        clear: both;
}
menu ul,menu, menu li{
        margin: 0;
        padding: 0;
}
menu li {
        float: left;
        display: block;
        width: 24.5%;
        min-height: 20px;
}
#search form {
        display: block;
        float: left;
        text-align: right;
        width: 70.5%;
        margin: 0 40px 0 0;
}
#search nav {
        margin: 0;
        padding: 0;
        list-style: none;
}
#search nav li {
        font: 10px/140% Verdana, Arial, sans-serif;
}
```

（6）使用 footer 元素和 address 元素创建底部区域，该区域主要显示友情链接，其中 address 元素用来定义文档版权信息。其主要代码如下：

```html
<footer>
        <div id="footmenu" style="border:1px solid none;"> <a href="#">公告查看</a> | <a href="#">关于我们
        </a> | <a href="#">联系我们</a> | <a href="#">详细地图</a> | <a href="#">加入我们</a> | <a
href="#">搜索</a> | <a href="#">隐私协议</a> | <a href="#">词汇查看</a> | <a href="#">RSS</a> </div>
        <address>
        版权所有©2017 糖果科技有限公司<a href="http://validator.w3.org/check?uri=referer" title="Valid
            XHTML 1.1!">XHTML 1.1</a> | <a href="http://jigsaw.w3.org/css-validator/check/referer" title="Valid
            CSS!">CSS 2.1</a>.
        </address>
</footer>
```

（7）为底部区域的 footer 元素和 address 元素添加代码，主要样式如下：

```css
footer {
        width: auto!important;
```

```
        background: #8ccc33 url("img/overburn2.gif") no-repeat center bottom;
        clear: both;
        position: relative;
        text-align: center;
        font-size: 10px;
        line-height: 0.9em;
        padding: 0;
}
footer a:hover {
        color: #1f5791!important;
        font-weight: bold!important;
}
address {
        padding: 5px 0;
}
```

（8）根据上面的操作步骤，大家已经完成了顶部区域和底部区域相关代码和样式的设计，运行上面的代码进行测试，其运行效果如图 2-23 所示。

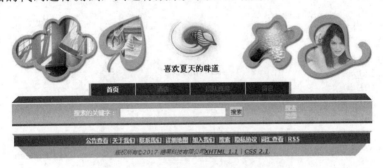

图 2-23　顶部区域和底部区域运行效果

（9）中间区域是整个页面最重要的部分，在本实例中，中间区域包括左侧、中间和右侧 3 个部分。左侧部分主要显示快捷列表和旅游注意事项两部分内容，该部分页面的具体代码如下所示：

```
<div id="left">
        <h1>快捷列表</h1>
        <div id="sidemenu">
                <ul>
                        <li><a href="#">酒店列表</a></li><li><a href="#">美图列表</a></li>
                        <li><a href="#">散客参团</a></li><li><a href="#">客户留言</a></li>
                        <li><a href="#">旅游热线</a></li>
                </ul>
        </div>
        <br class="clear" />
        <h1>旅游注意事项</h1>
        <div>
                <ol style="margin-left:-20px;" start="1">
                        <li><a href="#">外出旅游牢记八要</a></li>
                        <li><a href="#">旅游时出现紧急情况怎么办</a></li>
                        <li><a href="#">如何选择旅游方式</a></li>
                        <li><a href="#">出游千万别忘了防晒</a></li>
```

```
        </ol>
    </div>
</div>
```

上述代码中添加了两个 div 元素，分别显示快捷方式列表和旅游注意事项，第一个 div 元素中使用 ul 和 li 元素显示无序列表，第二个 div 元素中使用 ol 和 li 元素显示有序列表，设置 ol 元素的 start 属性值以 1 开始。

（10）为左侧内容的不同元素添加样式，其样式主要代码如下：

```css
#left {
    width: 160px;
    float: left;
    background: #f6f6f6 url("img/bg_left.gif") no-repeat center bottom;
    color: #555;
    border-right: 1px solid #ccc;
    font-size: 11px;
    text-align: left;
    line-height: 14px;
    height: 60%; /* Height Hack 3/3 */
}
#sidemenu ul {
    list-style: none;
    width: 140px;
    margin: 0 0 10px 0;
    padding: 0;
}
#sidemenu li {
    margin-bottom: 0;
}
```

（11）中间区域的中间部分主要显示旅游的一些文章内容，其主要代码如下：

```html
<article>
    <section>
        <h1>夏季外出旅游五注意<span style="font-size:13px; font-weight:normal;">热度： <meter
            value="8" min="0" max="10" low="6" high="8" title="8 分" optimum="10"></meter></span></h1>
        <p>    炎炎夏日仍然挡不住外出<mark>旅游</mark>的人的热情，那么
            在这个炎热的夏季外出<mark>旅游</mark>要注意些什么呢?</p>
        <ol>
            <li>炎热的夏天不宜长时间做日光浴，野外活动要涂防晒油，戴上遮阳帽和墨镜</li>
            <!-- 省略其他代码的显示 -->
        </ol>
        <p align="right">---摘选自<cite>《新疆旅游网》 </cite></p>
        <p><time pubdate datetime="2017-10-13">发表日期：2017-10-12</time>评论数量：23</p>
    </section>
    <section>
        <h2>一起走进中国十大避暑旅游城市<span style="font-size:13px; font-weight:normal;">热度：
            <meter value="6" min="0" max="10" low="6" high="8" title="8 分" optimum="10"></meter></span></h2>
        <p>    <aside>酷热的盛夏，清凉何处寻？炎炎夏日，避暑<mark>旅游
            </mark>日益成为中外<mark>旅游</mark>者，远足出行选择目的地的首要诉求。</aside>
        <!-- 省略其他代码的显示 -->
        </p>
```

```
        <p align="right"><time pubdate datetime="2017-10-13">发表日期：2017-10-12</time>评论数量：
            15 </p>
    </section>
</article>
```

上述代码中首先通过 article 元素声明中间整体内容，然后在该元素中添加两个 section 元素，这两个元素分别表示两篇文章信息。每个 section 元素中都使用 meter 元素显示当前文章的评价；mark 元素高亮处理关键字"旅游"；time 元素显示当前文章的发布时间。另外第一个 section 元素中将 ol 和 li 元素相结合实现无序列表，使用 cite 元素标记文章内容的出处，并使用 aside 元素显示文章标题的附属内容。

(12) 为文章内容的相关元素添加样式，其主要样式代码如下所示：

```
article {
        width: 460px;
        height: auto;
        float: left;
        background: #fff;
        color: #666;
        line-height: 16px;
        letter-spacing: 1px;
        text-align: left;
}
cite{
        color:blue;
}
aside{
        margin-left:20px;
        color:blue;
}
```

(13) 中间区域右侧的代码非常简单，主要显示夏日旅行社的简单信息，实现该部分的代码非常简单。具体代码如下所示：

```
<div id="right">
    <div id="rc">
        <h1>夏日旅行社</h1>
        <p>    夏日旅行社是河南省今年刚刚成立的一家新型旅行社，主要从
            事招徕和接待境外旅游者来华观光，组织中国公民境内旅游，承办各种会议、展览，安排商
            务考察、学术交流、探险、文化教育、体育比赛、文艺演出等专项活动。旅行社内设：日韩
            部、欧美部、亚大部、国内部、海外部。</p>
    </div>
</div>
```

(14) 为中间区域右侧部分的内容添加相应的代码，具体样式代码如下：

```
#right {
        width: 150px;
        float: right;
        background: #eee url("img/bg_right.gif") no-repeat center bottom;
        line-height: 14px;
        color: #444;
        font-size: 11px;
        text-align: left;
```

```
        height: 60%;
}
#rc {
        padding: 10px;
}
#rc p {
        padding: 0 0 10px 2px;
}
```

(15) 到此为止，中间区域页面代码和样式代码的设计基本完成。本节项目案例主要使用 HTML 5 中的常用元素设计旅游首页页面，到目前为止，本案例构建旅游首页的内容已经结束，其最终效果如图 2-21 所示。

本章小结

HTML 5 以 HTML 4 为基础，对 HTML 4 进行了全面升级改造。限于篇幅，对于继承自 HTML 4 的大部分内容就不再赘述。本章重点介绍 HTML 5 的新变化，包括新的文档结构元素、节点元素、语义元素和交互元素等，确保文档结构更加清晰明确，容易阅读。最后再结合案例介绍在 HTML 5 中究竟怎样使用这些新增的元素设计页面。

习　题

一、填空题

1. 在 HTML 5 的页面中，所有元素的根元素是_____。

2. 新增的_____元素用于定义文档中的头部信息。

3. head 元素中定义页面辅助信息的是_____元素。

4. time 元素有两个常用属性，它们分别是_____属性和 pubdate 属性。

5. details 元素提供了将页面上局部区域进行展开或收缩的方法，它需要通过_____元素来设置标题。

6. HTML 5 使用_____元素定义一个正在完成的进度条。

7. spellcheck 属性的值为_____时，表示启用输入时的拼写检查。

二、选择题

1. 下面关于 nav 元素的说法，选项_____是不正确的。

    A. nav 元素可以作为传统的导航条

    B. nav 元素可用于侧边栏导航

    C. menu 元素和 footer 元素都可以用来替换 nav 元素

    D. 页内导航和翻页操作时都可以使用 nav 元素

2. progress 元素常用的两个属性是_____。

    A. min 和 max   B. low 和 high

  C.　value 和 min　　　　　　　　D.　value 和 max

3.　HTML 5 中新增的_____属性允许用户编辑元素中的内容。

  A.　spellcheck　　　　　　　　　B.　contextmenu

  C.　contenteditable　　　　　　　D.　hidden

4.　meter 元素的_____属性用于定义范围内的最佳值。

  A.　optimum　　　B.　value　　　　C.　low　　　　D.　high

三、上机练习

📋 练习：设计博客网站首页

  如图 2-24 所示为一个博客类网站的首页效果，页面包含顶部、中间区域和底部 3 个模块，其中顶部又包含主标题、副标题和导航链接，中间区域又包含主要内容区和右侧边栏区。

  读者可以根据效果图添加合适的元素，如 header 元素、footer 元素、hgroup 元素、nav元素和 section 元素等。提示：并非全部使用本章所介绍的元素，但是优先考虑 HTML 5 新增的元素。

图 2-24　博客类网站的首页效果

第 3 章

HTML 5 表单应用

　　HTML 使用表单向服务器提交请求。表单和表单元素的主要作用就是收集用户输入的内容，当用户提交表单时，这些内容将被作为请求参数提交到服务器。因此，在需要与用户交互的 Web 页面中，表单和表单元素都是最重要的。

　　HTML 5 与 HTML 4 相比，在表单方面进行了改进，不仅增加了与表单有关的元素，还增加了与表单和表单域有关的输入类型，本章将介绍 HTML 5 新型表单的使用。在介绍 HTML 5 的新增内容之前，会首先了解 HTML 5 中的表单内容。

　　通过本章的学习，读者不仅可以熟悉表单的基本结构，还可以掌握 HTML 5 中新增的元素、属性和输入类型，也可通过使用 HTML 表单的内容熟练地构建 HTML 页面。

📖 学习要点

▶　了解设计表单时遵循的原则。

▶　掌握表单的基本结构。

📖 学习目标

▶　掌握新增的输入类型的使用。

▶　熟悉新增的两个表单属性。

▶　掌握新增输入类型有关的属性。

▶　熟悉对表单进行验证的几种方法。

3.1　重新认识 HTML 表单

表单可以用来在网页上显示特定的信息，但主要还是用来收集来自用户的信息，并将收集的信息发送给服务器端处理程序。可以说，表单是客户端和服务器端沟通的桥梁，是实现用户与服务器互动的最主要的方式。下面首先回顾一下表单的基础知识，包括表单的创建和基本元素等多个内容。

3.1.1　表单简介

Web 开发者经常会提到网页表单，他们通常所说的"表单"就是指 HTML 表单，一个HTML 表单是 HTML 文档的一部分。HTML 文档可以包含正常的内容(例如标题、文字和列表等)，也可以包含可视元素(例如文本框、密码框和下拉框等)。

目前，表单的交互功能表现在多个方面：输入单行文本、输入多行文本、输入密码，从下拉列表中进行单项选择，从多列项中选择一项或者多项，提交或者取消操作等。例如，在图 3-1 中显示了一个网页的注册页面，该页面的注册信息通过表单来实现。

图 3-1　用户注册页面

3.1.2　表单标记

表单是一个包含表单元素的区域，在网页中负责数据采集。一个表单有 3 个基本组成部分：表单元素、表单域和表单按钮。

▶　表单元素：这里面包含了处理表单数据所用 URL 以及数据提交到服务器的方法。
▶　表单域：包含了文本框、密码框、多行文本框、隐藏框、复选框、单选按钮以及下拉选择框和文件上传框等。
▶　表单按钮：包括提交按钮、取消操作按钮和一般按钮，用于将数据传送到服务器上或者取消输入，还可以用表单按钮来控制其他定义了处理脚本的处理工作。

表单使用 form(元素)进行定义，它是允许用户在表单中(例如文本框、下拉列表和复选

框等)输入信息的容器。在表单中可以添加表单域和表单按钮,基本格式如下:

```
<form action="" enctype="" method="" name="" onsubmit="" onreset="">
    <!-- 添加表单域和表单按钮 -->
</form>
```

form 标记中可以包含多个元素,上述格式只是列出了几种常用属性,如表 3-1 所示对这些常用属性进行了说明。

表 3-1　form 标记的常用属性

属性名称	说　明
action	必需属性,用来指定当表单提交时要采取的动作。该属性值一般是要对表单数据进行处理的相关程序地址,也可以是收集表单数据的 E-mail 地址,该 URL 所指向的服务器并不一定要与包含表单的网页是同一台服务器,可以是位于任何地方的一台服务器,只要给出绝对 URL 地址即可
enctype	设置表单数据的内容类型
method	定义数据传送到服务器的方式,其常用值包括 get(默认值)和 post
name	定义表单的名称
onsubmit	主要是针对 submit 按钮的,执行提交操作
onreset	主要是针对 reset 按钮的,执行取消操作

HTML 表单中主要包括 input、select、textarea、button、lable、fieldset 以及 legend 等表单元素。如图 3-2 所示的效果使用了大部分的表单元素。例如,使用 input 定义表单中的单行输入文本框、输入密码框、单行按钮、复选框、隐藏控件、重置按钮及提交按钮;使用 select 在表单中定义下拉菜单和列表框;使用 textarea 在表单中创建多行文本框(文本区域)等。

图 3-2　使用 form 表单元素

3.2　新增输入类型

HTML 5 相比 HTML 4 有了很大的进步,它对 form 元素进行了大量的修改,添加了许多新的输入类型，像数字类型和邮箱类型，这些在 HTML 4 中需要使用代码才能完成。而且 HTML 5 还提供了表单数据验证的方法。本节将详细介绍 HTML 5 表单新增的输入类型。

3.2.1　url 类型

url 类型用于应该包含绝对 URL 地址的输入框。在提交表单时，会自动验证用户输入 url 文本框中的值，如果输入的值不合法则不允许提交，并且会有提示信息。url 类型的输入框适用于多种情况，例如个人主页、百度地址和博客地址等。

url 类型.mp4

【实例 3-1】

url 类型的使用方式非常简单，如下为 url 的基本使用代码：

```html
<form action="#" method="get">
  <div class="form-group">
    <label for="inputPassword3" class="col-sm-2 control-label">项目地址</label>
      <div class="col-sm-10">
        <input type="url" class="form-control" id="url">
      </div>
    </div>
  <div class="xy_c3a_btn">
    <button type="button" class="btn btn-default active" data-dismiss="modal" aria-label="Close">取消</button>
    <input type="submit" value="确认"    class="btn btn-info active"/>
  </div>
</form>
```

不同的浏览器对 url 类型输入框的要求有所不同。例如，在图 3-3 所示的 Chrome 浏览器中要求用户必须输入完整的 URL 地址，例如"http://www.CCTV.com"，并且允许地址前有空格。

图 3-3　在 Chrome 浏览器中输入地址

提示

无论是本节介绍的 url 类型，还是后面几节介绍的其他类型，它们都不会自动验证输入框是否为空，而是在不为空的情况下验证用户输入的内容是否符合标准。简单来说，只有在输入框的内容不为空时，这些类型的输入框才会执行验证功能。

3.2.2　number 类型

number 类型用于包含数字的输入框。在提交表单时，会自动检查该输入框的内容是否为数字。当使用的浏览器不支持 number 类型时，会自动显示为一个普通的输入框。

number 类型.mp4

【实例 3-2】

在下面的表单中添加 number 类型的 input 元素作为施工数量。代码如下：

```html
<form action="#" method="get">
    <div class="form-group">
        <label class="col-sm-2    col-sm-offset-2 control-label">施工数量</label>
        <div class="col-sm-6">
            <input type="number" value="20" class="form-control">
        </div>
    </div>
     <input type="submit" value="确定" />
</form>
```

value 属性表示默认数字类型的值，如图 3-4 所示。此时可以向输入框中手动输入数值，也可以通过输入框后的按钮进行控制。

number 类型属性.mp4

图 3-4　Chrome 浏览器效果

number 类型的输入框能够设置对所接收的数字的限定，除了 value 属性外，还可以和其他的属性结合使用，这些属性的说明如下所示。

- ▶　max：指定输入框可以接收的最大的输入值。
- ▶　min：指定输入框可以接收的最小的输入值。
- ▶　step：输入域合法的间隔，如果不设置，默认值是 1。

【实例 3-3】

重新对上个示例中的 input 元素进行更改，分别设置 min、max 和 step 属性的值。修改后的代码如下：

```html
<input type="number" value="20" class="form-control" value="20" min="10" max="110" step="5">
```

上述代码限制输入的最小数字是 10，最大数字是 110，并且要求每个数字间隔为 5。重新在浏览器中运行上述代码，当输入的数字不符合 number 类型的限制时将会弹出验证信息。

3.2.3　email 类型

email 类型用于应该包含邮箱地址的输入文本框，该文本框与其他文本框在页面显示时没有区别，专门用于接收邮箱的地址信息。在提交表单时，会自动验证文本框中的内容是否符合邮箱的地址格式；如果不符合，将提示相应的错误信息。

email 类型.mp4

【实例 3-4】

在表单中添加 email 类型的 input 元素作为工程负责人的联系邮箱。代码如下：

```html
<form action="#" method="get">
    <div class="form-group">
        <label class="col-sm-2    col-sm-offset-2 control-label">负责人邮箱</label>
        <div class="col-sm-6">
            <input type="email" class="form-control">
        </div>
    </div>
    <input type="submit" value="确定" />
</form>
```

在浏览器中运行上述代码并向页面中输入内容进行测试，不同的浏览器可能导致效果有所不同。例如，如图 3-5 所示为 Chrome 浏览器验证效果。

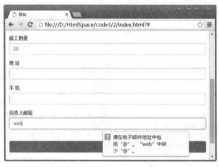

图 3-5　验证 email 类型

> **(i) 提示**
>
> 在某些情况下，并不只是要求用户输入一个电子邮箱，如果用户存在多个邮箱，那么可以允许用户输入多个邮箱。将邮箱地址输入框的 multiple 属性值设置为 true 时，允许用户输入一串逗号分隔的邮箱地址。

3.2.4　range 类型

range 类型用于应该输入一定范围内数字值的情况，并且也可以设定对所接收值的限制条件。它的常用属性与 number 类型一样，通过 min 属性和 max 属性可以设置最小值与最大值(默认值分别为 0 和 100)，通过 step 属性指定每

range 类型.mp4

次拖动的间隔值。

【实例 3-5】

创建一个示例，为 input 元素添加 range 类型，并且为其指定 min、max 和 step 属性的值。主要步骤如下。

(1) 创建 HTML 网页，并向该页面中分别添加 range 类型的 input 元素和 span 元素，前者指定输入范围，后者显示前一个输入框的值。相关代码如下：

```html
<form action="#" method="get">
    <div class="form-group">
        <label for="inputPassword3" class="col-sm-2 control-label">优先级</label>
            <div class="col-sm-10">
                <input    id="yxj"    type="range"    min="10"    max="100"    step="5"    name="yxj"
onChange="GetValue()"/><span id="ipt_ret"></span>
            </div>
        </div>
</form>
```

(2) 添加 GetValue()函数的脚本代码，在这段代码中获取用户在 range 类型中设置的值，并显示到 span 元素中。相关代码如下：

```html
<script>
function GetValue(){
        var v = $("#yxj").val();
        $("#ipt_ret").html(v);
}
</script>
```

(3) 如果浏览器不支持 range 类型，那么会在页面中显示一个普通输入框。在支持 range 类型的浏览器中，range 类型的输入框通常以滑动条的方式进行值的指定。如图 3-6 所示为 Chrome 浏览器验证效果。

图 3-6　验证 range 类型

3.2.5　datepickers 类型

datepickers 类型是指日期类型，HTML 5 提供了多个可供选取日期和时间的新输入类型，用于验证输入的日期。如表 3-2 所示对 HTML 5 中新增的日期和时间输入类型进行了具体说明。

datepickers 类型.mp4

表3-2　HTML 5新增日期和时间输入类型

新增日期和时间输入类型	说　明
date	选取日、月、年
month	选取月、年
week	选取周和年
time	选取时间(小时和分钟)
datetime	选取时间、日、月、年(UTC 时间)
datetime-local	选取时间、日、月、年(本地时间)

如果浏览器不支持表3-2列举的新增日期和时间输入类型，那么该类型的输入框在网页中显示为一个普通输入框。

【实例3-6】

创建一个网页，然后添加多个 input 元素，并使用表3-2列出的类型依次作为这些元素的 type 属性值。页面代码如下：

```
<table class="table-bordered">
    <tr>
        <td>date 类型：<input type="date" /></td>
        <td>month 类型：<input type="month" /></td>
    </tr>
    <tr>
        <td>week 类型：<input type="week" /></td>
        <td>time 类型：<input type="time" /></td>
    </tr>
    <tr>
        <td>datetime 类型：<input type="datetime" /></td>
        <td>month 类型：<input type="datetime-local" /></td>
    </tr>
</table>
```

在浏览器中运行上述代码，如图3-7为 Chrome 浏览器的初始效果。从图中可以看出，该浏览器不支持 datetime 输入类型，因此，显示效果与普通输入框相同。对于支持的类型，用户可以向输入框中输入内容，也可以单击输入框之后的按钮进行选择，如图 3-8 所示为 date 类型效果，如图3-9 所示为 week 类型效果。

图3-7　Chrome 浏览器初始效果　　　图3-8　date 类型效果　　　图3-9　week 类型效果

3.2.6　color 类型

color 类型用于实现一个 RGB 颜色选择器，其基本形式为#RRGGBB，默认值为#000000。如果浏览器支持 color 类型，那么用户在单击时能够弹出一个选择器供其选择。如果浏览器不支持 color 类型，那么会自动在网页中显示一个普通输入框。

color 类型.mp4

【实例 3-7】

向 HTML 网页中添加两个 color 输入类型的 input 元素，其中第一个不指定 value 属性值，第二个指定 value 属性值为#FF3E96，然后添加一个提交按钮。代码如下：

```
<form action="#" method="get">
    <input name="color1" type="color" />
    <input name="color2" type="color" value="#FF3E96" />
    <input type="submit" vaule="提交" />
</form>
```

在浏览器中运行上述代码，如图 3-10 所示为 color 类型的显示效果，直接单击颜色会弹出如图 3-11 所示的【颜色】对话框。

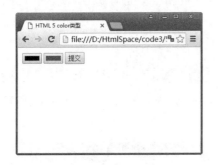

图 3-10　color 类型的显示效果

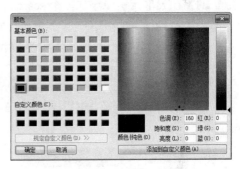

图 3-11　【颜色】对话框

3.2.7　tel 类型

tel 类型用于从语义上实现一个电话号码的输入，但是电话号码的格式很多，很难实现一个通用的格式。因此，tel 类型通常会和 pattern 属性配合使用。

tel 类型.mp4

【实例 3-8】

向 HTML 网页添加表示手机号码的 tel 输入类型，并通过 pattern 属性限制电话号码的格式为 11 位数字。代码如下：

```
<form action="#" method="get">
    手机号码：<input name="telephone" type="tel" pattern="^\d{11}$"/>
    <input type="submit" vaule="提交" />
</form>
```

在浏览器中运行上述代码，向页面中输入内容进行测试，如图 3-12 所示为 tel 类型的显示效果。

图 3-12　tel 类型的显示效果

3.2.8　search 类型

search 类型是一种专门用于输入搜索关键词的输入框，它能自动记住一些字符，例如，站点搜索或者 Google 搜索。如果浏览器不支持 search 输入类型，那么会在网页中显示为一个普通输入框；如果浏览器支持 search 输入类型，在用户输入内容后，会在网页右侧附带一个删除图标的按钮，单击这个图标按钮可以快速清除内容。

search 类型.mp4

【实例 3-9】

向 HTML 表单元素中添加一个 search 类型的输入框和一个提交按钮。页面代码如下：

```
<form action="#" method="get">
    关键字：<input type="search" name="searchinfo" />
    <input type="submit" vaule="提交" />
</form>
```

在浏览器中运行本示例的代码，如图 3-13 所示为输入内容时效果，如图 3-14 所示为搜索时效果。

图 3-13　输入内容时效果　　　　　　图 3-14　搜索时效果

3.3　新增属性

在掌握 HTML 5 新增输入类型的使用方法之后，本节将介绍 HTML 5 中新增的一系列与表单和输入有关的属性，首先介绍表单的新增属性。

3.3.1　表单类属性

简单来说，表单类属性就是与 form 元素有关的属性。HTML 5 新增了 autocomplete 属性和 novalidate 属性两个表单类属性。

1．autocomplete 属性

autocomplete
属性.mp4

atuocomplete 属性指定所有的表单控件是否应该拥有自动完成功能。该属性的值有 on 和 off：如果将属性值指定为 on，那么表示执行自动完成功能；如果将属性值指定为 off，那么表示关闭自动完成功能。

无论是 form 元素还是多个类型的 input 元素，都可以使用 autocomplete 属性，使用该属性时的注意事项如下所示。

- ▶ input 元素要位于 form 表单中，并且要指定 name 属性，表单必须包含 submit 提交按钮。
- ▶ 在默认情况下，text 类型的 input 元素含有 autocomplete 为 on 的属性，如果要取消自动完成功能，那么需要将 autocomplete 属性指定为 off。
- ▶ 浏览器自动记忆的值为已提交的值，并且这些值的顺序为提交的先后顺序。
- ▶ 浏览器自动记忆的值是按照标记的 name 属性为标准的。也就是说，如果表单中的 input 标记有相同的 name，那么就有相同的自动完成列表(与是否在同一个 form 表单中和是否在同一个网页中无关)。
- ▶ 自动完成列表信息没有存放在浏览器缓存中。

【实例 3-10】

为页面中的 form 标记指定 autocomplete 属性，并且将该属性的值指定为 on，然后向表单中添加两个输入框和一个按钮。页面代码如下：

```
<form id="formOne" autocomplete="on">
    用户名：<input   type="text" id="autoFirst" name="autoFirst"/><br/><br/>
    昵   称：<input type="text" id="autoSecond" name="autoSecond" /><br/><br/>
    <input type="submit" value="提交" />
</form>
```

向页面中输入内容进行提交，测试时的效果如图 3-15 和图 3-16 所示。

图 3-15　用户名自动完成效果

图 3-16　昵称自动完成的效果

autocomplete 属性不仅可以用于 form 元素，还可以用于所有类型的 input 元素。重新更改实例 3-10 中的代码，将用户输入"昵称"文本框的 autocomplete 属性值设置为 off。这时页面代码如下：

```
<form id="formOne" autocomplete="on">
    用户名：<input   type="text" id="autoFirst" name="autoFirst"/><br/><br/>
    昵   称：<input type="text" autocomplete="off" id="autoSecond"
```

```
name= "autoSeco nd" /><br/><br/>
    <input type="submit" value="提交" />
</form>
```

在上述代码中，为 form 标记指定 autocomplete 属性的值为 on，这表示 form 元素中的两个输入框都实现自动完成功能。同时，又为"昵称"输入框指定了 autocomplete 属性，并且该属性的值为 off，这表示该输入框不开启自动完成功能。

 技巧

各个浏览器对 autocomplete 属性支持的列表个数有差异，例如 Google 浏览器和 Opera 浏览器记忆前 6 个，按输入顺序先后显示，超出之后按照输入值提交的次数降序排列 6 个。Firefox 浏览器自动完成列表数据的个数没有限制，按提交的先后顺序，超出部分滚动显示。

2. novalidate 属性

简单来说，novalidate 属性用于取消表单验证。为表单设置该属性后会关闭整个表单的有效性检查，这样将对 form 元素内所有表单控件不进行验证。

除了指定 form 元素的 novalidate 属性取消验证外，还有两种取消验证的方法。

▶ 利用 input 元素的 formnovalidate 属性可以让表单验证对单个 input 元素失效。

▶ 为 submit 类型的按钮指定 formnovalidate 属性，在用户单击按钮时相当于使用 form 元素的 novalidate 属性，这会导致整个表单验证都失效。

3.3.2 输入类属性

HTML 5 中提供了一系列与 input 元素有关的属性，为 input 元素指定这些属性可以实现不同的功能。具体来说，HTML 5 新增的与 input 元素有关的属性包括：autocomplete 属性、autofocus 属性、form 属性、表单重写属性(formaction、formenctype、formmethod、formnovalidate 和 formtarget)、width 和 height 属性、list 属性、min 属性、max 属性和 step 属性、multiple 属性、pattern 属性、placeholder 属性以及 required 属性。

在上述属性中，有些属性在前文已经提到并使用过，例如 autocomplete 属性、min 属性、max 属性和 step 属性。下面介绍几种常用的新增属性，并对这些属性进行说明。

1. autofocus 属性

autofocus 属性指定页面加载后是否自动获取焦点，一个页面上只能有一个元素指定 autofocus 属性。autofocus 属性适用于所有类型的 input 标记，该属性的值是一个布尔值，将标记的属性值指定为 true 时，表示页面加载完毕后会自动获取该焦点。

autofocus 属性.mp4

【实例 3-11】

下面的示例代码为昵称输入框添加 autofocus 属性，当页面加载完毕后会直接将焦点放到昵称输入框。

```
昵   称:
<input type="text" autocomplete="off" id="autoSecond" name="autoSecond" autofocus="true" />
```

2．multiple 属性

multiple 属性.mp4

multiple 属性指定输入框可以选择多个值，该属性适用于 email 和 file 类型的 input 元素。multiple 属性用于邮箱类型的 input 元素时，表示可以向文本框中输入多个电子邮箱地址，多个地址之间通过逗号进行分隔；multiple 属性用于 file 类型的 input 元素时，表示可以选择多个文件。

【实例 3-12】

创建一个示例，演示 multiple 属性在 email 类型和 file 类型 input 元素中的使用。基本实现步骤如下。

(1) 向包含 form 元素的 HTML 页面中添加两个 input 元素，分别指定该标记的 type 属性为 email 和 file。代码如下：

```
<form id="formOne">
    <div class="form-group">
        <label for="inputPassword3" class="col-sm-2 control-label">可见人员</label>
        <div class="col-sm-10">
            <input type="email" name="myemail" class="form-control" />多个之间使用逗号进行分隔
        </div>
    </div>
    <div class="form-group">
        <label for="inputPassword3" class="col-sm-2 control-label">相关文档</label>
        <div class="col-sm-10">
            <input type="file" name="myfile"   />
        </div>
    </div>
    <input type="submit" value="提交" />
</form>
```

(2) 在浏览器中运行上述页面，如图 3-17 为输入多个电子邮箱地址时的效果。

(3) 从图 3-17 中可以看出，不指定 multiple 属性而输入多个电子邮箱地址时会自动验证并提示错误。这时，重新更改第(1)步骤中的代码，为两个 input 元素添加 multiple 属性。修改后的代码如下：

```
<input type="email" name="myemail" class="form-control" multiple="true"/>
<input type="file" name="myfile" multiple="true" />
```

(4) 重新运行上述代码，并输入内容进行测试。此时即可以输入多个电子邮箱地址，也可以选择多个文件，如图 3-18 所示。

图 3-17　应用 multiple 属性前

图 3-18　应用 multiple 属性后

3. pattern 属性

pattern 属性.mp4

在 3.2.7 节介绍 tel 输入类型时已经使用了 pattern 属性，该属性用于指定 input 元素中内容的验证模式，即正则表达式。pattern 属性适用于类型是 text、search、url、tel、email 和 password 的 input 元素。

【实例 3-13】

创建一个会员注册表单，并使用 pattern 属性对输入的信息进行有效性检查。实现步骤如下。

(1) 第一行向用户提供输入姓名的输入框，要求用户的姓名必须是汉字，而且长度小于 12，大于 2。代码如下：

```
<form id="formOne">
    <table class="table-bordered">
    <tr>
        <td align="right" width="20%">姓名：</td>
        <td><input type="text" name="username" pattern="^[\u4e00-\u9fa5\uf900-\ufa2d]{1,11}$" />(汉
            字，只能包含中文字符(长度小于 12，大于 2))</td>
    </tr>
    </table>
    <input type="submit" value="提交" />
</form>
```

(2) 第二行向用户提供输入 QQ 号码的输入框，要求是 5 位以上的数字。代码如下：

```
<tr>
    <td align="right">QQ 号码：</td>
    <td><input type="text" name="myqq" pattern="^[1-9][0-9]{4,}$" />(从 10000 开始)</td>
</tr>
```

(3) 第三行提供用户输入固定电话号码的输入框，其形式是"XXXX-XXXXXXX"或者"XXX-XXXXXXXX"。代码如下：

```
<tr>
    <td align="right">固定电话：</td>
    <td><input type="tel" name="mytel" pattern="\d{3}-\d{8}|\d{4}-\d{7}"/>(国内电话号码(0511-4405222、
        021-87888822))</td>
</tr>
```

(4) 继续添加供用户输入手机号码的输入框，并且要求用户输入的手机号码是以 13、14、15 或 18 开头。代码如下：

```
<tr>
    <td align="right">手机号码：</td>
    <td><input    type="text"    name="myphone"    pattern="^(13[0-9]|14[5|7]|15[0|1|2|3|5|6|7|8|9]
|18[0|1|2|3|5|6|7|8| 9])\d{8}$"/>(以 13、14、15 或 18 开头的电话号码)</td>
</tr>
```

(5) 添加提供用户输入身份证号的输入框，并且要求输入的身份证号合法。页面代码如下：

```
<tr>
    <td align="right">身份证号：</td>
    <td><input type="text" name="mycard"  pattern="^\d{15}|\d{18}$"/>(15 位或 18 位身份证号)</td>
</tr>
```

(6) 添加用于执行提交操作的按钮，具体代码不再显示。

(7) 运行页面查看效果，输入内容后单击【提交】按钮进行测试，如果内容为空表示忽略验证。图 3-19 为验证姓名效果，图 3-20 为验证 QQ 号码效果，图 3-21 为验证固定电话效果，图 3-22 为验证身份证号效果。

图 3-19 验证姓名效果

图 3-20 验证 QQ 号码效果

图 3-21 验证固定电话效果

图 3-22 验证身份证号效果

4．placeholder 属性

placeholder 属性提供一种提示，描述输入框所期待的值。placeholder 属性适用于类型是 text、search、url、tel、email 以及 password 的 input 元素。

placeholder 属性.mp4

在使用 placeholder 属性时，提示会在输入框为空时显示，在输入框获得焦点时消失。

【实例 3-14】

在上个实例 3-13 的基础上进行更改，分别为"姓名"和"QQ 号码"输入框指定 placeholder 属性。相关代码如下：

```
<input type="text" name="username" pattern="^[\u4e00-\u9fa5\uf900-\ufa2d]{1,11}$" placeholder="例如：张
小峰或欧莲芝" />
<input type="text" name="myqq" pattern="^[1-9][0-9]{4,}$" placeholder=" 12345678" />
```

在浏览器中运行上述代码查看效果，如图 3-23 所示。

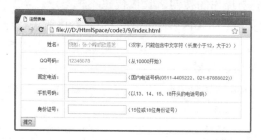

图 3-23　placeholder 属性的使用

5. required 属性

在 3.2 节介绍的 HTML 5 新增输入类型，并不会自动判断用户是否在输入框中已经输入内容，只有在输入框中输入内容时才会进行判断。如果开发者需要某个输入框的内容是必须填写的，那么可以为 input 元素指定 required 属性。

required 属性.mp4

required 属性指定必须在提交之前填写输入框，即输入框不能为空。例如，用户登录时要求必须输入用户名和密码，这时可以为它们指定 required 属性。

【实例 3-15】

继续在上个示例的基础上添加代码，为"姓名"和"固定电话"的 input 元素指定 required 属性。相关代码如下：

```
<input type="text" name="username" pattern="^[\u4e00-\u9fa5\uf900-\ufa2d]{1,11}$" placeholder="例如：张
小峰或欧莲芝" required />
<input type="tel" name="mytel" pattern="\d{3}-\d{8}|\d{4}-\d{7}" required />
```

在浏览器中直接单击【提交】按钮查看测试效果，此时会按顺序验证"姓名"和"固定电话"的非空性，如果为空则会显示错误信息，如图 3-24 所示。

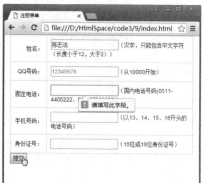

图 3-24　required 属性的使用

3.4　表单元素

HTML 5 新增了 4 种与表单有关的元素，这些元素分别是 datalist、keygen、output 和 optgroup，下面将分别对这 4 个元素进行介绍。

3.4.1　datalist 元素

datalist 元素可以定义一个选项列表，它通常和 input 元素配合使用，从而定义 input 元素可能出现的一些值。使用 datalist 元素时，首先要通过 id 属性为其指定一个唯一的标识，然后为 input 元素添加 list 属性，将 list 属性值设置为 datalist 元素对应的 id 属性值。

datalist 元素.mp4

【实例 3-16】

下面创建一个示例，演示 input 元素与 datalist 元素关联前后的效果。假设，表单中原来有一个如下的 input 元素：

```
<span class="form-group">
    <label>设备制造商</label><br>
    <input type="text" class="form-control" name="made_name_key" >
</span>
```

如上述代码所示，这是一个很普通的文本类型 input 元素，它可以为空，也可以输入任何内容。在浏览器中的效果，如图 3-25 所示。

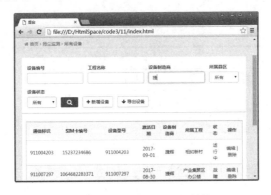

图 3-25　使用 datalist 元素前效果

接下来使用 datalist 元素定义一个数据源列表，然后将元素绑定到上面的 input 元素。这部分代码如下所示：

```
<input type="text" class="form-control" name="made_name_key" list="madelist">
<datalist id="madelist">
    <option>飞梦</option>
    <option>瑞百瑞</option>
    <option>沃众</option>
    <option>火木</option>
```

```
        <option>捷辉</option>
        <option>蓝宇</option>
    </datalist>
```

重新运行上述代码，观察 input 元素的效果，此时用户既可以手动输入内容，也可以从下拉列表中进行选择内容，如图 3-26 所示。

图 3-26　使用 datalist 元素后效果

3.4.2　keygen 元素

keygen 元素是密钥生成器，其作用是提供一种验证用户的可靠方法。当提交表单时会生成两个键：一个是私钥，它存储在客户端；一个是公钥，它被发送到服务器。其中，公钥可用于之后验证用户的客户端证书。keygen 元素的常用属性及其说明如表 3-3 所示。

keygen 元素.mp4

表 3-3　keygen 元素常用属性

属性名称	说　　明
autofocus	使 keygen 字段在页面加载时获得焦点
challenge	如果使用，则将 keygen 的值设置为在提交时询问
disabled	禁用 keytag 字段
form	定义该 keygen 字段所属的一个或者多个表单
keytype	定义 keytype。rsa 生成 RSA 密钥
name	定义 keygen 元素的唯一名称。name 属性用于在提交表单时搜集字段的值

【实例 3-17】

继续在上个示例的基础上添加代码，演示 keygen 元素的使用。相关代码如下：

```
    <p>
        <label >安全性：</label>
        <keygen name="security"></keygen>
    </p>
```

在浏览器中运行上述代码查看效果，如图 3-27 所示。

图 3-27　keygen 元素的使用

3.4.3　output 元素

output 元素必须属于某个表单，或者通过属性指定到某个表单。output 元素可以显示不同类型表单元素的内容，并且该元素可以与 input 元素建立关联。当 input 元素的值改变时会自动触发 JavaScript 事件，这样就可以十分方便地查到表单中各元素的输入内容。

output 元素.mp4

ouput 元素有一个 oninput 事件，它在关联的内容发生变化时触发。output 元素主要有如下三个属性。

- ▶　for：定义输出域相关的一个或多个元素。
- ▶　form：定义输入字段所属的一个或多个表单。
- ▶　name：定义对象的唯一名称(表单提交时使用)。

【实例 3-18】

使用 output 元素计算表单中商品单价和购买数量两个数字相乘的结果，并将结果显示到表单中。实现代码如下所示：

```
<form    action="#"    oninput="sum.value=parseInt(num1.value)*parseInt(num2.value)">
    <h1>购物结算</h1>
    <p>
        <label for="username" class="uname" data-icon="u" >商品单价：</label>
        <input type="number" name="num1" value="0"/>
    </p>
    <p>
        <label for="password" class="youpasswd" data-icon="p">购买数量：</label>
        <input type="number" name="num2" value="0"/>
    </p>
    <p class="login button"> 总价：
        <button type="button" value="确定" ><output name="sum" for="num1 num2"></output> </button>
    </p>
</form>
```

在上述代码中要注意 form 元素的 oninput 事件，在该事件中获取了所需的数据并执行乘法运算，最后显示到 name 属性是 sum 的元素(即 output 元素)中。在 Chrome 浏览器中查看效果，如图 3-28 所示。

图 3-28　使用 output 元素的效果

3.4.4　optgroup 元素

一般情况下，下拉菜单只能允许一种类型的选项，而且不能对各种类型的选项进行组合。而使用 optgroup 元素可以对不同类型的选项进行组合。

optgroup 元素主要有两个属性：label 属性用于定义选项组的名称，disabled 属性用于在其首次加载时禁用该选项组。

optgroup 元素.mp4

【实例 3-19】

下面使用 optgroup 元素定义一个会员登录时选择角色的下拉列表，并将列表中的选项分为总部、南区分部和朝阳分部三个组。代码如下所示：

```html
<p>
    <label >角色：</label>
    <select>
    <optgroup label="总部">
        <option value ="1">系统管理员</option>
        <option value="2">区域管理员</option>
        <option value="3">网格长</option>
    </optgroup>
    <optgroup label="南区分部">
        <option value="4">财务专员</option>
        <option value="5">人力管理</option>
    </optgroup>
    <optgroup label="朝阳分部">
        <option value="6">信息管理员</option>
        <option value="7">网络运维</option>
        <option value="8">售后</option>
    </optgroup>
    </select>
</p>
```

在 Chrome 浏览器中的运行效果，如图 3-29 所示。

图 3-29　使用 optgroup 元素的效果

3.5　表单验证

通过前面几节的学习，我们知道 HTML 5 新增了大量的输入类型和表单属性，同时也加强了对表单元素的验证功能。表单验证是一套系统，通过对元素内容进行本地的有效性验证，避免了重复提交，同时也减轻了服务器的处理压力。

根据验证的提交方式，可以分为自动验证、显式验证和自定义验证 3 种，还可以取消验证，下面依次介绍这几种验证操作的实现。

3.5.1　自动验证

自动验证功能是 HTML 5 表单的默认验证方式，它会在表单提交时执行自动验证，如果验证不通过将无法提交。

自动验证方式.mp4

如果要对输入的内容进行有效性验证，则可以使用下面的属性。

- ▶ required 属性：限制在提交时元素内容不能为空。
- ▶ pattern 属性：通过正则表达式限制元素内容的格式，不符合格式则不允许提交。
- ▶ min 属性和 max 属性：限制数字类型输入范围的最小值和最大值，不在范围内不允许提交。
- ▶ step 属性：限制元素的值每次增加或者减少的基数，不是基数倍数时不允许提交。

【实例 3-20】

使用自动验证方式创建一个 form 表单，在表单中添加 4 个 input 元素，分别用于输入昵称、验证邮箱、登录密码和确认密码。具体代码如下所示：

```
<form    action="mysuperscript.php" autocomplete="on">
    <h1> 会员注册 </h1>
    <p>
        <label for="usernamesignup" class="uname" data-icon="u">昵称</label>
        <input id="usernamesignup" name="usernamesignup" required="required" type="text" placeholder="
字母和数字组成" />
    </p>
    <p>
```

```
        <label for="emailsignup" class="youmail" data-icon="e" > 验证邮箱: </label>
        <input       id="emailsignup"       name="emailsignup"       required="required"       type="email"
placeholder="mysupermail@mail.com"/>
    </p>
    <p>
        <label for="passwordsignup" class="youpasswd" data-icon="p">登录密码: </label>
        <input    id="passwordsignup"    name="passwordsignup"    required="required"    type="password"
placeholder="eg.X8df!90EO" pattern="\w{6,12}"/>
    </p>
    <p>
        <label for="passwordsignup_confirm" class="youpasswd" data-icon="p">确认密码: </label>
        <input       id="passwordsignup_confirm"       name="passwordsignup_confirm"       required="required"
type="password" placeholder="eg.X8df!90EO"/>
    </p>
    <p class="signin button"><input type="submit" value="确定"/> </p>
</form>
```

在浏览器中运行页面，直接单击【确定】按钮查看验证效果，并根据提示对内容进行输入，验证效果如图 3-30 所示。

图 3-30　单击【确定】按钮提交表单时的验证效果

▌ 3.5.2　显式验证

除了使用表单的自动验证方式之外，在 HTML 5 中还可以调用 checkValidity()函数显式地对表单中所有元素内容或者单个元素内容进行有效性的验证。

显式验证.mp4

HTML 5 中的 form 元素、input 元素、select 元素和 textarea 元素都具有 checkValidity()函数，checkValidity()函数以布尔值的形式返回验证结果，如果是 true 表示验证通过，否则表示验证失败。另外，form 元素和 input 元素都有一个 validity 属性，这个属性返回 ValidityState 对象。

【实例 3-21】

创建一个会员登录表单，将表单的 novalidate 属性设置为 true，然后在提交时手动对昵称和密码的非空性进行验证。代码如下所示：

```
<form   action="#"   novalidate="true">
    <h1>会员登录</h1>
```

```
    <p>
        <label for="username" class="uname" data-icon="u" >昵称：</label>
        <input   name="username"   type="text" placeholder="会员昵称" id="uname" required />
    </p>
    <p>
        <label for="password" class="youpasswd" data-icon="p">密码：</label>
        <input   name="password"   type="password" placeholder="登录密码" id="upass" required />
    </p>
    <p class="login button">
        <input type="button" value="确定" onclick="check()"/>
    </p>
</form>
```

从上述代码中可以看到表单禁用了验证功能，因此表单提交时昵称和密码都有可能为空。为了避免这种情况，需要在单击【确定】按钮时对非空性进行验证，该功能由 check() 函数实现。check()函数的代码如下所示：

```
<script>
function check(){
  var uname = document.getElementById('uname');
  var upass = document.getElementById('upass');
    if(!uname.checkValidity())
    {
        alert("昵称不能为空！");
        uname.focus();
        return false;
    }
    if(!upass.checkValidity())
    {
        alert("密码不能为空！");
        upass.focus();
        return false;
    }
}
</script>
```

在浏览器中运行页面，登录表单的初始效果如图 3-31 所示，图 3-32 为验证密码时的效果。

图 3-31　登录表单的初始效果

图 3-32　验证密码时的效果

▍3.5.3　自定义验证

HTML 5 不仅提供了自动验证和显示验证，同时还提供了对 input 元素输入内容进行有效性检查的功能，如果检查不通过，浏览器会显示错误的提示信息。但是很多时候开发人员希望使用自定义的信息作为错误提示，这时候就需要使用 setCustomValidity()函数。

setCustomValidity()函数适用于 HTML 5 中的所有 input 元素，通常都是结合 JavaScript 脚本来调用 setCustomValidity()函数。例如，若要验证表单中密码的长度是否符合规定的长度，JavaScript 代码如下所示：

```javascript
<script type="text/javascript" language="javascript">
        function check(){
            var uname = document.getElementById('uname');
            var upass = document.getElementById('upass');
            if(upass.value.length < 6)              //判断密码长度是否正确
            {
                upass.setCustomValidity("请输入 6 位以上密码，忘记请使用找回功能");
            }
            else{
                upass.setCustomValidity("");
            }
        }
</script>
```

如图 3-33 所示为表单提交时显示自定义验证信息的效果。

图 3-33　自定义验证信息的效果

▍3.5.4　取消验证

如果不想对表单的所有元素都进行验证，那么就需要用到取消验证功能。HTML 5 为表单增加了一个新的 novalidate 属性，该属性用于取消对表单全部元素的有效性验证。在默认情况下，表单该属性的值为 false，表示在提交时对每个元素进行内容检查，只有所有元素都相符，表单才能提交，否则就会提示错误信息。

如果不想对表单元素进行验证可以为 form 添加 novalidate 属性，并设置值为 true，从而使表单提交时的验证失效。代码如下所示：

```
<form id="form1" name="form1" method="post" action="#" novalidate="true">...</form>
```

 提示

如果只是想让表单中的某个元素不被验证，也可以使用该属性。

3.6　综合应用实例：设计用户录入表单

HTML 5 的出现解决了在表单交互过程中数据的验证，不再需要编写大量的 JavaScript 代码，提高了开发的效率。在本节之前，已经通过大量的案例讲解了 HTML 5 中新增加的输入类型、表单属性、表单元素以及提交时的验证处理。

本案例将综合本章所学的知识设计一个用户录入表单，加深读者对这些知识的理解。如图 3-34 所示为用户录入表单的最终效果。

图 3-34　用户录入表单的最终效果

主要实现步骤如下所示。

(1) 新建一个 HTML 5 页面，在合适位置添加一个 form 表单。向表单中添加用于输入用户真实姓名的 input 元素，代码如下所示：

```
<form   action="#" method="get">
  <div class="form-group">
    <label class="col-sm-2   col-sm-offset-2 control-label">真实姓名</label>
    <div class="col-sm-6">
      <input  id="uname" type="text" class="form-control"   placeholder="请输入真实姓名" autofocus required>
    </div>
  </div>
</form>
```

如上述代码所示，input 元素的 autofocus 属性使页面打开后自动获得焦点，required 属性限制真实姓名不能为空，placeholder 属性显示了一个提示用户输入内容的信息。

（2）添加用于设置登录密码的 input 元素，要求登录密码不能为空，且长度为 6～15 位。代码如下所示：

```
<div class="form-group">
    <label class="col-sm-2   col-sm-offset-2 control-label">登录密码</label>
    <div class="col-sm-6">
        <input  id="upass"  type="password"  class="form-control"  placeholder="请输入登录密码"
pattern="\w{6,15}" required >
    </div>
</div>
```

（3）添加用于选择用户角色的单选按钮组，代码如下所示：

```
<div class="form-group">
    <label class="col-sm-2   col-sm-offset-2 control-label">角色</label>
    <div class="col-sm-6 ">
        <label> <input type="radio"   name="role"   />   系统管理员</label>
        <label> <input type="radio"   name="role"   />   网格长</label>
        <label> <input type="radio"   name="role"   />   区域负责人</label>
    </div>
</div>
```

（4）添加用于设置用户所在部门的下拉列表，代码如下所示：

```
<div class="form-group">
    <label class="col-sm-2   col-sm-offset-2 control-label">部门</label>
    <div class="col-sm-6 ">
        <select id="province" class="form-control">
        <optgroup label="总公司">
        <option >市场</option>
        <option>要客</option>
        <option>综合</option>
        </optgroup>
        <optgroup label="东区">
        <option >党群</option>
        <option>人力</option>
        <option>财务</option>
        </optgroup>
        </select>
    </div>
</div>
```

如上述代码所示，在 select 元素中嵌入 optgroup 元素，将部门分为"总公司"和"东区"两组。

（5）添加用于输入用户联系电话的 input 元素，要求不能为空，且必须是手机格式或者固定电话格式。代码如下所示：

```
<div class="form-group">
    <label class="col-sm-2   col-sm-offset-2 control-label">联系电话</label>
    <div class="col-sm-6">
```

```
    <input id="uphone" class="form-control" type="telephone"    pattern="^\d{3}-\d{8}|\d{4}-\d{7}$"
name="telephone" placeholder="请输入固定电话或者手机号码" required>
    </div>
  </div>
```

(6)　添加用于输入用户联系邮箱的 input 元素，要求不能为空，且允许输入多个值。代码如下所示：

```
<div class="form-group">
  <label class="col-sm-2   col-sm-offset-2 control-label">联系邮箱</label>
  <div class="col-sm-6">
    <input type="email" class="form-control" placeholder="请输入有效的电子邮箱" multiple required>
  </div>
</div>
```

(7)　使用 date 类型的 input 元素实现一个设置用户出生日期的选项。代码如下所示：

```
<div class="form-group">
  <label class="col-sm-2   col-sm-offset-2 control-label">出生日期</label>
  <div class="col-sm-6">
    <input type="date" class="form-control" required/>
  </div>
</div>
```

(8)　添加一个允许用户选择多个证件照片进行上传的 input 元素。代码如下所示：

```
<div class="form-group">
  <label class="col-sm-2   col-sm-offset-2 control-label">证件照片</label>
  <div class="col-sm-6">
    <input type="file" name="images" class="form-control"   multiple="multiple" />
  </div>
</div>
```

(9)　添加用于设置用户就职日期的选项。代码如下所示：

```
<div class="form-group">
  <label class="col-sm-2   col-sm-offset-2 control-label">就职日期</label>
  <div class="col-sm-6">
    <input type="text" id="nYear"   maxlength="4" placeholder="请输入年份"/>       年
    <select id="nMonth" >
    <option value="" selected="selected">[选择月份]</option>
    <option value="0">一月</option>
    <option value="1">二月</option>
    <option value="2">三月</option>
    <option value="3">四月</option>
    <option value="4">五月</option>
    <option value="5">六月</option>
    <option value="6">七月</option>
    <option value="7">八月</option>
    <option value="8">九月</option>
    <option value="9">十月</option>
    <option value="10">十一月</option>
    <option value="11">十二月</option>
```

```
  </select>  月
  <input id="nDay"  type="number" min="1" max="31" step="1"/> 日 </div>
</div>
```

在上述代码中，maxlength 属性限制年份最大是 4 位数字；月份是一个下拉列表；日期的最小值是 1，最大值是 31。

(10) 经过前面几个步骤设计，用户资料的录入表单就制作完成了。最后，向表单中添加一个用于提交的按钮，代码如下所示：

```
<div class="form-group">
  <div class="col-sm-5" style="padding:10px">
    <button type="submit" class="btn btn-primary btn-block btn-md" onclick="check()">确 定</button>
  </div>
</div>
```

(11) 在单击【确定】按钮提交时会先执行 check()函数。该函数实现了对真实姓名、密码和联系电话进行自定义验证，代码如下所示：

```
<script>
    function check(){
        var uname = document.getElementById('uname');
        var upass = document.getElementById('upass');
        var uphone = document.getElementById('uphone');
        if(uname.validity.valueMissing)
        {
            uname.setCustomValidity("员工真实姓名不能为空");
        }
        else{
            uname.setCustomValidity("");
        }
        if(upass.validity.valueMissing || upass.validity.patternMismatch == true)
        {
            upass.setCustomValidity("请输入 6 至 15 位的密码");
        }
        else{
            upass.setCustomValidity("");
        }
        if(uphone.validity.valueMissing || uphone.validity.patternMismatch == true)
        {
            uphone.setCustomValidity("支持格式：XXX-XXXXXXXX 和 XXXX-XXXXXXX");
        }
        else{
            uphone.setCustomValidity("");
        }
    }
</script>
```

(12) 保存以上对页面的修改，在浏览器中查看效果。如图 3-35 所示为密码不符合条件时的自定义验证提示，图 3-36 所示为部门选择效果，图 3-37 所示为验证邮箱效果，图 3-38 所示为设置就职日期效果。

图 3-35　验证密码效果

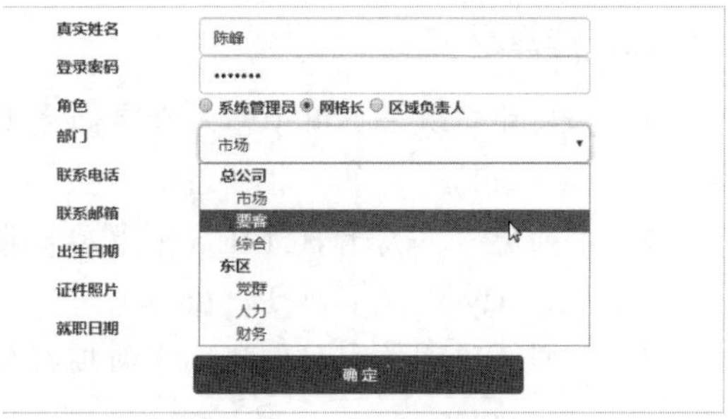

图 3-37　验证邮箱效果

图 3-36　部门选择效果

图 3-38　设置就职日期效果

本章小结

HTML 5 吸纳了 Web Forms 2.0 标准，大幅强化了针对表单元素的功能，使关于表单的开发更快、更方便。本章详细介绍 HTML 5 新增的输入类型、属性以及元素，以及对表单元素内容的有效性进行验证的功能。

习　题

一、填空题

1. 如果允许用户输入一串逗号分隔的邮箱地址，那么应该将_____属性值设为 true。

2. 如果要关闭输入文本时的提示下拉列表，应该将 autocomplete 属性值设为_____。

3. 为了实现验证电话号码的功能，需要将_____类型与 pattern 属性一起使用。

4. 使用_____类型限制输入范围时，会显示一个滚动的滑块。

5. 如果需要为表单添加手动的验证方式，需要在表单提交时调用_____方法进行有效性验证。

二、选择题

1. 如果要实现一个用于输入数字的文本框，应该使用_____类型。
   A. color   B. date   C. email   D. number

2. 下列选项不属于 HTML 5 中表单日期类型的是_____。
   A. day   B. date   C. time   D. week

3. 下列选项不属于 HTML 5 中新增类型的是_____。
   A. color   B. email   C. number   D. password

4. 可以自动验证邮箱地址是否符合正确格式的是_____类型。
   A. email   B. url   C. range   D. search

5. 假设要限制表单的元素不能为空，应该使用_____属性。
   A. disabled   B. form   C. pattern   D. required

6. 在下面代码的空白处使用_____属性可以限制 input 元素必须输入匹配的格式才能提交。

```
<input type="password" id="pwd" _____="[0-9]{6,10}"/>
```
   A. autocomplete   B. datalist   C. pattern   D. readonly

三、编程题

📋 练习：设计用户资料修改表单

根据本章学习知识，本次练习要求读者设计一个用户资料修改表单。表单的各种元素及最终效果参考图 3-39。

图 3-39　表单效果

第4章

HTML 5 多媒体应用

在 HTML 5 规范出台之前，如果希望在网页上播放视频和音频，通常都需要借助于第三方插件，例如 Flash。除此之外，开发者也可以使用自主研发的多媒体播放插件。但无论使用哪种方式，都需要在浏览器上安装插件，而不是由浏览器本身提供支持。因此，使用方法比较烦琐，而且容易导致安全性问题。

HTML 5 规范的出台改变了这种现状，HTML 5 新增了 video 元素和 audio 元素，通过这两个元素可以在 HTML 页面中播放视频和音频。使用这两个元素播放多媒体时，无须安装任何插件，只要浏览器本身支持 HTML 5 规范即可。video 元素和 audio 元素的使用方法非常简单，而且目前的主流浏览器都支持它们，本章将会详细介绍这两个元素的具体应用。

📖 学习要点

▶ 了解视频解码器。

▶ 了解音频解码器。

▶ 熟悉视频和音频元素。

📗 学习目标

▶ 了解 HTML 5 支持的视频和音频格式。

▶ 掌握 HTML 5 中 video 元素的属性、方法及事件。

▶ 掌握 HTML 5 中 audio 元素的属性和事件。

4.1 多媒体简介

在 HTML 4 之前的版本中，多媒体所用的代码复杂、冗长且依赖第三方插件，HTML 5 中引入 video 元素和 audio 元素解决了此问题。HTML 5 不需要用户下载第三方插件来观看网页中的多媒体内容，并且视频和音频播放器更容易通过脚本访问。

所谓编码器和解码器，其实都是一种算法，作用是对一段特定的多媒体文件(可能是视频，也可能是音频)进行编码和解码操作，以便多媒体的内容能正常呈现。编解码器可以读懂特定的容器格式，它按照接收方式把编码过的数据重组为原始的媒体数据。

1. 视频编解码器

视频编解码器定义了多媒体数据流编码和解码的算法。编解码器可以对数据流进行编码，使之用于传输、存储或加密，或者可以对其解码进行回放或编辑。在 HTML 5 中使用视频，最应该关注的是对数据流的解码以及回放。使用最多的 HTML 5 视频解码文件是 H.264、Theora、Ogg、WebM 和 VP8。

2. 音频编解码器

音频编解码器与视频编解码器的工作理论是一样的。音频播放器主要涉及声流而不是视频帧，使用最多的音频编解码器是 AAC、Ogg、Theora 和 Vorbis。

video 元素或 audio 元素添加的视频或音频文件若要在 Web 页面中加载播放，必须使用正确的多媒体格式。不同的浏览器对 video 元素和 audio 元素的支持情况也不相同，下面介绍 HTML 5 中视频和音频的一些常见格式。

在 HTML 5 中 video 元素支持的视频格式及浏览器支持情况，如表 4-1 所示。

表 4-1　支持 video 格式的浏览器

视频格式	Internet Explorer 浏览器	Firefox 浏览器	Opera 浏览器	Chrome 浏览器
Ogg	无	3.5 及更高版本	10.5 及更高版本	5.0 及更高版本
H.264	9.0 及更高版本	无	无	5.0 及更高版本
MPEG-4	9.0 及更高版本	无	无	5.0 及更高版本
WebM	9.0 及更高版本	4.0 及更高版本	10.6 及更高版本	6.0 及更高版本

在 HTML 5 中 audio 元素支持的音频格式及浏览器支持情况，如表 4-2 所示。

表 4-2　支持 audio 格式的浏览器

音频格式	Internet Explorer 浏览器	Firefox 浏览器	Opera 浏览器	Chrome 浏览器
Ogg Vorbis	无	3.5 及更高版本	10.5 及更高版本	5.0 及更高版本
MP3	9.0 及更高版本	无	无	5.0 及更高版本
Wav PCM	9.0 及更高版本	3.5	10.5 及更高版本	无
ACC	9.0 及更高版本	无	无	5.0 及更高版本
WebM 音频	无	4.0 及更高版本	10.6 及更高版本	6.0 及更高版本

4.2　播放视频

在上一节学习了 HTML 5 中播放视频的一些基础知识。本节会详细介绍如何使用 video 元素控制视频，像设置视频的来源、暂停播放、调整视频宽度以及音量等。

4.2.1　video 元素基础用法

HTML 5 规定了一种通过 video 元素来包含视频的标准方法，其中不同的 video 元素属性表示视频的不同播放特性。例如 height 属性表示视频播放器的高度，width 属性表示视频播放器的宽度，等等。在表 4-3 中列出了 video 元素中与视频有关的常用属性及说明。

创建视频
播放器.mp4

表 4-3　video 元素属性

属性名称	属性说明
autoplay	表示当前网页完成载入后自动播放
controls	表示显示视频控制条，像播放按钮、停止按钮等
loop	表示视频结束时重新开始播放
perload	表示是否在页面加载完成后载入视频，如果使用了 autoplay，则忽略该属性。可选值有 none、metadate 和 auto，其默认值是 auto
src	获取或者设置所播放视频的 url 地址
buffered	获取一个实现 TimeRanges 接口的对象，以确认浏览器是否已缓冲媒体数据
currentTime	获取媒体文件当前播放时间，也可以修改该时间属性
startTime	获取多媒体开始播放的时间
duration	获取多媒体元素总体播放的时间
played	获取媒体文件已播放完成的时间段
paused	获取当前播放的文件是否处于暂停状态
ended	获取当前播放文件是否结束
playbackRate	获取当前播放的媒体文件的速度频率
volume	获取或者设置媒体元素播放的音量
muted	获取或者设置当前是否为静音
height	获取或者设置视频播放器的高度
width	获取或者设置视频播放器的宽度
poster	指定一张视频数据无效时显示的图片(视频数据无效可能是视频正在加载，也可能是视频地址错误)
networkState	获取视频文件的网络状态，有 4 个值：0(尚未初始化)、1(加载完成，网络空闲)、2(视频加载中)和 3(加载失败)
readyState	返回媒体当前播放位置的就绪状态
error	只读属性。在多媒体元素加载或读取文件的过程中，如果出现错误，将触发元素的 error 事件。通过元素的 error 属性返回当前的错误值
defaultPlaybackRate	获取媒体元素默认的文件播放速度频率，即默认播放速率。一般情况下，该属性值是 1

【实例 4-1】

使用 video 元素创建视频播放器，播放"video/mov_bbb.mp4"文件。代码如下所示：

```
<video height="300" src="video/mov_bbb.mp4" width="600" autoplay="true" loop="true" controls="true ">
</video>
```

上述代码设置播放器的高度为 300 像素，宽度为 600 像素，autoplay 属性值为 true 表示载入视频后自动播放，loop 属性值为 true 表示在视频结束时自动播放，controls 属性值为 true 表示视频播放时显示控制条。如图 4-1 所示为 Chrome 浏览器中的播放视频效果，如图 4-2 所示为 IE 浏览器中的播放视频效果。

图 4-1　Chrome 浏览器播放视频效果　　　　图 4-2　IE 浏览器播放视频效果

如果用户需要为视频文件提供至少两种不同的解码器才能覆盖所有支持 HTML 5 的浏览器，这时需要用到 source 元素。source 元素可以用来链接不同的媒体文件，例如音频和视频。source 元素常用的属性如下所示。

source 元素.mp4

▶　src：提供媒体源的 url 地址。

▶　type：包含了媒体源的播放类型，通常出现在视频格式中。

▶　media：包含了制定媒体源所匹配的编解码器信息。

【实例 4-2】

video 元素允许有多个 source 元素，浏览器将选择第一个可识别格式的文件地址。对实例 4-1 进行扩展，为视频指定 Ogg 和 MP4 两种视频格式的文件。具体代码如下所示：

```
<video height="300" width="600" autoplay="true" loop="true" controls="controls">
  <source src="video/mov_bbb.mp4" type="video/mp4">
  <source src="video/mov_bbb.ogg" type="video/ogg">
  当前浏览器不支持 HTML 5 视频播放。
</video>
```

执行上段代码播放视频时，浏览器将按 source 元素的顺序检测其指定的视频是否能够正常播放(可能是视频格式不支持或者视频不存在，等等)，如果不能正常播放则换下一个 source 元素。一旦找到后，就播放该文件并忽略随后的其他元素。

 注意

使用多个 source 元素可以用来兼容不同的浏览器，但是该元素本身不代表任何含义，也不能单独出现。

4.2.2　video 元素方法

在 HTML 5 中，video 元素常用的播放方法主要有 3 种，具体说明如下。

▶ play()：播放视频，会将 paused 属性的值设为 false。

▶ pause()：暂停视频，会将 paused 属性的值设为 true。

video 元素方法.mp4

▶ load()：重新载入视频，将 defaultPlayBackRate 属性的值赋给 PlayBackRate 属性，且强制将 error 属性值设为 null。

【实例 4-3】

在 HTML 5 中加载一个视频，用 video 元素的方法 play()、pause() 和 load() 分别来实现视频的播放、暂停和重新播放的功能。实现该功能的具体步骤如下。

(1) 新建 HTML 5 页面，在页面的合适位置添加 video 元素和 4 个 button 元素，它们分别用来显示视频和对视频执行操作。具体代码如下：

```
<div id="bg">
  <div id="v">
    <video id="video1" width="700px" height="350px" controls="controls" autoplay="true">
      <source src="xiong.webm" type="video/webm" />
    </video>
  </div>
  <div id="controlbar">
    <button onclick="playPause()">播放/暂停</button>
    <button onclick="again()">重新播放</button>
    <button onclick="makeBig()">大</button>
    <button onclick="makeSmall()">小</button>
  </div>
</div>
```

(2) 单击【播放/暂停】按钮时触发 onclick 事件并调用 JavaScript 脚本中的函数 playPause()，该函数主要实现视频的播放或暂停的功能。具体代码如下：

```
var myVideo=document.getElementById("video1");
function playPause()
{
        if (myVideo.paused)
          myVideo.play();
        else
          myVideo.pause();
}
```

上述代码的 playPause() 函数中还使用了 pause() 方法和 play() 方法。当页面加载视频后，如果页面是暂停状态，那么使用 play() 方法来实现视频的播放功能；如果是播放状态，那么使用 pause() 方法来实现视频的暂停功能。

(3) 单击【重新播放】按钮时也触发了 onclick 事件并调用 JavaScript 脚本中的函数 again()，函数 again() 中的 load() 方法实现了视频的重新播放功能。具体代码如下：

```
function again()
{
```

```
        myVideo.load();
    }
```

（4）单击【大】和【小】按钮能实现视频播放器的大小转换，此功能调用的 JavaScript
脚本中的函数分别是 makeBig()和 makeSmall()。具体代码如下：

```
function makeBig()
{
        myVideo.width=560;
}
function makeSmall()
{
        myVideo.width=320;
}
```

当视频加载播放后，页面的大小则会是 video 元素中的默认值。单击【大】按钮后，播
放器宽度调整为 560 像素；单击【小】按钮后，播放器宽度调整为 320 像素。

（5）综合上述 4 个步骤，在浏览器中查看效果，如图 4-3 所示。

图 4-3　video 元素方法实现视频的播放

▌4.2.3　video 元素事件

　　介绍 video 事件之前，我们先了解一下媒介事件的相关知识。媒介事件是
指由视频、音频以及图像等媒介触发的事件。这些事件适用于所有 HTML 5 元
素，不过在媒介元素(audio、embed、img、image 以及 video)中最为常用。媒
介事件主要包括 loadstart、progress、suspend、abort、error、emptied、stalled、
play、pause、seeking、seeked、timeupdate、volumechange 等。

video 元素事件.mp4

　　video 元素中常用的事件，如表 4-4 所示。

表 4-4　video 元素常用事件

事件名称	事件描述
loadstart	浏览器开始请求媒介时触发
progress	浏览器正在获取媒介数据时触发
suspend	浏览器已经在获取媒介数据，但在取回整个媒介文件之前停止时触发
abort	浏览器发生中止事件时触发
error	获取媒介出错，有错误发生时才触发此事件
emptied	媒介资源元素突然为空时(网络错误、加载错误等)触发

事件名称	事件描述
stalled	浏览器获取媒介数据过程中(延迟 0)存在错误时触发
play	媒介数据即将开始播放时触发
pause	媒介数据暂停播放时触发
loadeddate	加载当前播放位置的媒体数据时触发
loadedmetadata	加载完毕媒体元素数据时触发此事件。它将包括尺寸、时长和文件轨道等信息
playing	媒体已经开始播放时触发
canplay	浏览器可以开始媒介播放，但以当前速率播放不能直接将媒介播放完时触发(播放期间需要缓冲)
canplaythrough	浏览器当前速率直接播放，可以播放完整个媒介资源时触发(播放期间不需要缓冲)
seeking	当搜索操作开始时触发此事件(seeking 属性值为 true)
seeked	当浏览器停止请求数据，搜索操作完成时触发(seeking 属性值为 false)
timeupdate	当媒介改变其播放位置时触发
volumechange	音量(volume 属性)改变或静音(muted)时触发

【实例 4-4】

在实例 4-3 基础上进行扩展，监听 video 元素的 timeupdate、loadstart、playing、volumechange 和 pause 事件，并显示这些事件被触发的时机。

第一步是在页面上添加一个 div 元素，设置该元素的显示样式，代码如下所示：

```
<div id="ret" style="height:300px;background:#cecece;width:200px;    overflow-y: scroll;margin-left:20px;"></div>
```

第二步是对 video 元素的各个事件进行监听，并在事件被触发时显示到 div 元素中，代码如下所示：

```
var ret=document.getElementById("ret");
myVideo.addEventListener('timeupdate',function(){
    ret.innerHTML += "发生 timeupdate 事件</br>";
},false);
myVideo.addEventListener('loadstart',function(){
    ret.innerHTML += "发生 loadstart 事件</br>";
},false);
myVideo.addEventListener('playing',function(){
    ret.innerHTML += "发生 playing 事件</br>";
},false);
myVideo.addEventListener('volumechange',function(){
    ret.innerHTML += "发生 volumechange 事件</br>";
},false);
myVideo.addEventListener('pause',function(){
    ret.innerHTML += "发生 pause 事件</br>";
},false);
```

在浏览器中运行页面，此时待视频文件加载完成后会自动播放，并将触发的事件显示到右侧 div 元素中。运行效果如图 4-4 所示。

图 4-4　监听视频播放事件

提示

playing 和 play 的区别在于：视频循环或再一次播放开始时，将不会触发 play 事件，但是会触发 playing 事件。

4.3　播放音频

和 video 元素一样，HTML 4 版本之前大多数的音频文件也都是通过第三方控件来实现的。上一节介绍了如何使用 video 元素显示视频，这节我们介绍 HTML 5 中用来显示音频的元素：audio。HTML 5 规范定义了 audio 元素对音频的处理方法，解决了 HTML 4 版本之前只能通过第三方控件播放音频的问题。

4.3.1　audio 元素基础用法

HTML 5 中的 audio 元素能够播放声音文件或者音频流。audio 元素的属性和 video 元素相比少了 3 个属性，它们分别是 poster、height 和 width。除了这 3 个属性外，其他关于音频的属性请参看本章 4.2.1 小节中 video 的属性表。

audio 元素.mp4

【实例 4-5】

创建一个示例，使用 audio 元素播放音频文件"media/song.mp3"。实现代码如下所示：

```
<audio controls autoplay="autoplay" loop src="media/song.mp3">
</audio>
```

上述代码中的 controls 属性表示播放时显示控制条，autoplay 属性表示视频在页面加载后自动播放，loop 属性表示视频结束后重新开始播放。如图 4-5 所示为 Chrome 浏览器中的播放视频效果，如图 4-6 所示为 IE 浏览器中的播放视频效果。

图 4-5　Chrome 浏览器播放视频效果

图 4-6　IE 浏览器播放视频效果

audio 元素也支持 source 元素，下面的示例代码演示了提供两种音频格式时的 source 元素代码。

```
<audio controls="controls">
  <source src="/i/song.ogg" type="audio/ogg">
  <source src="/i/song.mp3" type="audio/mpeg">
  当前浏览器不支持 HTML 5 视频播放。
</audio>
```

4.3.2　audio 元素事件

前面已经学习了如何使用 video 元素的事件显示视频的一些操作。在 HTML 5 中，audio 元素具有与 video 元素相同的事件，具体请参见本章 4.2.3 小节的 video 元素事件表。

audio 元素事件.mp4

【实例 4-6】

在实例 4-5 基础上进行扩展，添加两个按钮来实现音频音量的增加和减少，并显示当前的音量。主要步骤如下。

(1)　在页面原来的基础上增加两个控制音量的按钮，以及显示音量的 span 元素。具体代码如下所示：

```
<input id="addvoice" type="button" value="音量+" onclick="addvoice();" />
<input id="cutvoice" type="button" value="音量-" onclick="cutvoice();" />
<span id="vol">当前音量：0</span>
```

(2)　单击【音量+】或【音量-】按钮时将触发 onclick 事件，它们分别调用了 JavaScript 脚本中的 addvoice()函数和 cutvoice()函数。具体代码如下所示：

```
<script type="text/javascript">
    var audio=document.getElementById("audio");
    var vol=document.getElementById("vol");
    vol.innerHTML   ="当前音量："+audio.volume.toFixed(2);
    if(audio.canPlayType)
    {
        audio.addEventListener('volumechange', addvoice,false);
        audio.addEventListener('volumechange', cutvoice,false);
    }
    function addvoice()       //增加音量
    {
        if(audio.volume<1){
            audio.volume+=0.1;
            volume=audio.volume;
        }
        vol.innerHTML   ="当前音量："+audio.volume.toFixed(2);
    }
    function cutvoice()       //减少音量
    {
        if(audio.volume>0) {
            audio.volume-=0.1;
            volume=audio.volume;
```

```
            }
            vol.innerHTML   = "当前音量：  "+audio.volume.toFixed(2);
        }
    </script>
```

上述代码中调用的 canPlayType()方法是测试浏览器是否支持指定的媒介类型。如果判断浏览器支持此媒介类型，便会在 addvoice()函数和 cutvoice()函数中分别执行控制音量的代码。

（3） 综上所述，页面在浏览器中的效果，如图 4-7 所示。

图 4-7   audio 元素事件

4.4   综合应用实例：网页视频播放器

本章主要讲解了 HTML 5 中多媒体的支持，其中包括 video 元素和 audio 元素的属性、方法及事件等知识。本案例将使用 video 元素相关的属性、事件和方法制作一个属于 HTML 5 的网页视频播放器，加深读者对 video 元素属性和事件的理解。

（1） 创建一个 HTML 5 页面，在合适位置添加 video 元素、视频控制按钮和状态显示区域。代码如下所示：

```
<div class="ht_video1">
    <video id="video" src="video/mov_bbb.mp4" width="100%" controls="controls"></video>
</div>
<div id="showTime" class="fr"></div>
<div id="state">当前播放状态： </div>
<div class="clearfix">
    <button id="btnPlayOrPause" class="btn" onclick="PlayOrPause()">播放/暂停</button>
    <button id="addVolume" class="btn" onclick="AddVolume()">增大音量</button>
    <button id="minVolume" class="btn" onclick="MinVolume()">减小音量</button>
    <button id="addSpeed" class="btn" onclick="AddSpeed()">加速播放</button>
    <button id="minSpeed" class="btn" onclick="MinSpeed()">减速播放</button>
    <button id="setMuted" class="btn" onclick="SetMuted()">设置静音</button>
    <button id="playback" class="btn" onclick="PlayBack()">回放</button>
    <button id="btnCatchPicture" class="btn" onclick="CatchPicture()">截图</button>
</div>
```

上段代码使用 video 元素显示了一个视频文件。video 元素的 controls 属性表示显示播放器控件，autoplay 属性表示页面加载完毕自动播放此视频文件，width 属性设置视频文件的宽度。新建页面添加了 8 个按钮，单击某个按钮触发 onclick 事件，调用 JavaScript 中的不同函数，我们在后面会一一讲解。页面加载完毕后，JavaScript 中的具体代码如下所示：

```
var video = document.getElementById("video");
var showTime=document.getElementById("showTime");
if(video.canPlayType)
{
video.addEventListener('loadstart',LoadStart,false);
video.addEventListener('loadedmetadata',loadedmetadata,false);
video.addEventListener('play',videoPlay,false);
video.addEventListener('playing',videoPlay,false);
video.addEventListener('pause',videoPause,false);
video.addEventListener('ended',videoEnded,false);
video.addEventListener('timeupdate',updateTime,false);
video.addEventListener('volumechange',VolumeChange,false);
video.addEventListener("error",catchError,false);
}
```

我们知道事件的处理方式有两种，本案例使用监听方式进行处理。页面加载完成时，上段代码调用了 video 元素的 8 个事件。

（2）当浏览器开始请求媒介时，就会触发 loadstart 事件，调用 LoadStart()函数，将当前播放状态的文本设置为"开始加载"。JavaScript 中的具体代码如下所示：

```
function LoadStart()
{
    document.getElementById("state").innerHTML = "当前播放状态：开始加载";
}
```

（3）loadedmetadata 事件是其他媒介数据加载完毕时才触发的。在 loadedmetadata()函数中把当前的状态改为"加载完毕"，同时调用 video 元素的 play()方法播放视频。JavaScript 中的具体代码如下所示：

```
function loadedmetadata()
{
    var btnPlay=document.getElementById("btnPlayOrPause");
    document.getElementById("state").innerHTML = "当前状态：加载完毕";
    video.play();
}
```

（4）play 事件、playing 事件、pause 事件、ended 事件很容易理解，读者需要在触发事件的时候将播放状态的值更改，调用对应的方法即可。JavaScript 中的具体代码如下所示：

```
function videoPlay()
{
    document.getElementById("state").innerHTML = "当前播放状态：即将播放";
}
function videoPlaying()
{
    document.getElementById("state").innerHTML = "当前播放状态：正在播放";
}
function videoPause()
{
    document.getElementById("state").innerHTML="当前播放状态：暂停播放";
}
```

```
function videoEnded()
{
    video.currentTime = 0;
    video.pause();
    document.getElementById("btnPlayOrPause").innerHTML="重新播放";
    document.getElementById("state").innerHTML="当前播放状态：播放完毕";
}
```

在上段代码中，视频播放完毕触发 ended 事件调用函数 videoEnded()，它使用 video 的 currentTime 属性将当前时间设置为 0 并且调用 video 元素的 pause()方法暂停播放视频。

（5）媒介改变其播放位置时，会触发 video 元素的 timeupdate 事件，调用 timeUpdate() 函数，用来显示播放的时间。JavaScript 中的具体代码如下所示：

```
function updateTime()
{
video.addEventListener('timeupdate',function(){
var durationtime=RumTime(Math.floor(video.duration/60),2)+":"+RumTime(Math.floor(video.duration%60),2);
var   currenttime=" 播 放 时 间 ： "+RumTime(Math.floor(video.currentTime/60),2)+":"+RumTime(Math.floor
(video.currentTime%60),2)+"|"+durationtime;
document.getElementById("showTime").innerHTML=currenttime;
},false);
}
function RumTime(num,n)
{
var len=num.toString().length;
while(len<n)
{
num="0"+num;len++;
}
return num;
}
```

上段代码使用 currenttime 属性获得当前播放的时间，使用 durationtime 属性显示总体播放时间。RunTime(m,n)函数用来处理时间。

（6）音量改变或者设置静音可以触发 volumechange 事件，在 VolumeChange()函数中弹出"音量已经改变，触发 volumechange 事件"的提示。JavaScript 中的具体代码如下所示：

```
function VolumeChange()
{
    alert("您的音量已经改变,触发 volumechange 事件");
}
```

（7）在浏览器加载过程中，如果发生错误，就会触发 error 事件，JavaScript 中的具体代码如下所示：

```
function catchError()
{
    var error=video.error;
    switch(error.code)
    {
        case 1:
            alert("视频的下载过程被中止。");
            break;
```

```
        case 2:
            alert("网络发生故障，视频的下载过程被中止。");
            break;
        case 3:
            alert("解码失败。");
            break;
        case 4:
            alert("媒体资源不可用或媒体格式不被支持。");
            break;
    }
}
```

上段代码使用 error 属性返回一个 Error 对象，使用该对象的 code 属性返回当前的错误值。此属性只能读取，是不可更改的。Error 对象中的 code 对应的返回值只有 1、2、3、4。

(8) 到目前为止，我们把本案例中涉及的 video 元素的事件已经介绍完毕了，下面我们就来看一下本案例中和页面按钮相关的 click 事件。如果当前视频正在播放，单击【播放/暂停】按钮则暂停播放；反之则播放。JavaScript 中的具体代码如下所示：

```
function PlayOrPause()
{
    if(video.paused)
    {
        document.getElementById("btnPlayOrPause").value = "单击暂停";
        video.play();
    }else
    {
        document.getElementById("btnPlayOrPause").value = "单击播放";
        video.pause();
    }
}
```

上段代码使用 paused 属性来判断当前视频是否为暂停状态。如果为 true 则调用 video 元素的 play()方法播放视频；否则调用 pause()方法暂停视频播放。

(9) 单击【增大音量】或【减小音量】按钮，实现音量的增加或减小功能，这里使用 volume 属性来控制音量的大小。JavaScript 中具体代码如下所示：

```
function AddVolume()
{
    if(video.volume<1)
        video.volume+=0.2;
    volume=video.volume;
}
function MinVolume()
{
    if(video.volume>0)
        video.volume-=0.2;
    volume=video.volume;
}
```

(10) 单击【加速播放】或【减速播放】按钮，实现视频的快速或慢速播放功能，这里使用 video 元素的 palybackRate 属性来控制播放速度的快慢。JavaScript 中具体代码如下所示：

```
function AddSpeed()
{
    video.playbackRate+=1;
    speed=video.playbackRate;
}
function MinSpeed()
{
    video.playbackRate-=1;
    if(video.playbackRate<0)
        video.playbackRate=0;
    speed=video.playbackRate;
}
```

（11）单击【设置静音】按钮，实现设置播放视频的音量为静音的功能，这里使用 muted 属性判断当前视频是否处于静音模式，如果为 true 则将按钮链接改为"取消静音"，反之改为"设置静音"，同时更改 muted 对应的值。JavaScript 中具体代码如下所示：

```
function SetMuted()
{
    if(video.muted)
    {
        video.muted = false;
        document.getElementById("setMuted").innerHTML = "取消静音";
    }else
    {
        video.muted = true;
        document.getElementById("setMuted").innerHTML = "设置静音";
    }
}
```

（12）单击【回放】或【取消回放】按钮，调用 JavaScript 中的内置函数 setInterval 和 clearInterval。setInterval 运行时会按照规定的时间间隔一次性将列出的参数传递给指定的函数，clearInterval 则是清除 setInterval 函数的调用。JavaScript 中的具体代码如下所示：

```
function PlayBack(){
    var playBackBtn=document.getElementById("playback");
    if(playBackBtn.innerHTML=="回放")
    {
        functionId=setInterval(playBack1,200);
        playBackBtn.innerHTML="取消回放";
    }
    else
    {
        clearInterval(functionId);
        playBackBtn.innerHTML="回放";
    }
}
function playBack1()
{
    var playBackBtn=document.getElementById("playback");
    if(video.currentTime==0)
    {
        playBackBtn.innerHTML="回放";
```

```
            clearInterval(functionId);
        }
        else
            video.currentTime-=1;
    }
```

(13) 单击【截图】按钮，实现当前播放视频的截图功能，这里使用 videoWidth 和 videoHeight 属性获得视频的长度和宽度，使用 canvas 元素绘制在页面上截取的图片。 JavaScript 中的具体代码如下所示：

```
function CatchPicture()
{
    var canvas=document.getElementById("canvas");
    var ctx=canvas.getContext('2d');
    canvas.width=video.videoWidth;
    canvas.height=video.videoHeight;
    ctx.drawImage(video,0,0,canvas.width,canvas.height);
    canvas.style.display="block";
}
```

(14) 到目前为止，本章的案例已经完成，通过这个案例的学习，相信读者一定会有新的收获。本案例运行的效果，如图 4-8 所示。

图 4-8　网页视频播放器

本章小结

本章讲解了如何在 HTML 5 中对音频和视频进行播放和控制，认识 HTML 5 的两个重要元素——audio 和 video，并介绍如何使用它们创建引人注目的应用。audio 和 video 元素的出现，让 HTML 5 的媒体应用多了新选择，开发人员不必使用插件就能播放音频和视频。对于这两个元素，HTML 5 规范提供了通用、完整、可脚本化控制的 API。

习 题

一、填空题

1. 设置视频或音频为静音时，需要使用_____属性。

2. 在下面的代码空缺处填写一个 video 元素的_____属性，使视频可以加载页面后自动播放。

```
<video id="video1" src="xiong.webm" _____ loop="true" controls ></video>
```

3. _____元素用来链接不同的文件。

4. 音频或者视频结束时重新开始播放指定的是_____属性。

5. 改变音量或者设置静音可以触发 video 元素或 audio 元素的_____事件。

二、选择题

1. 判断当前视频是否处于暂停状态使用_____。

    A. autoplay 属性   B. play 属性   C. paused 属性   D. muted 属性

2. 下列选项中_____不是 audio 元素中的属性。

    A. error 属性   B. readyState 属性

    C. autoplay 属性   D. poster 属性

3. 判断当前播放文件是否结束的属性是_____。

    A. error   B. ended   C. paused   D. loop

4. 多媒体元素开始播放的事件是_____。

    A. currentTime   B. startTime   C. played   D. loop

5. video 元素 canplay 事件的含义是_____。

    A. 浏览器开始请求媒介时触发

    B. 浏览器正在获取媒介数据时触发

    C. 浏览器可以开始媒介播放，但以当前速率播放不能直接将媒介播放完时触发

    D. 媒介数据即将开始播放时触发

6. play 事件和 playing 事件的区别是_____。

    A. 没有任何区别，可以相互使用

    B. 视频循环或再次播放开始时，会触发 play 事件和 playing 事件

    C. 视频循环或再次播放开始时，将不会触发 play 事件，但是会触发 playing 事件

    D. 视频循环或再次播放开始时，将不会触发 playing 事件，但是会触发 play 事件

三、编程题

📋 练习：实现音频播放器

本次上机练习要求读者根据本章所介绍的 audio 元素内容，再结合 4.4 节的视频播放器，制作一个音频播放器，主要功能包括：播放、暂停、音量增减、显示播放时间和总时间。

第 5 章

HTML 5 绘图应用

在 HTML 5 以前，前端开发者无法在 HTML 页面上动态绘制图片。如果实在需要在 HTML 页面上动态地生成图片，要么是在服务器端生成位图后输出到 HTML 页面上显示，要么需要借助像 Flash 一样的第三方工具。HTML 5 的出现改变了这种局面，HTML 5 新增了一个 canvas 元素，使用该元素可以获取一个 CanvasRenderingContext2D 对象，而该对象具有功能强大的绘图 API。

本章会详细介绍 canvas 元素对图形的各种绘制，像绘制三角形、文本、渐变和阴影等，以及操作图形平移、缩放和坐标转换等操作。

学习要点

- ▶ 了解 canvas 元素的历史。
- ▶ 图像平铺和裁剪。
- ▶ 图像路径有关的方法。
- ▶ 贝塞尔曲线的绘制。
- ▶ 图形组合的属性。

学习目标

- ▶ 掌握如何绘制文本。
- ▶ 掌握线条和圆形的绘制。
- ▶ 掌握如何绘制矩形。
- ▶ 掌握图形变换效果的实现。
- ▶ 掌握线性渐变和径向渐变的绘制。
- ▶ 掌握绘制图像的方法。

5.1 认识 canvas 元素

canvas 是 HTML 5 新增的一个绘图元素。一个 canvas 元素就像是一块画布，在画布上可以绘制文字、图形、图像和动画等，下面详细介绍 canvas 元素。

5.1.1 canvas 简介

canvas 的概念最初由苹果公司提出，用于在 Mac OS X WebKit 中创建控制面板组件(dashboard widget)。在 canvas 出现之前，Web 开发者如果要在浏览器中使用绘图 API，只能使用 Flash 和 SVG(Scalable Vector Graphics，可伸缩矢量图形)插件，或者只有 IE 才支持的 VML(Vector Markup Language，矢量标记语言)，以及其他一些稀奇古怪的 JavaScript 技巧。

假设 Web 开发要在没有 canvas 的条件下绘制一条对角线，听起来非常简单，但实际上如果没有一套二维绘图 API 的话，这将会是一项相当复杂的工作。而 canvas 能够提供这样的功能，对浏览器端来说此功能非常有用，因此 canvas 被纳入了 HTML 5 规范。目前主流的浏览器(如 Google、Firefox、Opera 和 Safari 等)都提供了对 canvas 的支持。

5.1.2 创建 canvas 元素

canvas 元素只是一个图形的容器，本身不具有任何的行为，但是能把绘图 API 展现给客户端脚本。开发者再用脚本调用绘图 API，把需要绘制的东西都绘制到画布(canvas 元素)上。

canvas 元素的创建非常简单，示例代码如下：

```
<canvas></canvas>
```

在默认情况下，canvas 元素创建的画布宽度为 300 像素，高度为 150 像素。也可以像标准 HTML 元素那样设置 canvas 元素的大小和其他属性，示例代码如下：

```
<canvas width=200 height=200 id="djx" style="border:1px solid red;"> </canvas>
```

 注意

尽管 canvas 元素的功能非常强大，但是要避免 canvas 元素的过度使用。例如，要显示一个标题，使用标题样式元素(例如 h1、h2 和 h3 等)能实现，就不应该再使用 canvas 元素。

创建 canvas 元素后，开始绘图前需要先得到一个上下文对象 Context。上下文对象可以让各种不同的图形设备具有统一的接口，这样开发人员只需要关注绘图，其他的工作都交给操作系统和浏览器即可。

每个 canvas 元素都有一个对应的 Context 对象，并且该对象是唯一的。canvas 的绘图 API 定义在这个 Context 对象上，因此绘图才需要先获取 Context 对象。具体代码如下：

```
var canvas = document.getElementById("myCanvas");
if(canvas.getContext){
```

```
        var ctx = canvas.getContext("2d");
    }
```

在上述代码中，getContext()方法指定一个参数 2d，表示该 canvas 对象用于生成 2D 图案，即平面图案。如果参数是 3d，就表示用于生成 3D 图像(即立体图案)，这部分实际上单独叫做 WebGL API(本章不涉及)。

5.1.3　综合应用实例：判断浏览器是否支持 canvas 元素

目前，许多主流的浏览器都提供了对 canvas 元素的支持，用户可以到测试网站上查看浏览器对该元素的支持情况，如图 5-1 所示。

图 5-1　Chrome 对 canvas 元素的支持

canvas 元素与 audio 和 video 等元素一样，可以直接在该元素的开始标记和结束标记之间添加代码，如果浏览器不支持该元素，则会显示标记之间的内容。代码如下：

```
<canvas>
        当前浏览器不支持 canvas 元素。
</canvas>
```

5.2　绘制简单图形

在了解如何判断浏览器是否支持 canvas 元素，以及该元素的创建方法之后，本节将介绍一些简单图形的绘制方法，包括绘制直线、矩形、圆形和三角形等。

canvas 画布提供了一个用来作图的平面空间，该空间的每个点都有自己的坐标，x 表示横坐标，y 表示纵坐标。原点(0，0)位于图像左上角，x 轴的正向是原点向右，y 轴的正向是原点向下。无论是绘制图形还是绘制文本，如果不指定坐标，默认将从坐标原点(0，0)开始绘制。

5.2.1 绘制矩形

HTML 5 中实现绘制矩形的效果需要调用上下文对象的 3 个函数：fillRect()、strokeRect()和 clearRect()。这些函数的语法形式如下所示：

绘制矩形.mp4

```
context.fillRect(x,y,width,height);          //绘制矩形，以当前的 fillStyle 来填充
context.strokeRect(x,y,width,height);        //绘制矩形，以当前的 strokeStyle 来填充
context.clearRect(x,y,width,height);         //清除指定区域的像素
```

上述语法中每个函数都包含 4 个相同的参数，第一个参数表示矩形起点的横坐标；第二个参数表示矩形起点的纵坐标；第三个参数表示矩形的宽度；第四个参数表示矩形的高度；坐标原点为 canvas 画布的最左上角，即左上角的坐标为(0，0)。

【实例 5-1】

使用上面介绍的函数在 canvas 画布中绘制 4 个矩形。主要实现步骤如下。

(1) 创建一个 HTML 5 页面，在页面的合适位置添加 4 个 canvas 元素，它们分别用来绘制不同长度和宽度的矩形。页面的具体代码如下：

```
<canvas id="canvas1" height=250 width=200></canvas>
<canvas id="canvas2" height=250 width=200></canvas>
<canvas id="canvas3" height=250 width=200></canvas>
<canvas id="canvas4" height=250 width=200></canvas>
```

在上述代码中，每个 canvas 元素都定义了 id 属性以方便在代码中进行引用，同时也定义了画布的宽度和高度。

(2) 编写代码，在 id 为 canvas1 的画布上绘制一个矩形，要求边框宽度为 10 像素、边框颜色为蓝色。JavaScript 实现代码如下：

```
<script language="javascript" type="text/javascript">
function AddJuxing1()
{
        var canvas = document.getElementById("canvas1");
        if(canvas && canvas.getContext)
        {
                var context = canvas.getContext("2d");
                context.strokeStyle="#FFFFFF";              //指定边框的颜色为蓝色
                context.lineWidth = 10;                      //指定边框的宽度为 10
                context.strokeRect(5,5,190,190);            //绘制矩形边框
        }
}
</script>
```

如上述代码所示，strokeRect()函数指定矩形的起点横坐标和纵坐标都是 5，宽度和高度都为 190 像素，因此最终的图形效果会是一个正方形。

(3) 编写代码，在 id 为 canvas2 的画布上绘制一个矩形，要求不带边框、使用黄色作为背景填充。JavaScript 实现代码如下：

```
function AddJuxing2()
{
        var canvas = document.getElementById("canvas2");
```

```
        if(canvas && canvas.getContext)
        {
                var context = canvas.getContext("2d");
                context.fillStyle="yellow";                      //指定填充的颜色为黄色
                context.fillRect(10,50,200,100);                 //填充矩形
        }
}
```

如上述代码所示，fillRect()函数指定矩形的起点横坐标是 10，纵坐标是 50，宽度为 200 像素，高度为 100 像素。由于没有调用 strokeRect()函数，因此最终的图形会是一个没有边框的矩形效果。

(4) 编写代码，在 id 为 canvas3 的画布上绘制一个矩形，要求既带边框又有填充效果。JavaScript 实现代码如下：

```
function AddJuxing3()
{
        var canvas = document.getElementById("canvas3");
        if(canvas && canvas.getContext)
        {
                var context = canvas.getContext("2d");
                context.fillStyle="green";                       //指定填充的颜色为绿色
                context.strokeStyle="blue";                      //指定边框的颜色为蓝色
                context.lineWidth = 2;                           //指定边框的宽度为 2
                context.fillRect(5,30,180,180);                  //填充矩形
                context.strokeRect(5,30,180,180);                //绘制矩形边框
        }
}
```

如上述代码所示，fillStyle 属性指定填充颜色为绿色，strokeStyle 属性指定边框颜色为蓝色，fillRect()函数对矩形进行了填充，strokeRect()函数绘制了矩形的边框。另外，fillRect()函数和 strokeRect()函数都使用了相同的坐标和矩形尺寸，因此最终的图形是一个带边框和填充的正方形效果。

(5) 编写代码，在 id 为 canvas4 的画布上绘制一个矩形，要求使用 CSS 方式指定边框和填充颜色。JavaScript 实现代码如下：

```
function AddJuxing4()
{
        var canvas = document.getElementById("canvas4");
        if(canvas && canvas.getContext)
        {
                var context = canvas.getContext("2d");
                context.fillStyle="#FF0000";                     //指定填充的颜色为#FF0000
                context.strokeStyle="#FFFFFF";                   //指定边框的颜色为#FFFFFF
                context.lineWidth = 3;                           //指定边框的宽度为 3
                context.fillRect(40,40,80,180);                  //填充矩形
                context.strokeRect(30,30,100,200);               //绘制外部矩形
        }
}
```

如上述代码所示，fillStyle 属性指定填充颜色为#FF0000(红色)，strokeStyle 属性指定边框颜色为#FFFFFF(白色)。另外，由于 fillRect()函数指定的填充区域比 strokeRect()函数指定

的边框区域小，因此最终会看到两个矩形之间有间隙。

(6) 监听页面 load 事件，在页面加载完成后调用上面的 4 个函数。代码如下所示：

```
window.addEventListener("load",AddJuxing1,true);
window.addEventListener("load",AddJuxing2,true);
window.addEventListener("load",AddJuxing3,true);
window.addEventListener("load",AddJuxing4,true);
```

(7) 保存上述步骤对页面的修改。在支持 canvas 元素的浏览器中打开页面，最终运行效果，如图 5-2 所示。

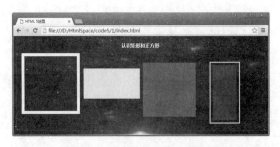

图 5-2　绘制矩形的运行效果

在本示例中使用了 fillStyle 属性和 strokeStyle 属性，这两个属性在后面会经常使用。fillStyle 属性用于设置或返回填充时的颜色、渐变或模式，属性的默认值是#000000。基本语法如下：

```
context.fillStyle=color | gradient | pattern;
```

从上述代码中可以看出，fillStyle 属性的值可以有 color、gradient 和 pattern 三种。

▶ color：指定绘图填充色的 CSS 颜色值，默认值是#000000。其值可以是十六进制颜色，也可以是颜色合法的英文名称。

▶ gradient：用于填充绘图的渐变对象(线性或者径向)。

▶ pattern：用于填充绘图的 pattern 对象。

strokeStyle 属性用于设置或返回绘制时画笔的颜色、渐变或者模式，其属性默认值是#000000。该属性的取值与 fillStyle 属性相同，就不再详述。

▍5.2.2　绘制直线

除了矩形，想要绘制其他图形则需要使用路径。同绘制矩形一样，绘制开始时仍然需要获取图形上下文对象。使用路径绘制图形时，常会用到如下函数。

绘制直线.mp4

▶ beginPath()：开始创建路径。

▶ moveTo(x，y)：不绘制，只是将当前位置移动到新目标坐标，并且作为线条开始点。

▶ lineTo(x，y)：绘制线条到指定的目标坐标(x，y)，且在两个坐标之间画一条直线。

▶ stroke()：绘制图形的边框。

▶ fill()：填充一个实心图形，当调用该方法时，开放的路径会自动闭合，而无须调用closePaht()函数。

▶ closePath()：关闭路径。

上面函数绘制图形的步骤通常是先使用路径勾勒图形轮廓，然后设置颜色进行绘制。其具体步骤如下：

(1)　调用 beginPath()函数创建路径。

(2)　创建图形的路径。

(3)　调用 closePath()函数关闭路径，这一步不是必须的。

(4)　设定绘制样式，然后调用 stroke()或 fill()函数绘制路径。

【实例 5-2】

下面通过一个示例演示如何使用上面的函数绘制直线。两点确定一条直线，要在网页中绘制一条直线，就需要确定直线的起始坐标和终点坐标。本示例中使用路径的相关函数实现绘制不同直线的功能，主要步骤如下。

(1)　创建一个 HTML 5 页面，在页面的合适位置添加 3 个 canvas 元素，它们分别用来绘制不同的图形。页面的具体代码如下：

```
<canvas id="canvas1" height=250 width=200></canvas>
<canvas id="canvas2" height=250 width=200></canvas>
<canvas id="canvas3" height=250 width=200></canvas>
```

(2)　编写代码，在 id 为 canvas1 的画布上绘制一条直线，要求边框宽度为 5 像素、边框颜色为白色。JavaScript 实现代码如下：

```
function GetContext(id)
{
        var canvas = document.getElementById(id);
        if(canvas && canvas.getContext)
        {
                var context = canvas.getContext("2d");
                return context;
        }
}
function Add1()
{
        var context = GetContext("canvas1");
        context.beginPath();
        context.lineWidth=5;                    //设置绘制直线的宽度为 5
        context.strokeStyle="#FFFFFF";          //指定边框的颜色为#FFFFFF(白色)
        context.moveTo(20,100);                 //起始坐标
        context.lineTo(150,100);                //目标坐标
        context.stroke();                       //调用 stroke()函数绘制直线
}
</script>
```

如上述代码所示，在设置好直线的边框颜色和边框宽度之后，moveTo()函数将画笔移动到坐标(20，100)作为起点，然后开始向坐标(150，100)点进行绘制。

(3)　编写代码，在 id 为 canvas2 的画布上绘制两条直线，要求边框宽度为 2 像素、边框颜色为白色。JavaScript 实现代码如下：

```
function Add2()
{
        var context = GetContext("canvas2");
```

```
        context.beginPath();
        context.lineWidth=2;                        //设置绘制直线的宽度为2
        context.strokeStyle="#FFFFFF";              //指定边框的颜色为#FFFFFF(白色)
        context.moveTo(160,50);                     //起始坐标
        context.lineTo(50,100);                     //目标坐标
        context.lineTo(160,185);                    //目标坐标
        context.stroke();                           //调用 stroke()函数绘制图形
    }
```

如上述代码所示，最终的两条直线使用相同的起点，终点分别在两个 lineTo()函数中被指定。

(4) 编写代码，在 id 为 canvas2 的画布上绘制两条直线，要求边框宽度为 3 像素、边框颜色为白色。JavaScript 实现代码如下：

```
function Add3()
{
    var context = GetContext("canvas3");
    context.beginPath();
    context.lineWidth=3;                        //设置绘制直线的宽度为3
    context.strokeStyle="#FFFFFF";              //指定边框的颜色为#FFFFFF(白色)
    context.fillStyle="#FF0000";                //指定填充的颜色为#FF0000(红色)
    context.moveTo(160,50);                     //起始坐标
    context.lineTo(50,100);                     //目标坐标
    context.lineTo(160,185);                    //目标坐标
    context.fill();                             //调用 fill()函数绘制图形
    context.stroke();                           //调用 stroke()函数绘制图形
}
```

上述代码，比第(3)步多了两行，这两行的作用是为图形指定背景为#FF0000(红色)，再使用该颜色进行填充。

(5) 监听页面 load 事件，在页面加载完成后调用上面的 3 个函数。代码如下所示：

```
window.addEventListener("load",Add1,true);
window.addEventListener("load",Add2,true);
window.addEventListener("load",Add3,true);
```

(6) 保存上述步骤对页面的修改。在支持 canvas 元素的浏览器中打开页面，最终运行效果如图 5-3 所示。

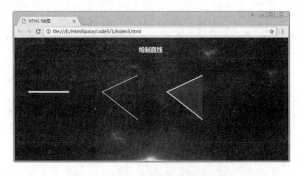

图 5-3　绘制直线的运行效果

5.2.3　绘制圆形

绘制圆形需要调用 arc()函数，该函数的语法形式如下所示：

绘制圆形.mp4

```
context.arc(x,y,radius,startAngle,endAngle,anticlockwise);
```

上述代码中，arc()函数包含 6 个参数，x 和 y 分别表示绘制圆形的起点横坐标和起点纵坐标；radius 表示绘制的圆形半径；startAngle 表示开始角度；endAngle 表示结束角度；anticlockwise 表示是否按照顺时针方向进行绘制。

在 canvas 元素的 API 中绘制半径与弧时，所指定的参数为开始弧度与结束弧度，如果习惯使用角度，可以使用下面的方法将角度转换为弧度：

```
var radians = degress*Math.PI*180;
```

上述方法中 Math.PI 表示角度为 180 度，Math.PI*2 表示角度为 360 度。

> **提示**
>
> arc()函数不仅可以绘制圆形，也可以用来绘制圆弧。使用时必须指定开始角度与结束角度，这两个参数决定了弧度。anticlockwise 参数为一个布尔值的参数，当参数值为 true 时表示按照顺时针方向绘制，否则为逆时针方向绘制。

【实例 5-3】

下面创建一个演示使用 arc()函数在 canvas 画布中绘制圆形和弧形的方法。主要实现步骤如下。

(1) 创建一个 HTML 5 页面，在页面的合适位置添加 4 个 canvas 元素，它们分别用来绘制不同的图形。页面的具体代码如下：

```
<canvas id="canvas1" height=250 width=200></canvas>
<canvas id="canvas2" height=250 width=200></canvas>
<canvas id="canvas3" height=250 width=200></canvas>
<canvas id="canvas4" height=250 width=200></canvas>
```

(2) 编写代码，在 id 为 canvas1 的画布上绘制一个弧形，要求边框宽度为 3 像素、边框颜色为白色。JavaScript 实现代码如下：

```
<script language="javascript" type="text/javascript">
function GetContext(id)
{
    var canvas = document.getElementById(id);
    if(canvas && canvas.getContext)
    {
        var context = canvas.getContext("2d");
        return context;
    }
}
function Add1()
{
    var context = GetContext("canvas1");
    context.beginPath();                        //准备绘制
    context.strokeStyle="#FFFFFF";              //指定边框颜色为#FFFFFF(白色)
```

```
        context.lineWidth = 3;                              //指定边框的宽度为3
        context.arc(80,80,60,Math.PI,Math.PI*2,true);       //开始绘制
        context.stroke();                                   //设置边框样式
    }
    </script>
```

如上述代码所示，在设置好边框颜色和宽度之后调用 arc()函数开始绘制弧形，其中弧形的圆心坐标为(80，80)，弧形的半径为 60，弧形的角度为 180 度；stroke()函数用于在弧形上应用指定的边框样式和颜色。

（3）编写代码，在 id 为 canvas2 的画布上绘制一个弧形，要求填充颜色为#FFFFFF(白色)。JavaScript 实现代码如下：

```
function Add2()
{
    var context = GetContext("canvas2");
    context.beginPath();
    context.fillStyle="#FFFFFF";                      //指定填充颜色为#FFFFFF(白色)
    context.arc(80,80,60,0,(Math.PI*2/4),true);       //绘制弧形
    context.fill();
}
```

如上述代码所示，在调用 arc()函数绘制前设置了填充颜色，在该函数调用后 fill()函数使用设置好的颜色对绘制的弧形进行填充。

（4）编写代码，在 id 为 canvas3 的画布上绘制一个弧形，要求填充颜色为#FFFFFF(白色)。JavaScript 实现代码如下：

```
function Add3()
{
    var context = GetContext("canvas3");
    context.beginPath();
    context.fillStyle="#FFFFFF";                            //指定填充颜色为#FFFFFF(白色)
    context.arc(80,80,60,Math.PI,(Math.PI*2/4)*3,false);   //绘制弧形
    context.fill();
}
```

这一步绘制的弧形除了角度与第 3 步不同外，其他设置都相同。

（5）编写代码，在 id 为 canvas4 的画布上绘制一个圆形，要求填充颜色为#FF0000(红色)，边框颜色为#FFFFFF(白色)，边框宽度为 10 像素。JavaScript 实现代码如下：

```
function Add4()
{
    var context = GetContext("canvas4");
    context.beginPath();
    context.fillStyle="#FF0000";                      //指定填充的颜色为#FF0000(红色)
    context.strokeStyle="#FFFFFF";                    //指定边框的颜色为#FFFFFF(白色)
    context.lineWidth = 10;                           //指定边框的宽度为10
    context.arc(80,80,60,0,Math.PI*2,false);          //绘制圆形
    context.stroke();                                 //绘制圆形边框
    context.fill();                                   //填充圆形
}
```

（6）　监听页面 load 事件，在页面加载完成后调用上面的 4 个函数。代码如下所示：

```
window.addEventListener("load",Add1,true);
window.addEventListener("load",Add2,true);
window.addEventListener("load",Add3,true);
window.addEventListener("load",Add4,true);
```

（7）　保存上述步骤对页面的修改。在支持 canvas 元素的浏览器中打开页面，最终运行效果，如图 5-4 所示。

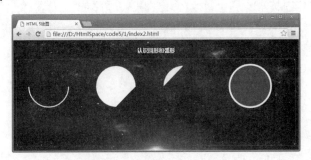

图 5-4　绘制圆形的运行效果

5.2.4　综合应用实例：绘制三角形

至此，我们已经掌握了在画布上绘制矩形、直线、圆形和弧形。本节将通过案例演示如何使用绘制直线的方法来绘制不同的三角形，包括普通三角形、等腰直角三角形、等腰三角形和等边三角形，最终运行效果如图 5-5 所示。

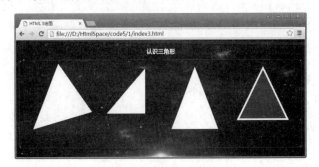

图 5-5　绘制不同的三角形

主要实现步骤如下。

（1）　创建一个 HTML 5 页面，在页面的合适位置添加 4 个 canvas 元素，它们分别用来绘制不同的图形。页面的具体代码如下：

```
<canvas id="canvas1" height=250 width=200></canvas>
<canvas id="canvas2" height=250 width=200></canvas>
<canvas id="canvas3" height=250 width=200></canvas>
<canvas id="canvas4" height=250 width=200></canvas>
```

（2）　编写代码，在 id 为 canvas1 的画布上绘制一个普通三角形，并使用白色进行填充。JavaScript 实现代码如下：

```
<script language="javascript" type="text/javascript">
function Add1()
{
    var context = GetContext("canvas1");
    context.beginPath();                    //开始创建路径
    context.fillStyle="#FFFFFF";            //设置填充颜色为白色
    context.moveTo(100,10);                 //起始坐标
    context.lineTo(25,200);                 //目标路径
    context.lineTo(200,150);                //目标路径
    context.fill();                         //绘制普通三角形
}
</script>
```

（3）编写代码，在 id 为 canvas2 的画布上绘制一个等腰直角三角形，并使用白色进行填充。JavaScript 实现代码如下：

```
function Add2()
{
    var context = GetContext("canvas2");
    context.beginPath();                    //开始创建路径
    context.fillStyle="#FFFFFF";
    context.moveTo(155,155);                //起始坐标
    context.lineTo(155,25);                 //目标路径
    context.lineTo(40,155);                 //目标路径
    context.fill();                         //绘制等腰直角三角形
}
```

（4）编写代码，在 id 为 canvas3 的画布上绘制一个等腰三角形，并使用白色进行填充。JavaScript 实现代码如下：

```
function Add3()
{
    var context = GetContext("canvas3");
    context.beginPath();                    //开始创建路径
    context.fillStyle="#FFFFFF";
    context.moveTo(100,20);                 //起始坐标
    context.lineTo(170,200);                //目标路径
    context.lineTo(30,200);                 //目标路径
    context.fill();                         //绘制等腰三角形
}
```

（5）编写代码，在 id 为 canvas4 的画布上绘制一个等边三角形，使用白色边框，红色进行填充。JavaScript 实现代码如下：

```
function Add4()
{
    var context = GetContext("canvas4");
    context.beginPath();
    context.fillStyle="#FF0000";            //指定填充的颜色为#FF0000
    context.strokeStyle="#FFFFFF";          //指定边框的颜色为#FFFFFF
    context.lineWidth = 10;                 //指定边框的宽度为 10
```

```
        context.moveTo(100,30);                    //起始坐标
        context.lineTo(170,170);                   //目标路径
        context.lineTo(30,170);                    //目标路径
        context.closePath();                       //关闭路径
        context.stroke();                          //绘制边框
        context.fill();                            //填充内容
}
```

（6）监听页面 load 事件，在页面加载完成后调用上面的 4 个函数。

5.2.5　保存和恢复图形

canvas API 中提供了 save()函数和 restore()函数用来保存和恢复绘画状态，这两个函数都没有参数。保存与恢复当前状态时，首先调用 save()函数将当前状态保存到栈中，在完成设置的操作后再调用 restore()函数从栈中取出之前保存的图形状态进行恢复，通过这种方法可以对之后绘制的图像取消裁剪区域。

保存与恢复的图形状态会应用到以下方面。

▶　当前应用的变形，即移动、旋转和缩放等。

▶　图像裁剪。

图形状态.mp4

▶　改变图形上下文的以下属性值时：strokeStyle、fillStyle、globalAlpha、lineWidth、lineCap、lineJoin、miterLimit、shadowOffsetX、shadowOffsetY、shadowBlur、shadowColor、globalCompositeOperation。

【实例 5-4】

下面创建一个示例，演示在画布上应用图形状态前后的对比。首先在页面上添加两个 canvas 元素，id 分别是 canvas1 和 canvas2。

在 canvas1 上使用 fillRect()函数绘制几个不同位置和大小的矩形，代码如下所示：

```
<script language="javascript" type="text/javascript">
    var ctx = document.getElementById('canvas1').getContext('2d');
    ctx.fillStyle = "#FF97CB";
    ctx.fillRect(0,0,250,250);                     //绘制最外层的矩形
    ctx.fillStyle = 'blue';                        //设置填充颜色
    ctx.fillRect(15,15,220,220);                   //绘制一个内部矩形
    ctx.fillStyle = '#FFFFFF'                       //设置填充颜色
    ctx.fillRect(30,30,250,250);
    ctx.fillRect(45,45,230,230);
    ctx.fillRect(60,60,130,130);
</script>
```

上述代码没有使用图形状态，因此，每一次绘制都会覆盖该区域上的图形。在上面代码的基础上添加图形状态的保存和恢复，并在 canvas2 上显示。最终代码如下所示：

```
    var ctx = document.getElementById('canvas2').getContext('2d');
    ctx.fillStyle = "#FF97CB";
    ctx.fillRect(0,0,250,250);                     //绘制最外层的矩形
    ctx.save();                                    //保存默认状态
```

```
ctx.fillStyle = 'blue';                    //设置填充颜色
ctx.fillRect(15,15,220,220);               //绘制一个内部矩形
ctx.save();                                //保存其状态
ctx.fillStyle = '#FFFFFF'                  //设置填充颜色
ctx.fillRect(30,30,250,250);
ctx.restore();                             //恢复保存状态
ctx.fillRect(45,45,230,230);
ctx.restore();
ctx.fillRect(60,60,130,130);
```

最后保存对页面的修改，在浏览器中查看效果，如图 5-6 所示。

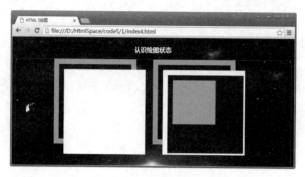

图 5-6　保存和恢复状态的运行效果

5.2.6　输出图形

canvas API 中的 toDataURL()函数实现了图像输出功能。该函数可以把绘画状态输出到一个 dataURL 中，具体语法如下：

```
canvas.toDataURL(type);
```

输出图形.mp4

上述语法在 toDataURL()函数中传递一个参数 type，该参数表示要输入数据的 MIME类型。

【实例 5-5】

假设在页面上的 canvas 中有一个图形，现在要实现单击页面上的按钮将图形输出到 img 元素中。实现步骤如下。

（1）创建一个 HTML 5 页面，在页面的合适位置添加 canvas 元素、input 元素和 img 元素，它们分别表示绘制的图形、输出按钮及显示输出图形。页面具体代码如下：

```
<h1>输出图形</h1>
<canvas id="canvas1" width="400" height="230" style="border:#000 solid"></canvas>
<input type="button" class="btn fl" value="输出图形" onClick="javascript:ShowImg();" >
<img id="img" width="150" height="150" />
```

（2）编写代码，在 canvas 中绘制一个图形。作为示例，这里简单绘制 3 个圆形，代码如下所示：

```
var ctx = document.getElementById('canvas1').getContext('2d');
ctx.beginPath();
```

```
ctx.strokeStyle="#000000";                       //指定边框颜色为#FFFFFF(白色)
ctx.arc(200,80,60,0,Math.PI*2,false);            //绘制圆形
ctx.arc(200,100,100,0,Math.PI*2,false);          //绘制圆形
ctx.arc(200,100,40,0,Math.PI*2,false);           //绘制圆形
ctx.stroke();                                    //绘制圆形边框
```

(3) 单击【输出图形】按钮会调用 ShowImg 函数，该函数将 canvas 元素绘制的图形输出到 img 元素中。页面具体代码如下：

```
function ShowImg()
{
        //绘制 canvas 上的图形数据
        var img_data = document.getElementById('canvas1').toDataURL("images/jpeg");
        //将数据输出到控制台
        console.log(img_data);
        //将数据显示到 img 元素
        document.getElementById("img").src=img_data;
}
```

(4) 运行上述代码，单击【输出图形】按钮进行测试，页面的最终效果，如图 5-7 所示，在页面底部的控制台面板中会看到当前图形对应的 base64 编码数据。

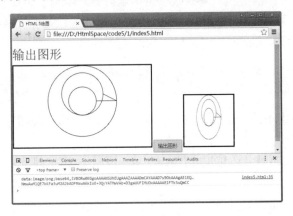

图 5-7　输出图形效果

5.3　绘制文本

除了使用 canvas 元素绘制常见的图形之外，还可以绘制文字，绘制时可以指定字体大小、字体样式和对齐方式等。本节将详细介绍有关绘制文本的内容。

5.3.1　绘制普通文本

绘制文本同样是调用上下文对象提供的属性和方法，通过属性可以设置文本的字体样式和对齐方式等信息，常用的 3 个属性说明如下所示。

▶　font 属性：设置或返回文本内容的当前字体属性。

绘制普通文本.mp4

- textAlign 属性：设置或返回文本内容的当前对齐方式，其属性值可以是 start(默认值)、end、right 和 center。
- textBaseline 属性：设置或返回在绘制文本时使用的当前文本基线，其属性值可以是 top、hanging、middle、alphabetic、ideographic(默认值)和 bottom。

与绘制文本有关的方法有 3 个，具体说明如下所示。

- fillText()方法：在画布上绘制"被填充的"文本。
- strokeText()方法：在画布上绘制文本(无填充)。
- measureText()方法：返回包含指定文本宽度的对象。

fillText()方法在画布上绘制"被填充的"文本，而 strokeText()方法直接在画布上绘制无填充的文本。这两个方法都包含 4 个参数，参数也相同。以 fillText()方法为例，语法格式如下：

```
context.fillText(text, x, y, maxWidth);
```

在上述语法中，text 参数指定在画布上输出的文本；x 表示开始绘制文本的 x 坐标位置(相对于画布)；y 表示开始绘制文本的 y 坐标位置(相对于画布)；maxWidth 是一个可选参数，指定允许的最大文本宽度，单位是像素。

measureText()方法返回一个对象，该对象包含以像素指定的字体宽度。如果需要文本在输出之前得知文本的宽度，那么可以使用该方法。该方法的语法格式如下：

```
context.measureText(text).width;
```

在上述语法中，text 参数表示要测量宽度的文本。

【实例 5-6】

向 HTML 网页中添加代码显示一首古诗，标题通过 strokeText()方法绘制，内容则通过 fillText()方法进行绘制。完整的实现步骤如下。

(1) 在 HTML 页面的合适位置添加 canvas 元素，并指定其宽度、高度和唯一标识 ID 属性。代码如下：

```
<canvas id="canvas1" height=300 width=600>当前浏览器不支持 canvas 元素</canvas>
```

(2) 页面加载时绘制古诗标题、作者和内容，通过 JavaScript 代码为页面指定 load 事件，首先绘制古诗标题。代码如下：

```
window.onload = function(){
    var title = "静夜思";
    var canvas = document.getElementById("MyCanvas");
    if(canvas.getContext){
        var context = canvas.getContext("2d");          //获取上下文对象
        context.font="bold 30px 宋体";                   //设置字体样式
        context.strokeStyle = "#FFFFFF";                 //设置画笔的颜色
        context.strokeText(title,200,30);                //绘制无填充文本
        //省略其他绘制内容
    }
}
```

(3) 继续向上个步骤的脚本代码中添加新代码，指定古诗作者，通过 fillText()方法绘制

作者文本，并且重新指定字体样式、填充颜色和文本基线等内容。代码如下：

```
context.font="italic 20px 宋体";
context.fillStyle="yellow";
context.textBaseline = "bottom";
context.fillText("(作者：李白)",340,30);
```

（4）继续向前面的代码中添加绘制古诗内容的文本，指定文本的大小是 22 像素，字体样式是"楷体"，填充颜色是#FFFFFF(白色)。代码如下：

```
context.font="22px 楷体";
context.fillStyle="#FFFFFF";
context.fillText("床前明月光，",180,90);
context.fillText("疑是地上霜。",180,120);
context.fillText("举头望明月，",180,150);
context.fillText("低头思故乡。",180,180);
```

（5）运行上述代码查看绘制普通文本的效果，如图 5-8 所示。

图 5-8　绘制普通文本效果

5.3.2　绘制阴影文本

上下文对象提供了一系列与阴影有关的属性，通过这些属性不仅可以绘制文本的阴影效果，还可以绘制图形(例如圆形和扇形)的阴影效果。在表 5-1 中列出了常用的阴影属性。

阴影属性.mp4

表 5-1　常用阴影属性

属性名称	说　明
shadowColor	设置或返回用于阴影的颜色。默认值为全透明的黑色，它的值可以是标准的 CSS 颜色值
shadowBlur	设置或返回用于阴影的模糊级别，默认值为 1。其属性值必须为比 0 大的数字，它的值一般在 0 到 10 之间，否则将会被忽略
shadowOffsetX	设置或返回阴影距图形的水平距离。也可以理解为阴影与图形的横向位移量
shadowOffsetY	设置或返回阴影距图形的垂直距离。也可以理解为阴影与图形的纵向位移量

在表 5-1 列出的属性中，shadowOffsetX 和 shadowOffsetY 用于设置在 x 轴和 y 轴的延伸距离，它们不受变换矩阵的影响。这两个属性设为负值时，表示阴影向上或向左延伸，正值则表示向下或向右延伸，它们的默认值都为 1。

【实例 5-7】

在实例 5-6 的基础上添加阴影属性，分别绘制古诗标题、古诗作者和古诗内容的文本阴影。实现步骤如下。

（1）在 JavaScript 脚本中绘制标题文本，在绘制之前分别设置阴影颜色、模糊级别以及横向和纵向位移量。代码如下：

```
context.font="bold 30px 宋体";            //设置字体样式
context.strokeStyle = "#FFFFFF";          //设置画笔的颜色
context.shadowColor = "blue";             //阴影颜色
context.shadowBlur = 2;                   //阴影模糊级别，这里指定为 2
context.shadowOffsetX = 2;                //横向位移量 2
context.shadowOffsetY = -2;               //纵向位移量-2
```

（2）找到绘制古诗作者的文本，并且分别指定 shadowColor、shadowBlur、shadowOffsetX 和 shadowOffsetY 的属性值。部分代码如下：

```
context.font="italic 20px 宋体";
context.fillStyle="yellow";
context.shadowColor = "#FF0000";          //设置阴影颜色
context.shadowBlur = 0;                   //阴影模糊级别，这里指定为 0
context.shadowOffsetX = -2;               //横向位移量-2
context.shadowOffsetY = 2;                //纵向位移量 2
context.textBaseline = "bottom";
```

（3）在绘制古诗作者之后、古诗内容之前重新指定阴影效果。部分代码如下：

```
context.shadowColor = "#43CD80";          //设置阴影颜色
context.shadowBlur = 0;                   //阴影模糊级别，这里指定为 0
context.shadowOffsetX = -2;               //横向位移量-2
context.shadowOffsetY = -2;               //纵向位移量-2
```

（4）在浏览器中运行上述代码，绘制阴影文本效果，如图 5-9 所示。

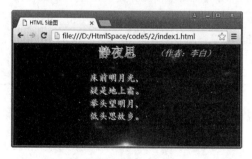

图 5-9　绘制阴影文本效果

5.4　变换图形

前面介绍的所有绘制方法，一旦图形显示到画布上便不可以再修改了，这显然不能满足实际需求。为此 HTML 5 的上下文对象还提供了对图形进行变换操作的方法，像平移图形、旋转图形或者组合多个图形等。下面详细介绍这些图形变换操作及实现方法。

5.4.1　坐标变换

在 HTML 5 中绘制图形时是以坐标点为基准，默认情况下画布的左上角对应于坐标轴的原点(0，0)。如果对这个坐标轴进行改变，就可以实现图形的变换处理了。HTML 5 中对坐标的变换处理有 3 种方式，分别是：图形平移、图形旋转和图形缩放，下面详细介绍每种变换的实现。

1．图形平移

图形平移.mp4

图形平移需要使用到 translate()方法，该方法表示重新映射画布上的(0，0)位置，(0，0)即坐标原点。translate()方法的语法格式如下：

```
context.translate(x,y);
```

在上述语法中需要传入两个参数，第一个参数表示添加到水平坐标 x 上的值，即坐标原点向 x 轴正方向平移 x；第二个参数表示添加到垂直坐标 y 上的值，即坐标原点向 y 轴正方向平移 y。

【实例 5-8】

下面首先通过 fillRect()方法在(10，10)坐标处绘制宽度为 100 像素、高度为 50 像素的矩形，然后平移原点坐标到(70，60)，平移完毕后再次绘制该图。代码如下：

```
window.onload = function(){
        var canvas = document.getElementById("MyCanvas");
        if(canvas.getContext){
                var context = canvas.getContext("2d");
                context.fillRect(10,10,100,50);              //使用(10,10)作为起始点绘制矩形
                context.translate(70,60);                    //将原点坐标移动到(70,60)
                context.fillRect(10,10,100,50);              //第二次绘制矩形
        }
}
```

运行上述代码查看平移后的效果。由于在绘制第二个矩形前将原点坐标移到了(70，60)，因此当再次使用 fillRect(10，10，100，50)绘制时，将使用坐标(70，60)作为起始点。

2．图形旋转

图形旋转.mp4

rotate()方法用于旋转当前的图形，该方法的语法格式如下：

```
context.rotate(angle);
```

在上述语法中，angle 参数表示旋转角度，单位是弧度。如果需要将角度转换为弧度，可以使用 "degrees*Math.PI/180" 公式进行计算。例如，如果需要旋转 10 度，公式则是 "10*Math.PI/180"，旋转的默认方向为顺时针。

【实例 5-9】

下面代码在旋转 30 度前后分别绘制了一个矩形。

```
window.onload = function(){
    var canvas = document.getElementById("MyCanvas");
    if(canvas.getContext){
        var context = canvas.getContext("2d");
        context.fillRect(10,10,100,50);            //使用(10,10)作为起始点绘制矩形
        context.rotate(30*Math.PI/180);            //旋转 30 度
        context.fillRect(10,10,100,50);            //使用(10,10)作为起始点绘制矩形
    }
}
```

3. 图形缩放

图形缩放是指图形的缩小或放大效果，实现该功能时需要调用 scale()方法。如果对图形进行缩放，所有之后的绘图也将会被缩放，定位也会被缩放。例如，对于 scale(2,2)来说，绘图时将定位于距离画布左上角两倍远的位置。scale()方法的语法格式如下：

图形缩放.mp4

```
context.scale(scalewidth,scaleheight);
```

在上述语法中，scalewidth 参数表示当前绘图宽度的缩放比例(1=100%，0.5=50%，2=200%，依次类推)，scaleheight 参数表示当前绘图高度的缩放比例(1=100%，0.5=50%，2=200%，依次类推)。

【实例 5-10】

下面代码在对坐标进行放大 2 倍前后分别绘制了一个矩形。

```
window.onload = function(){
    var canvas = document.getElementById("MyCanvas");
    if(canvas.getContext){
        var context = canvas.getContext("2d");
        context.strokeRect(5,5,25,15);             //使用(5,5)作为起始点绘制矩形
        context.scale(2,2);                        //放大 2 倍
        context.strokeRect(5,5,25,15);             //使用(5,5)作为起始点绘制矩形
    }
}
```

4. 平移、旋转和缩放

一般情况下，开发者不会单独地使用一个变形特效，通常会将两个或三个变形结合起来使用，例如同时使用平移和旋转特效。使用多种特效时，使用顺序不同可能导致画出的结果也会有所不同，它们的顺序可能是平移、旋转、缩放；平移、缩放、旋转；缩放、平移、旋转；缩放、旋转、平移；旋转、平移、缩放；旋转、缩放、平移。

例如，图 5-10 显示了坐标轴变化的两两关系图。

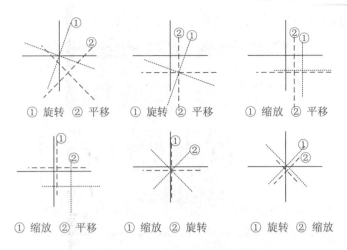

① 旋转　② 平移　　　① 旋转　② 平移　　　① 缩放　② 平移

① 缩放　② 平移　　　① 缩放　② 旋转　　　① 旋转　② 缩放

图 5-10　坐标轴变化的两两关系

【实例 5-11】

创建一个示例，通过调用平移、旋转和缩放的方法绘制一个不规则的相
图形。实现步骤如下。

绘制不规则
图形.mp4

(1) 向页面中添加宽度为 600 像素、高度为 300 像素的 canvas 元素。

(2) 添加 JavaScript 脚本代码，使用三种坐标变换方式绘制图形。实现代码如下：

```
<script type="text/javascript">
window.onload = function(){
    var canvas = document.getElementById("canvas1");
    if(canvas.getContext){
        var context = canvas.getContext("2d");          //获取上下文对象
        context.strokeStyle = "#000000";                //填充颜色
        context.strokeRect(0, 0, 600, 300);             //绘制矩形
        context.translate(300, 5);                      //将图形平移
        context.fillStyle = "#999999";                  //填充颜色
        for(var i = 0; i < 50; i++) {
            context.scale(0.95, 0.95);                  //缩放
            context.translate(35, 25);                  //平移
            context.rotate(Math.PI / 11);               //旋转
            context.shadowColor="#ff0000";              //阴影颜色
            context.shadowBlur = 20;                    //阴影模糊路径
            context.fillRect(0, 0, 100, 50);            //绘制矩形
        }
    }
}
</script>
```

上述代码首先获取页面中的 canvas 元素，接着获取上下文对象，通过 fillStyle 属性和
fillRect()方法绘制一个宽度为 600 像素、高度为 300 像素的矩形，绘制完毕后将其进行平移。
然后通过 for 语句进行循环，依次进行缩放、平移和旋转操作，并且设置图形的阴影颜色和
模糊路径，最后调用 fillRect()方法循环绘制宽度为 100 像素、高度为 50 像素的矩形。

(3) 在浏览器中运行上述代码查看绘制的最终图形，如图 5-11 所示。

图 5-11　绘制复杂图形效果

 技巧

读者可以尝试修改 for 语句中缩放、平移和缩放的执行顺序，将前面列出的 6 种顺序一一进行演示，这时可以发现(平移、旋转、缩放)与(平移、缩放、旋转)效果一样，(缩放、旋转、平移)与(旋转、缩放、平移)效果一样。

5.4.2　矩阵变换

矩阵变换其实是画布内实现平移、缩放和旋转的一种机制，它的主要原理是矩阵相乘。矩阵变换最常用的一种方法就是使用 transform()方法，该方法的语法格式如下：

```
context.transform(a,b,c,d,e,f);
```

从上述语法可以看出，transform()方法有 6 个参数：a 和 b 分别表示水平缩放绘制和水平倾斜绘制；c 和 d 分别表示垂直倾斜绘制和垂直缩放绘制；e 和 f 分别表示水平移动绘制和垂直移动绘制。

使用 transform()方法时，画布上的每个对象都拥有一个当前的变换矩阵，该方法替换当前的变换矩阵。可以使用下面描述的矩阵来操作当前的变换矩阵：

```
a   c   e
b   d   f
0   0   1
```

使用 context.transform(1，0，0，1，x，y)或 context.transform(0，1，1，0，x，y)方法可代替 translate(x，y)方法实现平移。在 transform()方法实现平移时，前 4 个参数表示不对图形进行操作，x 和 y 的设置分别表示将原点坐标向右移动 x 个像素，并向下移动 y 个像素。

使用 context.transform(x，0，0，y，0，0)或 context.transform(0，y，x，0，0，0)方法可代替 scale(x,y)方法。在 transform()方法实现缩放时，前面 4 个参数表示将图形横向扩大或缩小 x 倍，纵向扩大或缩小 y 倍，最后两个参数表示坐标原点不移动。

使用 transform()方法实现旋转要比实现平移和缩放复杂，它可以通过两种
设置方式进行实现。

图形变换
矩阵.mp4

▶　第一种方式实现旋转，代码如下：

```
context.transform(
                Math.cos(angle*Math.PI/180),
                Math.sin(angle*Math.PI/180),
                -Math.sin(angle*Math.PI/180),
                Math.cos(angle*Math.PI/180),
                0,0);
```

▶　第二种方式实现旋转，代码如下：

```
context.transform(
                -Math.sin(angle*Math.PI/180),
                Math.cos(angle*Math.PI/180),
                Math.cos(angle*Math.PI/180),
                Math.sin(angle*Math.PI/180),
                0,0);
```

在上述两种方式的代码中，前 4 个参数利用三角函数完成旋转，angle 参数表示按照顺
时针旋转的角度，最后两个参数指定为 0，表示原点坐标不发生改变。

【实例 5-12】

代码创建变换
矩阵.mp4

首先绘制一个宽度为 250 像素、高度为 100 像素、填充颜色为黄色的矩形。
接着通过 transform()方法添加一个变换矩阵后，再绘制一个矩形，然后添加一
个新的变换矩阵后继续绘制矩形。在这个过程中，每次调用 transform()方法都
会在前一个变换矩阵上构建新图形。实例的 JavaScript 代码如下：

```
window.onload = function(){
      var canvas = document.getElementById("MyCanvas");
      if(canvas.getContext){
            var context = canvas.getContext("2d");               //创建上下文对象
            context.fillStyle="yellow";                          //填充颜色为黄色
            context.fillRect(0,0,250,100)                        //绘制矩形
            context.transform(1,0.5,-0.5,1,30,10);               //变换矩阵
            context.fillStyle="red";                             //填充颜色为红色
            context.fillRect(0,0,250,100);                       //绘制矩形
            context.transform(1,0.5,-0.5,1,30,10);               //变换矩阵
            context.fillStyle="blue";                            //填充颜色为蓝色
            context.fillRect(0,0,250,100);                       //绘制矩形
      }
}
```

上述代码运行后的最终图形如图 5-12 所示。使用 transform()方法后，接着要绘制的图
形都会按照移动后的原点坐标与新的变换矩阵相结合的方法进行重置。必要时可以使用
setTransform()方法将变换矩阵进行重置，该方法的语法格式如下：

```
context.setTransform(a,b,c,d,e,f);
```

setTransform()方法 6 个参数的含义与 transform()方法一致。简单来说，setTransform()

方法允许开发者缩放、旋转、平移并倾斜当前的画布环境，该变换只会影响 setTransform()
方法调用之后的绘图。

【实例 5-13】

绘制一个矩形后通过 setTransform()方法重置并创建新的变换矩阵，接着绘制第二个矩
形并创建新的变换矩阵，然后再绘制第三个矩形。JavaScript 实现代码如下：

```
window.onload = function(){
    var canvas = document.getElementById("MyCanvas");
    if(canvas.getContext){
        var context = canvas.getContext("2d");
        context.fillStyle="yellow";                    //填充颜色为黄色
        context.fillRect(0,0,250,100)                  //绘制矩形
        context.setTransform(1,0.5,-0.5,1,30,10);      //重置变换矩阵
        context.fillStyle="red";                       //填充颜色为红色
        context.fillRect(0,0,250,100);                 //绘制矩形
        context.setTransform(1,0.5,-0.5,1,30,10);      //重置变换矩阵
        context.fillStyle="blue";                      //填充颜色为蓝色
        context.fillRect(0,0,250,100);                 //绘制矩形
    }
}
```

上述代码在每次调用 setTransform()时都会重置前一个变换矩阵，然后再构建新的矩阵。
因此在本示例中不会显示红色矩形，因为它在蓝色矩形下面，最终图形如图 5-13 所示。

图 5-12　矩阵变换效果 1

图 5-13　矩阵变换效果 2

5.4.3　组合图形

在前面的示例中，使用上下文对象可以将一个图形重叠绘制在另一个图形
上面，但是图形中能够被看到的部分完全取决于以哪种方式进行组合，这时需
要使用图形组合技术。图形组合时，涉及两个属性：globalAlpha 和
globalCompositeOperation。

组合图形.mp4

1. globalAlpha 属性

globalAlpha 属性用于设置或者返回绘图的当前透明值，该属性值必须是介于 0.0(完全透明)与 1.0(不透明)之间的数字。使用示例如下：

```
context.globalAlpha=1;          //设置为不透明
context.globalAlpha=0.5;        //设置为半透明
```

2. globalCompositeOperation 属性

globalCompositeOperation 属性用于设置或者返回如何将一个源(新的)图形绘制到目标(已有)的图形上。其中，源图形是指将要绘制的新图形，目标图形是指已经放置在画布上的图形。该属性的值是一个枚举值，可选值及说明如表 5-2 所示。

表 5-2　globalCompositeOperation 属性的取值

属性取值	说　明
source-over	默认设置，表示新图形会覆盖在原有图形之上
destination-over	会在原有图形之上绘制新图形
source-in	新图形会仅仅出现与原有图形相重叠的部分，其他区域都变成透明的
destination-in	原有图形中与新图形重叠的部分会被保留，其他区域都变成透明的
source-out	只有新图形中与原有内容不重叠的部分会被绘制出来
destination-out	原有图形中与新图形不重叠的部分会被保留
source-atop	只绘制新图形中与原有图形重叠的部分和未被重叠覆盖的原有图形，新图形的其他部分变成透明
destination-atop	只绘制原有图形中被新图形重叠覆盖的部分与新图形的其他部分，原有图形中的其他部分变成透明，不绘制新图形中与原有图形相重叠的部分
lighter	两图形中重叠部分做加色处理
darker	两图形中重叠部分做减色处理
xor	重叠的部分会变成透明
copy	只有新图形会被保留，其他都被清除掉

【实例 5-14】

下面通过一个简单的案例实现组合多个图形的效果。本案例通过循环设置 globalCompositeOperation 属性的值实现组合图形的多个效果。其具体步骤如下。

(1) 添加新的 HTML 页面，在页面的合适位置添加 11 个宽度为 100 像素、高度为 100 像素的 canvas 元素，它们用来显示组合图形的多个效果。页面的主要代码如下：

```
<body onLoad="draw()">
    <canvas height=100 width=100 id="canvas1"></canvas>
    <canvas height=100 width=100 id="canvas2"></canvas>
    /* 省略其他 canvas 元素的设置 */
</body>
```

(2) 页面加载时调用 JavaScript 脚本中的 draw()函数，该函数的具体代码如下：

```
function draw()
{
    var oprtns=new Array("source-atop","source-in","source-out","source-over","destination-atop",
                "destination-in","destination-out","destination-over","lighter","copy",
                "darker","xor");
    for(var i=0;i<12;i++)
    {
        var canvas = document.getElementById("canvas"+(i+1));
        if(canvas && canvas.getContext)
        {
            var context=canvas.getContext("2d");
            context.fillStyle="#FFFFFF";
            context.fillRect(10,10,60,60);
            context.globalCompositeOperation=oprtns[i];
            context.beginPath();
            context.fillStyle="red";
            context.arc(60,60,30,0,Math.PI*2,false);
            context.fill();
        }
    }
}
```

上述代码中首先声明了一个数组变量保存 type 属性的所有值，然后通过 for 语句显示 canvas 元素的组合效果图。在 for 语句中，首先调用 fillRect()函数绘制填充颜色为白色的正方形，接着指定 globalCompositeOperation 属性的值，然后调用 arc()函数绘制填充颜色为红色的圆形。

(3) 运行本示例的代码，页面的最终运行效果如图 5-14 所示。

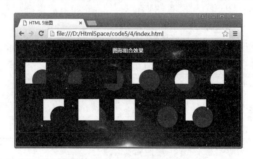

图 5-14   图形组合的运行效果

5.4.4 线性渐变

线性渐变是沿着一根轴线(水平或者垂直)改变颜色，从起点到终点颜色进行顺序渐变(从一边拉向另一边)。上下文对象提供 createLinearGradient()方法创建线性的渐变对象，渐变可用于填充矩形、圆形、线条和文本等。createLinearGradient()方法的语法格式如下：

图形线性渐变.mp4

```
context.createLinearGradient(x0,y0,x1,y1);
```

在上述语法中需要传入 4 个参数。其中，x0 和 y0 表示渐变开始点的 x 坐标和 y 坐标；x1 和 y1 表示渐变结束点的 x 坐标和 y 坐标。

createLinearGradient()方法只是创建了一个使用两个坐标点的 LinearGradient 对象。如果要设置渐变的颜色，则需要通过 addColorStop()方法，该方法用于指定渐变对象中的颜色和位置。addColorStop()方法的语法格式如下：

```
gradient.addColorStop(stop,color);
```

addColorStop()方法需要传入两个参数：stop 参数指定颜色离开渐变起始点的偏移量，它的值位于 0 与 1 之间；color 参数指定结束位置显示的 CSS 颜色值。图 5-15 使用示意图的方式来描述偏移量的含义，0 表示起始点，1 表示结束点。

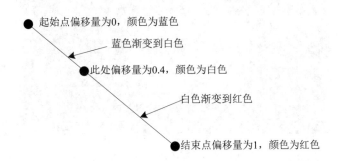

图 5-15　addColorStop()方法中 stop 参数含义示意图

技巧

可以多次调用 addColorStop()方法来改变渐变。如果不对渐变对象使用 addColorStop()方法，那么渐变将不可见。因此，为了获得可见的渐变，至少需要创建一个渐变。

【实例 5-15】

本示例将 createLinearGradient()方法和 addColorStop()方法结合起来实现颜色依次从红色到橙色、黄色、绿色、青色、蓝色到紫色的渐变。

创建一个示例，使用彩虹的 7 种颜色生成一个线性渐变并绘制到矩形上。实现步骤如下。

(1) 向 HTML 页面中添加宽度为 600 像素、高度为 200 像素的 canvas 元素。

(2) 向画布中绘制颜色的线性渐变，实现多种颜色过渡。代码如下：

```
window.onload = function(){
      var canvas = document.getElementById("canvas1");
      var context = canvas.getContext("2d");
      context.lineWidth = 2;                      //指定边框的宽度为 2
      context.strokeStyle = "#FFFFFF";            //边框颜色
      context.strokeRect(10,10,550,180);          //绘制矩形
      var gradient=context.createLinearGradient(0,0,550,0);       //创建 LinearGradient 对象
      gradient.addColorStop(0,"#FF0000");         //红色
      gradient.addColorStop("0.2","#FF7F00");     //橙色
      gradient.addColorStop("0.4","#FFFF00");     //黄色
      gradient.addColorStop("0.5","#00FF00");     //绿色
      gradient.addColorStop("0.7","#00FFFF");     //青色
      gradient.addColorStop("0.9","#0000FF");     //蓝色
```

```
        gradient.addColorStop(1,"#8B00FF");              //紫色
        context.fillStyle=gradient;                      //将填充颜色设置为渐变
        context.fillRect(10,10,550,180);                 //使用渐变绘制矩形
}
```

（3）在浏览器中运行上述代码，最终渐变效果如图 5-16 所示。

图 5-16　线性渐变的效果

5.4.5　径向渐变

与线性渐变不同，径向渐变是指以圆心沿着圆形的半径方向向外进行扩散的渐变方式，如绘制太阳时沿着太阳的半径方向向外扩散出去的光晕就是径向渐变。

图形径向渐变.mp4

径向渐变需要通过 createRadialGradient()函数创建 RadialGradient 对象，该函数的语法格式如下：

```
context.createRadialGradient(xStart,yStart,radiusStart,xEnd,yEnd,radiusEnd);
```

上述语法中包含 6 个参数，xStart 参数和 yStart 参数分别表示渐变开始时圆的圆心横坐标和纵坐标；radiusStart 参数表示开始圆的半径；xEnd 参数和 yEnd 参数分别表示渐变结束时圆心的横坐标和纵坐标；radiusEnd 参数表示结束圆的半径。

径向渐变设定颜色时与线性渐变相同，需要使用 RadialGradient 对象的 addColorStop()函数进行设定，同样需要设定 0 到 1 之间的浮点数作为渐变转折点的偏移量。

【实例 5-16】

创建一个示例，先调用 createRadialGradient()函数创建径向渐变对象，再使用 fillStyle 属性、arc()函数及 addColorStop()函数等实现绘制径向渐变的效果。实现步骤如下。

（1）向 HTML 页面中添加宽度为 600 像素、高度为 200 像素的 canvas 元素。

（2）页面加载时调用 draw()函数，该函数会实现绘制径向渐变的效果。具体代码如下所示：

```
function draw()
{
        var canvas = document.getElementById("canvas");        //获取 canvas 元素
        var context = canvas.getContext("2d");                 //创建画布
```

```
context.lineWidth = 2;                                      //指定边框的宽度为 2
context.strokeStyle = "#FFFFFF";                            //边框颜色
context.strokeRect(10,10,550,180);                         //绘制矩形
var g1 = context.createRadialGradient(400, 0, 0, 400, 0, 400);  //创建 RadialGradient 对象
g1.addColorStop(0.1, "rgb(255, 255, 0)");                  //设置渐变颜色
g1.addColorStop(0.3, "rgb(0, 255, 255)");
g1.addColorStop(0.5, "rgb(45, 125, 255)");
g1.addColorStop(1, "rgb(255, 0, 255)");
context.fillStyle = g1;
context.fillRect(10, 10, 550, 180);                        //绘制矩形
var n = 0;
var g2 = context.createRadialGradient(250, 250, 0, 250, 250, 300);  //创建 RadialGradient 对象
g2.addColorStop(0.1, "rgba(43, 255, 243, 0.3)");           //设置渐变颜色
g2.addColorStop(0.7, "rgba(255, 255, 0, 0.5)");
g2.addColorStop(1, "rgba(0, 0, 255, 0.8)");
for(var i = 0; i < 10; i++)                                //遍历显示圆形
{
    context.beginPath();                                   //创建绘制路径
    context.fillStyle = g2;                                //设置样式
    context.arc(i * 25, i * 25, i * 10, 0, Math.PI * 2, true);  //绘制圆形路径
    context.closePath();                                   //关闭路径
    context.fill();
}
}
```

上述代码中首先通过 context 对象的 createRadialGradient()函数创建两个 RadialGradient 对象，然后分别调用该对象的 addColorStop()函数设置渐变颜色；在 g2 对象中，addColorStop() 函数指定渐变颜色时，0.3、0.5 和 0.8 分别表示其透明度。for 语句用于循环绘制圆形，在该语句中，beginPath()函数创建开始的路径，fillStyle 的属性值设置为 g2 对象，arc()函数绘制圆形。

(3) 运行本示例的代码进行测试，页面的最终效果如图 5-17 所示。

图 5-17　绘制径向渐变的效果

5.5　使用图像

HTML 5 中不仅可以使用 canvas API 绘制图形，还可以读取磁盘或网络中的图像文件，然后将图像绘制在画布中。下面详细介绍使用图像的相关操作，像绘制图像和平铺图像，等等。

▌5.5.1 绘制图像

在 HTML 5 中绘制图像需要使用 drawImage()函数。使用该函数可以绘制图片的某一部分，添加或者减少图片的尺寸。drawImage()函数有三种语法格式，下面依次介绍。

绘制图像.mp4

1. drawImage(image,dx,dy)

这是最常用的一种格式，需要传入 3 个参数：第一个参数是指 image 对象，它不仅指向一个 img 元素，还可以是 video 元素或者 JavaScript 中的 image 对象；第二个参数是指目标 x 坐标，即在画布绘制时的横坐标；第三个参数是指目标 y 坐标，即在画布绘制时的纵坐标。

【实例 5-17】

下面通过一个具体的实例演示 drawImage(image,dx,dy)的使用。步骤如下。

(1) 向页面中添加一张图片和一个 canvas 元素。代码如下：

```
<img src="images/fox.jpg " id="img" style="border:2px solid #FFF;height:150px;width:150px" />
<canvas id="canvas1" style="border:2px solid #FFF;height:150px;width:150px"></canvas>
```

(2) 添加 JavaScript 脚本代码，直接调用 drawImage(image,dx,dy)方法绘制图片，指定绘制图片时的起始点的坐标的(0，0)。代码如下：

```
window.onload = function(){
    var canvas = document.getElementById("canvas1");
    if(canvas.getContext){
        var context = canvas.getContext("2d");
        var image=document.getElementById("img");
        context.drawImage(image,0,0);
    }
}
```

(3) 在浏览器中运行上述代码查看绘图效果，如图 5-18 所示。

试一试

通过这种形式绘制图像时，如果图片的高度小于或等于画布的高度，那么绘制的图片正常显示。如果图片的高度大于画布的高度，即画布高度不够，那么将会绘制图片的一部分，效果如图 5-19 所示。

图 5-18 显示普通图像效果

图 5-19 源图大于画布宽度效果

📖 2．drawImage(img,dx,dy,width,height)

与上一种方式相比，这种方式多出了两个参数，width 和 height 分别表示绘制时图像的宽度和高度。例如，更改实例 5-17 中的代码，指定绘制图片时的宽度和高度都为 150 像素。代码如下：

```
context.drawImage(image,0,0,150,150);
```

重新刷新浏览器查看效果，如图 5-20 所示。与图 5-19 对比可以发现，由于在绘制时指定了图片的宽度和高度，因此，即使原图尺寸大于画布也不会出现裁剪的效果。

📖 3．drawImage(img,sx,sy,swidth,sheight,dx,dy,width,height)

使用这种格式可以剪切图像，并在画布上定位被剪切的部分。该语法有 9 个参数，其中：img 指定要使用的图像、画布或者视频；sx 和 sy 表示开始剪切时 x 坐标和 y 坐标的位置；swidth 和 sheight 表示被剪切图片的宽度和高度；dx 和 dy 分别表示在画布上放置图片的 x 坐标和 y 坐标的位置；width 和 height 是可选参数，指要使用的图片的宽度和高度(伸展或者缩小图片)。

例如，继续在实例 5-17 的基础上更改内容。代码如下：

```
context.drawImage(image,0,0,150,150,0,0,150,250);
```

重新刷新浏览器查看效果，如图 5-21 所示。

图 5-20　指定图片的宽度和高度效果　　　　图 5-21　剪切效果

5.5.2　平铺图像

绘制图像时非常重要的一个技术是图像平铺技术，图像平铺即按照一定的比例缩小图像并将画布铺满。图像平铺功能的实现有两种方式：使用上下文对象的 drawImage()函数或者 createPattern()函数。createPattern()函数的语法格式如下：

平铺图像.mp4

```
context.createPattern(image,type);
```

上述语法中有两个参数，image 表示要平铺的图像，type 表示平铺的类型。type 参数有如下取值。

- ▶ repeat-x：横方向平铺。
- ▶ repeat-y：纵方向平铺。

> ► no-repeat：不平铺。
>
> ► repeat：全方向平铺。

使用 createPattern()函数实现平铺图像功能要比使用 drawImage()函数简单得多，只需要几个简单的步骤轻松完成即可。其主要步骤如下。

(1) 创建 image 对象并指定图像文件后，使用 createPattern()函数创建填充样式。

(2) 将样式指定给图形上下文对象的 fillStyle 属性。

(3) 填充画布。

【实例 5-18】

创建一个示例，在画布上分别使用 drawImage()函数和 createPattern()函数实现图像的平铺。实现步骤如下。

(1) 创建一个 HTML 5 页面，添加一个宽度 600 像素、高 200 像素、id 为 canvas1 的画布。

(2) 编写代码调用 drawImage()函数实现图像平铺的效果。实现代码如下：

```javascript
window.onload = function(){
    var canvas = document.getElementById("canvas1");
    var context = canvas.getContext("2d");
    var img = new Image();                      //创建 img 对象
    img.src="images/xy_bg1.png";                //要平铺图片的路径
    img.onload = function(){
    var scale = 1.5;                            //平铺比例
    var n1 = img.width/scale;                   //缩小后图像宽度
    var n2 = img.height/scale;                  //缩小后图像高度
    var n3 = canvas.width/n1;                   //平铺横向个数
    var n4 = canvas.height/n2;                  //平铺纵向个数
    for(var i=0;i<n3;i++)
        for(var j=0;j<n4;j++)
            context.drawImage(img,i*n1,j*n2,n1,n2);
    }
}
```

上述代码将会按 img 指定图像的 1.5 倍在画布上平铺，平铺效果如图 5-22 所示。

(3) 编写代码，调用 createPattern()函数实现图像平铺的效果。实现代码如下：

```javascript
window.onload = function(){
    var canvas = document.getElementById("canvas1");
    var context = canvas.getContext("2d");
    var img = new Image();                          //创建 img 对象
    img.src="images/xy_bg1.png";                    //要平铺图片的路径
    img.onload = function(){
        var pattern = context.createPattern(img,"repeat"); //设置平铺方式
        context.fillStyle=pattern;                  //指定 fillStyle 属性
        context.fillRect(0,0,600,200);              //填充画布
    }
}
```

上述代码调用 createPattern()函数时指定了 repeat 值，因此会在画布上按水平和垂直两个方向对 img 元素进行平铺，效果如图 5-23 所示。

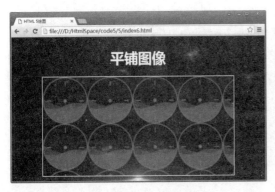

图 5-22　drawImage()函数平铺效果

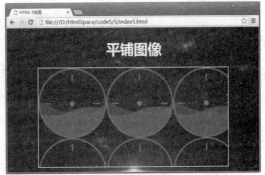

图 5-23　createPattern()函数平铺效果

5.5.3　裁剪和复制图像

裁剪图像是指在画布内使用路径时只绘制该路径所包括区域内的图像，而不绘制路径外部的图像。上下文对象中的 clip()函数实现了图像的裁剪功能，该函数会使用路径在画布中设置一个裁剪区域，因此必须先创建好路径，然后调用 clip()函数完成裁剪。

图像的裁剪和
复制.mp4

在前文介绍了 drawImage()函数有 3 种形式，如果使用该函数时传递 9 个参数可以实现图像复制的功能，该功能也可以看作是变相实现了图像裁剪的功能。

【实例 5-19】

创建一个示例，演示如何使用 clip()函数和 drawImage()函数实现图像的裁剪和复制功能。

(1)　创建一个 HTML 5 页面。在页面合适位置添加一个 img 显示原图，以及两个 canvas 元素分别显示裁剪和复制后的效果。代码如下所示：

```
<img src="images/bg.jpg" style="border:2px solid #F00;height:300px;width:300px;vertical-align: baseline;"/>
<canvas id="canvas1" style="border:2px solid #F00;height:300px;width:300px"></canvas>
<canvas id="canvas2" style="border:2px solid #F00;height:300px;width:300px"></canvas>
```

(2)　在 canvas1 中显示裁剪后图像效果，裁剪代码如下：

```
var canvas1 = document.getElementById("canvas1");
var context1 = canvas1.getContext("2d");
var img=new Image();                              //创建 img 对象
img.src="images/bg.jpg";                          //设置图像路径
img.onload = function(){
    context1.beginPath();                         //开始绘制路径
    context1.arc(150,75,100,0,Math.PI*2,true);    //绘制圆形
    context1.save();
    context1.closePath();                         //结束绘制路径
    context1.clip();                              //切割选中的圆形区域
    context1.stroke();                            //填充切割的路径
    context1.drawImage(img,0,0,300,300);          //被切割的图像
    context1.restore();
```

```
        }
```

上述代码中首先创建 image 对象，然后调用 arc()函数绘制圆形，接着调用 clip()函数进行图像裁剪，由 drawImage()函数绘制裁剪后的图像。

（3）在 canvas2 中显示复制后的图像效果，裁剪代码如下：

```
var canvas2 = document.getElementById("canvas2");
var context2 = canvas2.getContext("2d");
var img = new Image();
img.src = "images/bg.jpg";
img.onload = function () {
    context2.drawImage(img, 50, 150, 300, 300,0,0,300,300);
}
```

上述代码中首先创建 image 对象 img 并且指定该对象的 src 属性，然后在 img 对象的onload 事件中调用 drawImage()函数，且向该函数中传入 9 个参数，直接实现图像复制(或裁剪)的效果。

（4）运行页面会看到 3 个图像，分别是原图、裁剪效果和复制效果，如图 5-24 所示。

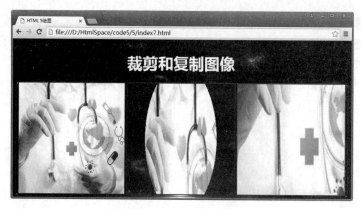

图 5-24　裁剪和复制图像效果

5.6　综合应用实例：制作图片黑白和反转效果

在网页中对图像进行颜色的转换很重要，同一个图像不同的颜色在网页中相同的位置所起到的效果是不一样的。本案例通过对彩色图片实现黑白和反转效果来讲解如何对图像的颜色进行处理。

黑白效果很容易理解，这里不作介绍。假设，图片上某一点像素颜色是 RGBA(255，0，100，255)，取反后该像素的 RGBA 变为(0，255，155，255)；注意，透明度 Alpha 是不变的。这就是反转效果。

无论是黑白效果还是反转效果，都需要使用上下文对象的 putImageData()函数和getImageData()函数。

- ▶ getImageData(x,y,w,h)函数：该函数用于获取图形的像素数据。其中，x 参数为横轴坐标，y 参数为纵轴坐标，w 参数为所选区域的宽度，h 参数为所选区域的高度。
- ▶ putImageData(img,x,y)函数：该函数用于修改图像的像素数据。其中，img 参数为需要重新绘制的图像，x 参数为新图像的横轴起始坐标，y 参数为新图像的纵轴起始坐标。

了解这两个函数的作用及语法之后，下面开始实现案例。主要步骤如下。

(1)　创建一个 HTML 5 页面，在合适位置添加 img 元素显示未处理前的原图效果，以及两个 canvas 元素分别应用黑白效果和反转效果。代码如下所示：

```
<img src="images/timg.jpg" id="img" style="border:2px solid #FFF;vertical-align: baseline;height:300px;width:300px" />
<canvas id="canvas1" style="border:2px solid #FFF;height:300px;width:300px"></canvas>
<canvas id="canvas2" style="border:2px solid #FFF;height:300px;width:300px"></canvas>
```

(2)　编写代码，实现在画布 canvas1 上显示黑白效果，代码如下：

```
window.onload = function(){
    var canvas1 = document.getElementById("canvas1");
    var picWidth = 300;                          //图像宽度
    var picHeight = 300;                         //图像高度
    var picLength = picWidth * picHeight;
    var myImage = new Image();
    var ctx1 = canvas1.getContext("2d");
    myImage.src = "images/timg.jpg";            //指定图像的路径
    myImage.onload = function() {
        ctx1.drawImage(myImage, 0, 0,300,300);
        getColorData();                         //获取图像的数据
        putColorData();                         //修改图像的数据
    }
    function getColorData() {
        myImage = ctx1.getImageData(0, 0,300,300);
        for (var i = 0; i < picLength * 4; i += 4) {
            var myRed = myImage.data[i];
            var myGreen = myImage.data[i + 1];
            var myBlue = myImage.data[i + 2];
            myGray = parseInt((myRed + myGreen + myBlue) / 3);
            myImage.data[i] =myGray;
            myImage.data[i + 1]=myGray;
            myImage.data[i + 2] =myGray;
        }
    }
    function putColorData() {
        ctx1.putImageData(myImage,0,0);
    }
}
```

(3)　编写代码，实现在画布 canvas2 上显示反转效果，代码如下：

```
var canvas2 = document.getElementById("canvas2");
var ctx2 = canvas2.getContext("2d");
var img = new Image();
img.src = "images/timg.jpg";
img.onload = function(){
    ctx2.drawImage(img, 0, 0,300,300);
    var imgData=ctx2.getImageData(0,0,300,300);
    for (i=0; i<imgData.width*imgData.height*4;i+=4)
        {
```

```
                imgData.data[i]=255-imgData.data[i];
                imgData.data[i+1]=255-imgData.data[i+1];
                imgData.data[i+2]=255-imgData.data[i+2];
                imgData.data[i+3]=255;
                }
            ctx2.putImageData(imgData,0,0);
        }
```

（4）保存上述步骤对文档的修改，在浏览器中查看效果，如图 5-25 所示。在这里要注意，出于安全的考虑，HTML 5 禁止跨域对 canvas 进行修改，因此本案例需要在 Web 服务器环境下运行。

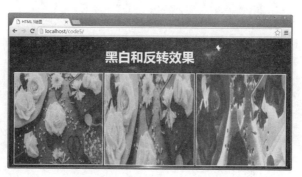

图 5-25　黑白和反转效果

本章小结

HTML 5 新增了画布元素——canvas，它为在 Web 页面上处理图片提供了基础。在该基础上，HTML 5 封装了一系列的图形处理和绘制 API。本章则详细介绍了这些 API，主要包括：绘制简单图形，图形组合，绘制文本，图形变换以及使用图像等。

习　题

一、填空题

1. HTML 5 获取上下文对象需要调用_____函数。
2. 使用_____函数可以绘制圆形。
3. 要保存图形时，需要调用_____函数。
4. 绘制矩形边框的是_____函数。
5. 绘制文本时，可以通过设置_____属性设置字体。
6. 将图形进行平移，需要调用_____函数。

二、选择题

1. _____函数可以将图形以 base64 位方式输出到浏览器中。

    A. toDataURL()　　　　B. strokeRect()　　C. fillRect()　　　　　　D. drawImage()

2. 绘制图形完毕后，可以调用_____方法关闭路径。

    A. startPath()　　　　　B. clip()　　　　　C. beginPath()　　　　　D. closePath()

3. 通过调用_____属性可以设置阴影的模糊程度。

    A. shadowColor　　　　B. shadowBlur　　　　C. shadowOffsetX　　　　D. shadowOffsetY

4. 在 HTML 5 中，下列 drawImage()方法的参数正确的是_____。

    A. drawImage (x)　　　　　　　　　　B. drawImage (x,y)

    C. drawImage(image,dx,dy)　　　　　D. drawImage(image)

5. 以填充的方式绘制文字时，需要调用_____函数。

    A. fillRect()　　　　　B. Text()　　　　　C. fillText()　　　　　D. strokeText()

6. 绘制线性渐变和径向渐变时，都需要调用_____函数追加颜色的渐变效果。

    A. createLinearGradient()　　　　　　B. createRadialGradient()

    C. addColorStop()　　　　　　　　　　D. createColorStop()

7. 平移一个坐标需要用到下列_____方法。

    A. translate()　　　　　B. scale()　　　　　C. rotate()　　　　　D. fillRect()

三、编程题

练习 1：绘制复杂图形

利用本章介绍的知识绘制一个比较复杂的图形，该图形的最终效果如图 5-26 所示。下面给出了所用到的数学运算代码：

```
var x = Math.sin(0);
var y = Math.cos(0);
var dig = Math.PI / 15 * 11;
for (var i = 0; i < 30; i++) {
    var x = Math.sin(i * dig);
    var y = Math.cos(i * dig);
    context.lineTo(dx + x * s, dy + y * s);
}
```

练习 2：裁剪图像

利用 drawImage()方法实现图像的平铺和裁剪功能。最终效果如图 5-27 所示，其中左边是图片的原始效果，右侧是裁剪后的效果。

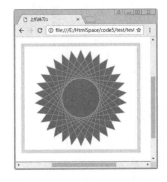

图 5-26　复杂图形效果

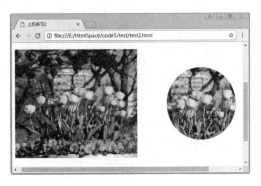

图 5-27　裁剪图像效果

第6章

HTML 5 数据存储

在传统的 HTML 时代，浏览器只是一个简单的"界面呈现工具"：浏览器负责向远程服务器发送请求，并读取服务器响应的 HTML 文档，再"呈现"HTML 文档。其中是如何更好地在客户端存储数据，一直是开发者感觉比较棘手的问题。

HTML 5 的出现改变了这种局面。HTML 5 增加了全新的数据存储方式来代替原来的 Cookie 方案，可以临时或者永久将数据存储在客户端而无须与服务器交互，极大地减轻了服务端的压力，加快了页面浏览的速度。本章将详细介绍 HTML 5 中的这种数据存储方式及其使用方法和技巧。

📖 学习要点

▶ sessionStorage 对象。
▶ localStorage 对象。

📖 学习目标

▶ 掌握本地数据库的基本操作。
▶ 掌握 localStorage 对象读写数据方法。

6.1　认识 Web 存储和 Cookie 存储

在 HTML 4 中通常使用 Cookie 存储机制，但是由于 Cookie 有限制保存数据空间大小、数据保密性差、代码操作复杂等缺点，已经完全无法满足如今开发者的需求。

大家知道，Web 存储和 Cookie 存储都是用来储存客户端数据的。Cookie 是最简单的用来存储客户端数据的一种方式。它需要指定作用域，不可以跨域使用。它的优点在于，可以允许用户在登录网站时记住用户输入的用户名和密码，这样在下一次登录时就不需要再次输入了，达到自动登录的效果。

Web 存储的概念和 Cookie 相似，但它们还是有区别的。主要区别有如下几点。

1. 储存大小不同

Cookie 的大小是受到限制的，并且每次用户请求一个新的页面的时候 Cookie 都会被发送过去，这样无形中造成资源浪费。而 Web 存储中每个域的存储大小默认是 5MB，比起 Cookie 的 4KB 要大得多。

2. 自身方法不同

Web 存储拥有 getItem()、setItem()、removeItem()、clear()等方法，Cookie 需要前端开发者自己封装 Cookie 的读取和写入方法。

3. 存储有效时间不同

Cookie 的失效时间用户可以自动设置，它的失效时间可长可短；但是 Web 存储中 localStorage 对象只要不手动删除，它的存储时间就永远不会失效。

4. 作用范围不同

Cookie 的作用是与服务器交互，作为 HTTP 规范一部分而存在，而 Web 存储仅仅是为本地存储数据而服务的。

任何事物都有两面性，就像 Web 存储和 Cookie 存储。它们自身有优点也有缺陷，Cookie 存储不能替代 Web 存储，同样 Web 存储更不能替代 Cookie 存储。

 注意

Web 存储的数据取决于浏览器，并且每个浏览器数据都是独立的。如果用户使用 Opera 浏览器访问网站，那么所有的数据都存储在 Opera 浏览器的 Web 存储库中。如果用户使用 Chrome 浏览器再次访问该站点，将不能够使用通过 Opera 浏览器存储的数据。

6.2　两大 Web 存储对象

HTML 5 规范定义了一种更好的方式在客户端存储数据。根据时效性，可以将数据分为会话数据和永久数据两种类型，分别对应于 sessionStorage 对象和 localStorage 对象。

6.2.1　sessionStorage 对象

sessionStorage 对象主要是针对一个 session(用户会话)的数据存储。当用户关闭浏览器窗口，数据就会被删除。它适用于存储短期的数据，在同域中无法共享，并且在用户关闭窗口后数据将清除。

实现用户
计数器.mp4

在使用 sessionStorage 对象前，应先检查浏览器是否支持该对象。检测代码如下所示：

```
if( typeof(Storag e)!=="undefined" )
{
    // 支持 sessionStorage 对象
} else {
    // 不支持 sessionStorage 对象
}
```

也可以通过如下示例实现检测：

```
if( !!window.sessionStorage )
{
    // 支持 sessionStorage 对象
} else {
    // 不支持 sessionStorage 对象
}
```

sessionStorage 对象使用"key:value"的键值对象来存储数据，该对象最常用的方法如下所示。

- ▶ setItem()：保存数据。
- ▶ getItem()：获取数据。
- ▶ removeItem()：删除数据。
- ▶ clear()：清除 localStorage 对象中所有的数据。
- ▶ key()：获取指定下标的键名称(如同 Array)。

【实例 6-1】

下面通过实现一个用户计数器来演示如何使用 sessionStorage 对象写入和读取数据。首先在页面添加显示计数器的 HTML 代码，在本示例中代码如下：

```
<p>当前页面访问量：  <span id="num"></span></p>
```

上述代码定义了一个 id 为 num 的 span 元素，它用于显示计数器的数字。调用 sessionStorage 对象的代码如下所示：

```
<script type="text/javascript">
if(supportSessionStorage()){                              //检测是否支持 sessionStorage 对象
    if (sessionStorage.pagecount)                         //判断是否第一次打开
    {
        var old_val = Number(sessionStorage.pagecount);  //获取当前的数字
        sessionStorage.pagecount= old_val+1;             //累加后进行保存
```

```
    }else{
        sessionStorage.pagecount=1;                    //设置初始值为 1
    }
    var num = document.getElementById('num');
    num.innerText = sessionStorage.pagecount;          //在页面显示最新的数字
}
</script>
```

在上述代码中，当访问该页面时首先调用函数 supportSessionStorage()检测浏览器是否支持 sessionStorage 对象。如果浏览器支持，再判断当前会话中是否存在 pagecount 属性，第一次加载时该属性不存在，使用初始值 1；以后每次加载时，都在原来基础上递增。最后将 pagecount 属性显示到页面上。

上述代码使用了 supportSessionStorage()函数，该函数用于判断当前的浏览器是否支持 sessionStorage 对象，具体实现代码如下所示：

```
function supportSessionStorage(){          //判断当前浏览器是否支持 sessionStorage 对象
    try{
        if(!!window.sessionStorage ) return window.sessionStorage;
    }catch(e){
        return undefined;
    }
}
```

在上述代码中，如果浏览器支持 sessionStorage 对象，那么全局对象 window 上会有一个 sessionStorage 属性，反之如果浏览器不支持该特性，那么该属性值为 undefined。

在支持 sessionStorage 对象的浏览器中打开页面，然后页面刷新几次会看到数字的变化，如图 6-1 所示。使用 Chrome 浏览器可以查看 sessionStorage 对象中存储的具体数据，方法是按 F12 键打开调试控制台，然后在 Resources 分类下展开 Session Storage 节点，即可查看当前会话中所有数据的键及对应的值。从图 6-2 中可以看到当前存在一个名为 pagecount 的键，对应的值是 8。

图 6-1 会话计数器效果

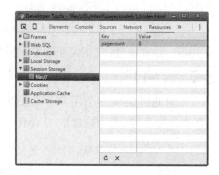

图 6-2 调试控制台

6.2.2 localStorage 对象

使用 sessionStorage 对象存储的数据只在用户的临时会话中有效，如果关闭浏览器，这些数据都将丢失。因此，如果需要长期在客户端保存数据，不

实现跨页
计数器.mp4

建议使用 sessionStorage 对象，而是使用 localStorage 对象。

localStorage 对象与 sessionStorage 对象具有相同的方法，两者的唯一区别就是 localStorage 对象可以将数据长期保存在客户端，除非手动将它清除。

 注意

尽管使用 localStorage 对象可以将数据长期保存在客户端，但在跨浏览器读取数据时，数据仍然不可共享。即每一个浏览器只能读取各自浏览器中保存的数据，不能访问其他浏览器中保存的数据。

【实例 6-2】

对实例 6-1 进行修改，使用 localStorage 对象来实现可以跨页面的计数器功能。核心代码如下所示：

```
if(supportlocalStorage()){                              //检测是否支持 localStorage 对象
    if (localStorage.pagecount)                         //判断是否第一次打开
    {
        var old_val = Number(localStorage.pagecount);   //获取当前的数字
        localStorage.pagecount= old_val+1;              //累加后进行保存
    }else{
        localStorage.pagecount=1;                       //设置初始值为 1
    }
    var num = document.getElementById('num');
    num.innerText = localStorage.pagecount;             //在页面显示最新的数字
}
```

supportlocalStorage()函数用于判断当前浏览器是否支持 localStorage 对象，它的实现可参考实例 6-1 中 supportSessionStorage()函数。打开多个浏览器窗口刷新页面，会发现计数器是连续变化的，这也说明数据是共享的，如图 6-3 所示。

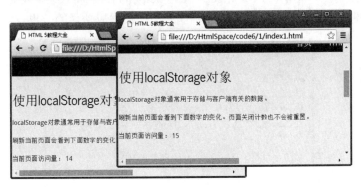

图 6-3　跨页面计数器效果

 提示

localStorage 对象存储的数据同样可以在 Chrome 浏览器的控制台查看，方法是在 Resources 分类下展开 LocalStorage 节点。

6.3 操作本地数据

localStorage 对象和 sessionStorage 对象提供了相同的方法来进行写入数据、读取数据以及清空数据等操作。本节以 localStorage 对象为例讲解具体操作数据的实现过程。

6.3.1 保存数据

保存数据最简单的方法就是调用 localStorage 对象的 setItem()方法。该方法的语法格式如下：

```
localStorage.setItem(key,value);
```

保存数据.mp4

其中，key 参数表示要保存数据的键名，value 参数表示要保存数据的值。在使用 setItem()方法保存数据时，对应格式为"键名，键值"。一旦键名设置成功，则不允许修改；如果有重复的键名，将用新的键值取代原有的键值。

【实例 6-3】

使用 localStorage 对象的 setItem()方法实现存储设备名称和设备型号，代码如下所示：

```
var localStorage = supportlocalStorage();
if(localStorage){
        localStorage.setItem("name","测试设备");              //存储设备名称
        localStorage.setItem("model","小米 2s");              //存储设备型号
}else{
        alert("浏览器不支持 localStorage 对象");
}
```

如上段代码所示，使用 localStorage 对象的 setItem()方法将设备名称以 name 键进行保存，以 model 键保存设备型号。如图 6-4 所示为保存数据成功后的效果。

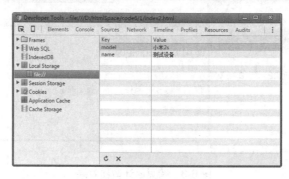

图 6-4　保存数据

setItem()方法还有两种简化的形式，同样是使用 name 键保存设备名称数据，等价代码如下：

```
localStorage.name = "测试设备";            //使用对象形式存储设备名称
localStorage["name"] = "测试设备";          //使用数组形式存储设备名称
```

如果用户存储数据的数量已经达到浏览器的上限，浏览器会抛出一个 QUOTA_EXCEEDED_ERR 异常。使用该异常的示例代码如下：

```
try
{
    localStorage.setItem("name","测试设备");          //存储设备名称
}catch(e){
    if(e == QUOTA_EXCEEDED_ERR){
        alert("数量超过浏览器上限，保存失败！");
    }
}
```

上段代码在保存数据时如果发生 QUOTA_EXCEEDED_ERR 异常，将会弹出对话框提示存储数量超过上限。

6.3.2　读取数据

使用 setItem()方法保存数据后，如果需要读取被保存的数据，可以调用 localStorage 对象中的 getItem()方法。该方法的语法格式如下：

```
localStorage.getItem(key)
```

读取数据.mp4

其中，key 参数表示要读取数据所对应的键名，该方法会返回一个 key 键名对应的键值，如果键名不存在则返回一个 null 值。

【实例 6-4】

创建一个实例，实现在系统后台的首页中显示用户在登录页面输入的账号。要实现这个功能，主要有两个步骤，第一步是在登录页面中保存数据；第二步是在系统后台首页中读取数据。

使用 localStorage 对象实现功能的主要步骤如下。

(1) 新建一个 HTML 5 页面。在页面中设计一个用于输入登录账号和密码的表单，本示例中使用的登录表单代码如下所示：

```
<form    action="mysuperscript.php" autocomplete="on">
    <h1>智能考勤系统</h1>
    <p>
        <label for="username" class="uname" data-icon="u" > 账号 </label>
        <input id="username" name="username" required="required" type="text" placeholder="用户名或
者邮箱"/>
    </p>
    <p>
        <label for="password" class="youpasswd" data-icon="p"> 密码 </label>
        <input id="password" name="password" required="required" type="password" placeholder="密码" />
    </p>
    <p class="keeplogin">
        <input type="checkbox" name="loginkeeping" id="loginkeeping" value="loginkeeping" />
        <label for="loginkeeping">记住</label>
    </p>
```

```
        <p class="login button">
        <input type="button" value="登录" onclick="btnlogin_click();"/>
    </p>
</form>
```

（2）从登录表单的代码中可以看出，单击【登录】按钮会执行 btnlogin_click()函数。该函数实现了在 localStorage 对象中保存账号的功能，实现代码如下所示：

```
function btnlogin_click(){
    var username=$$("username").value;            //获取账号文本框内容
    var password=$$("password").value;            //获取密码框内容

    var localStorage = supportlocalStorage();     //判断是否支持 localStorage 对象
    if(localStorage){
        localStorage.setItem("username",username);   //保存用户名
        localStorage.setItem("password",password);   //保存密码
        alert("登录成功");
    }else{
        alert("浏览器不支持 localStorage 对象");
    }
}
```

（3）打开系统后台页面，在合适位置添加一个 span 元素用于显示登录后的账号。本示例中的代码如下所示：

```
<span id="username"></span>
```

（4）调用 getItem()方法，从 localStorage 对象中读取数据并显示到页面。实现代码如下所示：

```
window.onload=function(){
    var localStorage = supportlocalStorage();       //判断是否支持 localStorage 对象
    var username = localStorage.getItem("username");  //获取 username 键对应的数据
    if(username==null)
    {
        alert("未登录，请返回登录页面。");
    }else{
        $$("username").innerText = username;        //显示到页面
    }
}
```

如果用户直接访问当前页面，由于 localStorage 对象中不存在键是 username 的数据，所以 getItem("username")会返回一个 null，此时提示"未登录，请返回登录页面。"。反之，如果不为 null，则将它显示到页面。

（5）运行登录页面，输入账号和密码，如图 6-5 所示。然后访问系统后台首页，查看显示效果，如图 6-6 所示。

getItem()方法也有两种简化的形式，同样是读取 username 键对应的数据，等价代码如下：

```
var username = localStorage.username;           //使用对象形式读取数据
var username = localStorage["username"];        //使用数组形式读取数据
```

图 6-5　登录页面

图 6-6　系统后台首页

6.3.3　清空数据

如果要删除某个键名对应的数据，只需调用 localStorage 对象的 removeItem()方法并传递一个键名即可。该方法的语法格式如下：

```
localStorage. removeItem(key);
```

如果要删除的数据比较多，使用 removeItem()方法逐条删除比较麻烦。此时，可以调用 localStorage 对象的 clear()方法，该方法的功能是清空全部 localStorage 对象保存的数据，其语法格式如下所示：

```
localStorage.clear();
```

例如，要删除实例 6-4 中保存的账号数据，实现代码如下所示：

```
var localStorage = supportlocalStorage();
localStorage.removeItem("username");
```

6.3.4　遍历数据

如果要查看 localStorage 对象中保存的所有数据，则需要遍历这些数据。这需要借助于 localStorage 对象的两个属性：length 和 key。其中，length 属性可以获取保存数据的总量；key 属性可以获取数据的键名，该属性常与索引号 (index)配合使用，表示第几条键名对应的数据记录。其中，索引号以 0 值开始，如果取第 2 条键名对应的数据，index 值应该为 1。

遍历数据.mp4

【实例 6-5】

创建一个实例，实现每次页面刷新时都会向当前 localStorage 对象中存储 5 个数据，并在页面上显示当前数据的总数量，以及每个数据的键名和值，还可以一键清空所有数据。主要实现步骤如下。

(1)　新建一个 HTML 5 页面。在页面合适位置添加显示数据数量的 span 元素、用于清空操作的 button 元素，以及用于显示数据列表的 table 元素。本示例使用的代码如下所示：

```html
<h1>遍历数据</h1>
<p>当前数据总量：  <span id="num"></span> <button onclick="clearData()">清除所有</button></p>
<p>
  <table align=center border=1   width="400px">
  <tr>
    <th>键名</th>
    <th>键值</th>
  </tr>
  <tbody id="message"></tbody>
  </table>
</p>
```

（2）　在页面加载完成后，显示 localStorage 中存储数据的总数量及每个数据的内容。实现代码如下。

```javascript
window.onload = function(){
  var localStorage = supportLocalStorage();      //获取 localStorage 对象
  if(localStorage){
    initData();                                   //初始化数据
    showData();                                   //显示数据
  }
}
```

supportLocalStorage()函数会返回一个 localStorage 对象，如果返回 null 表示浏览器不支持 localStorage 对象。

（3）　initData()函数实现了向当前的 localStorage 对象中增加 5 个数据，具体实现代码如下：

```javascript
function initData(){
  for (var i = 1; i <= 5; i++) {
    var key = "index_"+RetRndNum(3);              //获取一个随机的字符串作为键
    var value = RetRndNum(8);                      //获取一个随机的数字作为数据
    localStorage.setItem(key,value);               //保存数据
  }
}
```

如上述代码所示，for 语句共循环 5 次，每次都会获取一个随机的字符串作键，并将随机生成的数字作为数据进行保存。

（4）　生成随机数的 RetRndNum()函数实现代码如下：

```javascript
//生成指定长度的随机数
function RetRndNum(n){
    var strRnd="";
    for(var intI=0;intI<n;intI++){
        strRnd+=Math.floor(Math.random()*10);
    }
    return strRnd;
}
```

（5）　showData()函数则用于从 localStorage 对象读取所有数据并显示，具体实现代码如下：

```javascript
function showData(){
    var count = localStorage.length;               //获取数据的总数量
    $$("num").innerText = count;                    //显示到页面的 span 元素中
```

```
    var strHTML = "";
    for(var key_index=0;key_index<count;key_index++){        //遍历所有数据
        var strkey=localStorage.key(key_index);              //获取数据的键名
        var strval=localStorage.getItem(strkey);             //获取数据的内容
        strHTML+="<tr><td>"+strkey+"</td>";
        strHTML+="<td>"+strval+"</td>";
        strHTML+="</tr>";
    }
    $$("message").innerHTML=strHTML;                         //显示到页面的 table 元素中
}
```

如上述代码所示，先调用 localStorage 对象的 length 属性获取数据的总数量。然后使用 for 循环进行遍历，在遍历时使用 key()方法获取当前数据的键值，再使用 getItem()方法获取该键值对应的数据，最后进行字符串拼接并显示到页面上。

(6)　单击【清除所有】按钮，会执行 clearData()函数，该函数的实现代码如下：

```
function clearData(){
    localStorage.clear();            //清空 localStorage 对象的所有数据
    showData();                      //更新页面
}
```

如上述代码所示，先调用 localStorage 对象的 clear()方法清空所有数据，再调用 showData()函数更新页面。

(7)　在浏览器中打开页面，第一次打开时会在表格中显示 5 条数据的键名和键值，如图 6-7 所示。这些数据在控制台中的效果如图 6-8 所示。以后每刷新一次页面都会增加 5 条数据。如果单击【清除所有】按钮，表格将被清空。

图 6-7　表格显示所有数据

图 6-8　控制台显示所有数据

6.4　综合应用实例：实现工程管理模块

在本节之前介绍的方法只能在 localStorage 对象中存储简单类型的数据，像数字或者字

符串。为了处理相对复杂的数据结构，在 HTML 5 中可以通过 localStorage 数据与 JSON 对象的转换，快速实现存储更多数据的功能。

如果要将字符串数据转成 JSON 对象，需要调用 JSON 对象的 parse()方法，该方法的语法格式如下所示：

```
JSON.parse(data);
```

其中，data 参数表示要转换的数据，通常是从 localStorage 对象中读取出来的数据。该方法会返回一个表示 data 数据的 JSON 对象。

通过 stringify()方法可以将一个实体对象转换为 JSON 格式的文本数据，该方法的语法格式如下所示：

```
JSON.stringify(obj;)
```

其中，obj 参数表示一个任意的实体对象，调用该方法将返回一个由实体对象转换成 JSON 格式的字符串。

下面就结合上面两个方法实现一个简单的工程管理模块，主要功能包括添加工程，查看工程列表和删除工程。每个工程包含的字段有：工程编号、工程名称、占地面积、负责人和状态。主要实现步骤如下。

（1）新建一个 HTML 5 页面，并在合适位置根据工程的字段制作一个表单。本案例中使用的表单代码如下：

```html
<form class="form-horizontal" action="#" method="get" >
    <div class="form-group">
        <label class="col-sm-2    col-sm-offset-2 control-label">工程编号</label>
        <div class="col-sm-6">
            <input type="text" class="form-control" id="loc_id">
        </div>
    </div>
    <div class="form-group">
        <label class="col-sm-2    col-sm-offset-2 control-label">工程名称</label>
        <div class="col-sm-6">
            <input type="text" class="form-control" id="loc_name">
        </div>
    </div>
    <div class="form-group">
        <label class="col-sm-2    col-sm-offset-2 control-label">占地面积</label>
        <div class="col-sm-6">
            <input type="number"    class="form-control" value="20" id="loc_path">
        </div>
    </div>
    <div class="form-group">
        <label class="col-sm-2    col-sm-offset-2 control-label">负责人</label>
        <div class="col-sm-6">
            <input type="text" class="form-control" id="loc_person">
        </div>
    </div>
    <div class="form-group">
        <label class="col-sm-2    col-sm-offset-2 control-label">状态</label>
        <div class="col-sm-6">
```

```
                    <select id="loc_state" class="form-control">
                        <option value="未开工">未开工</option>
                        <option value="监测中">监测中</option>
                        <option value="故障中">故障中</option>
                    </select>
                </div>
            </div>
            <div class="form-group">
                <label class="col-sm-2    col-sm-offset-2 control-label"> </label>
                <div class="col-sm-6">
                    <button type="button" onclick="saveData()" class="btn btn-primary btn-block btn-md">确定</button>
                </div>
            </div>
        </form>
```

上述表单的最终效果如图 6-9 所示。

图 6-9　录入工程信息

(2)　在添加工程的表单中单击【确定】按钮会执行 saveData()函数，该函数收集用户在表单中输入的信息，然后添加到当前的 localStorage 对象中，再加载最新的数据。该函数的实现代码如下：

```
    var localStorage = supportlocalStorage();
function saveData(){                        //保存工程信息
    var id=$("#loc_id").val();              //获取工程编号
    var name=$("#loc_name").val();          //获取工程名称
    var path=$("#loc_path").val();          //获取占地面积
    var person=$("#loc_person").val();      //获取工程负责人
    var state=$("#loc_state").val();        //获取工程状态
    //封装成一个 JavaScript 数据对象
    var new_data = {
        id:id,
        name:name,
        path:path,
        person:person,
```

```
            state:state
        };

        var loc_data_str = localStorage.getItem("loc_data");          //获取原来的数据
        var ret = [];
        if(loc_data_str == null){                                     //如果为 null，表示第一次执行
            ret = [new_data];                                         //把数据对象放到数组中
        }else{
            ret = JSON.parse(loc_data_str);                           //把数据转换成 JavaScript 数组
            ret.push(new_data);                                       //向数组中追加新的数据对象
        }
        var ret_str = JSON.stringify(ret);                            //把数组转换成字符串
        localStorage.setItem('loc_data',ret_str);                     //把字符串保存到 localStorage 对象

        showData();                                                   //加载最新的数据
    }
```

如上述代码所示，在保存时需要做多个工作：第一步是获取用户输入的数据；第二步是将数据封装成一个 JavaScript 对象；第三步是把 JavaScript 对象保存到当前的 localStorage 对象中；第四步是重新加载最新的数据列表。

其中，第三步是核心步骤，它会从当前的 localStorage 对象中获取 loc_data 键对应的数据，如果第一次添加，由于之前还没有保存过，所以会获取一个 null 值，此时会将封装好的 JavaScript 数据对象放到数组中。反之，如果不是 null，则会调用 JSON 的 parse()方法将表示工程列表的字符串转换成 JavaScript 数组，再向数组中添加当前的数据对象。然后调用 JSON 的 stringify()方法将数组转换成字符串，再重新保存到 localStorage 对象的 loc_data 键中。

（3）在页面的合适位置添加一个 table 元素用于显示工程列表。本案例中的代码如下所示：

```
<table class="table table-striped text-center">
    <thead>
        <tr>
            <th>工程编号</th>
            <th>工程名称</th>
            <th>占地面积</th>
            <th>负责人</th>
            <th>状态</th>
            <th>操作</th>
        </tr>
    </thead>
    <tbody id="data-body">     </tbody>
</table>
```

（4）showData()函数实现了从当前 localStorage 对象中读取数据并显示到 table 元素，具体实现代码如下所示：

```
function showData(){
    var loc_data_str = localStorage.getItem("loc_data");             //获取工程列表字符串
    if(loc_data_str != null){
```

```
        var ret = JSON.parse(loc_data_str);                          //转换成数组

        var strHTML = "";
        for(index in ret){                                           //遍历数组
            var loc=ret[index];                                      //从数组中获取一个数据对象

            strHTML+="<tr><td>"+loc.id+"</td>";                      //工程编号
            strHTML+="<td>"+loc.name+"</td>";                        //工程名称
            strHTML+="<td>"+loc.path+"</td>";                        //占地面积
            strHTML+="<td>"+loc.person+"</td>";                      //工程负责人
            strHTML+="<td>"+loc.state+"</td>";                       //工程状态
            strHTML+='<td><i class="fa fa-trash" onclick="del('+loc.id+')"></i></td>'; //操作按钮
            strHTML+="</tr>";
        }
        $("#data-body").html(strHTML);          //显示到页面的 table 元素中
    }
}
```

上述代码将数据转换成数组之后使用 for 语句进行遍历，在遍历时将每一个工程属性组成一个字符串，最后显示到 table 元素中。

（5）　向当前页面中添加两个工程信息，此时的工程列表，如图 6-10 所示。所有的工程信息其实都是保存在键为 loc_data 的 localStorage 对象中，如图 6-11 所示为此时该键所对应的内容。由于 localStorage 对象中只能存储字符串，因此在显示时和存储时都需要在 JSON和字符串之间进行转换。

图 6-10　查看工程列表

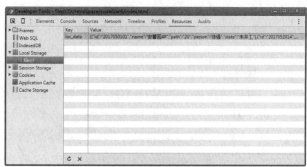

图 6-11　查看工程列表对应的数据字符串

（6）　在图 6-10 所示的工程列表中如果单击【操作】列下对应的 🗑 按钮，可以删除当前的工程。该按钮对应的是 del()函数，具体实现代码如下所示：

```
function del(id){                                            //删除 id 参数指定的工程数据
    var loc_data_str = localStorage.getItem("loc_data");    //获取工程列表字符串
    if(loc_data_str != null){

        var ret = JSON.parse(loc_data_str);                 //转换成数组

        for(index in ret){                                  //遍历所有数据
            var loc=ret[index];                             //从数组中获取一个数据对象
```

```
            if(id == loc.id){                              //如果当前对象的编号是要删除的编号
                ret.splice(index, 1);                      //从数组中移除当前数据
                break;
            }
        }
        var ret_str = JSON.stringify(ret);                 //把数组转换成字符串
        localStorage.setItem('loc_data',ret_str);          //把字符串保存到 localStorage 对象

        showData();                                        //加载最新的数据
    }
}
```

6.5 操作本地数据库数据

在 HTML 4 以及之前的版本中，数据库只能存放在服务器端，再通过服务器端语言来访问数据库。但是在 HTML 5 中，可以像本地文件那样轻松地对内置数据库进行直接访问。

HTML 5 本地数据库全称是 Web SQL DataBase，它提供了关系数据库的基本功能，可以存储页面中交互的、复杂的数据。它通过事务驱动实现对数据的管理，既可以保存数据，也能缓存从服务器获取的数据。

▎6.5.1 创建数据库

与客户端数据存储相比，HTML 5 本地数据库具有如下优势。

▶ 可以自定义要设置的存储空间。

▶ 可以跨域访问。

▶ 存储结构更加自由。

▶ 可以方便地使用 Web SQL 来对数据进行读写。

要通过 HTML 5 本地数据库存储数据，第一步就是创建或打开一个数据库。这需要调用 openDatabase()方法，该方法的语法格式如下所示：

```
openDatabase(DBName,DBVersion,DBDescribe,DBSize,Callback());
```

其中，各个参数的含义如下。

▶ DBName：表示数据库名称。

▶ DBVersion：表示版本号。

▶ DBDescribe：表示对数据库的描述。

▶ DBSize：表示数据库的大小，单位为字节。如果是 2MB，必须写成 2*1024*1024。

▶ Callback()：表示创建或打开数据库成功后执行的一个回调函数。

调用 openDatabase()方法后，如果指定的数据库名存在，则打开该数据库；否则创建一个指定名称的空数据库。

例如，下面的示例代码演示了如何调用 openDatabase()方法创建一个数据库：

```
function CreateDatabase(){
```

```
        var db;
        db=openDatabase('studentDB','2.0','stumanager',2*1024*1024,
        function(){
            alert("数据库创建成功");
        });
    }
```

上述代码创建了一个名为 studentDB，版本号为 2.0 的 2MB 数据库对象；如果创建成功
则执行回调函数，在回调函数中显示执行成功的提示信息。

6.5.2　执行 SQL 语句

当创建或打开数据库后，就可以使用数据库对象中的 transaction()方法
执行事务处理。每一个事务处理请求都作为数据库的独立操作，有效地避
免在处理数据时发生冲突。其调用的语法格式如下所示：

执行 SQL 语句.mp4

```
transaction(TransCallback,ErrorCallback,SuccessCallback);
```

其中，各个参数的含义如下。

▶　TransCallback：表示事务回调函数，可以写入需要执行的 SQL 语句。
▶　ErrorCallback：表示执行 SQL 语句出错时的回调函数，可选参数。
▶　SuccessCallback：表示执行 SQL 语句成功时的回调函数，可选参数。

【实例 6-6】

向上节创建的 studentDB 数据库中添加一个 student 表，然后向表中插入两行数据。主
要实现代码如下：

```
    if(db){
        var sql="create table if not exists student";    //创建 student 表的 SQL 语句
        sql+="(id unique,name text,age int,score int)";
        db.transaction(function(tx){                      //执行 SQL 语句
            tx.executeSql(sql)
        },
        function(){                                       //执行失败时执行此函数
            document.write("student 表创建失败<br/>");
        },
        function(){                                       //执行成功时执行此函数
            document.write("student 表创建成功<br/>");
        })
    }
```

在上述代码中，db 为打开的 studentDB 数据库对象。然后定义一个 SQL 语句，该语句
的功能是：如果不存在 student 表则新建它。student 表包含 4 个字段：id、name、age 和 score，
其中，字段 id 为主键，不允许重复；name 字段为字符型；age 和 score 字段为 int 类型。最
后调用 transaction()方法打开一个事务并通过 executeSql()方法执行 SQL 语句，再把执行结
果输出到页面。

executeSql()方法的语法格式如下所示：

```
executeSql(sqlString,[Arguments],SuccessCallback,ErrorCallback);
```

其中，sqlString 参数表示需要执行的 SQL 语句；Arguments 参数表示语句需要的实参；SuccessCallback 参数表示 SQL 语句执行成功时的回调函数；ErrorCallback 参数表示 SQL 语句执行出错时的回调函数。

下面的语句演示了使用 executeSql()方法执行 INSERT 语句向 student 表插入一行数据：

```
db.transaction(function(tx){
    var sql='insert into student values(1,"张强",15,90);';
    document.write("成功向 student 表插入一条数据<br/>");
    tx.executeSql(sql);
});
```

在上述代码中仅指定了 executeSql()方法的第 1 个参数，忽略了其他 3 个参数。

下面的语句演示了在 executeSql()方法中使用形参占位符来向 student 表插入一行数据：

```
var sql="insert into student values(?,?,?,?)";
var id=2;
var name="李好";
var age=21;
var score=82;
tx.executeSql(sql,[id,name,age,score]);
document.write("成功向 student 表插入一条数据<br/>");
```

使用这种形式要注意：形参"？"的数量必须与后面的实参数量完全对应。如果 SQL 语句中没有"？"形参，则第二个参数必须为空，否则执行 SQL 语句时将会报错。

将上述代码都保存在一个文件中。在浏览器中打开查看效果，页面会输出 4 行提示信息。在控制台中可以查看当前的数据库名称、数据库表名称以及表数据，如图 6-12 所示。

图 6-12　插入数据后的效果

6.6　综合应用实例：查看学生列表

在上节介绍了向创建的本地数据库中执行 SQL 语句的方法，其实就是先调用 transaction()方法开启一个事务，再调用 executeSql()方法执行 SQL 语句。executeSql()方法除了执行数据更新语句之外,还可以执行查询语句。

本案例实现了查询 student 表中所有学生数据并显示到页面的功能。主要实现步骤如下。

(1) 在页面合适位置使用 table 元素制作一个显示学生列表的表格。代码如下所示:

```
<table align=center border=1   width="500px">
<tr>
  <th>学号</th>
  <th>姓名</th>
  <th>年龄</th>
  <th>成绩</th>
  </tr>
<tbody id="message"></tbody>
</table>
```

(2) 在页面中添加 6.5.2 节的代码,即最终要求 student 表中有数据。

(3) 使用 SELECT 语句查询 student 表,并将查询结果集中的数据显示到页面。实现代码如下所示:

```
if(db){
    var sql="select * from student";                    //准备查询语句
    db.transaction(function(tx){
        tx.executeSql(sql,[],                            //执行查询
        function(tx,result){                             //执行成功,处理查询结果集
            var strHtml ="";
            for(var index=0;index<result.rows.length;index++)//遍历结果集
            {
                var row=result.rows[index];              //从结果集中取出一行
                strHtml+="<tr><td>"+row.id+"</td>";      //编号
                strHtml+="<td>"+row.name+"</td>";        //姓名
                strHtml+="<td>"+row.age+"</td>";         //年龄
                strHtml+="<td>"+row.score+"</td>";       //成绩
                strHtml+="</tr>";
            }
            $$("message").innerHTML=strHtml;             //显示到页面
        }
        ,
        function(tx,ex){                                 //执行失败,显示错误信息
            alert("发生错误,描述: "+ex.message);
        }
        );
    });
}
```

上述语句调用了 executeSql() 方法的完整形式,第 1 个参数是 SELECT 查询语句,由于没有形参第 2 个参数为空,第 3 个参数是执行成功后处理结果集的回调函数,第 4 个参数是执行失败时的回调函数。

这里的重点是第 3 个参数的回调函数,如果执行成功,在该回调函数中会有一个表示结果集的 result 参数。结果集的 rows 属性是一个数组,里面保存的是所有的结果。通过

rows.length 获取数组的长度(即结果集中的行数)，再使用 for 语句进行遍历每一个元素，最后将遍历后的字符串显示到页面上。

(4) 保存上述代码对页面的修改。在浏览器上运行页面，最终效果如图 6-13 所示。在此案例的基础上还可以实现学生信息的删除和查询功能，读者可以自己完成，在这里不再介绍。

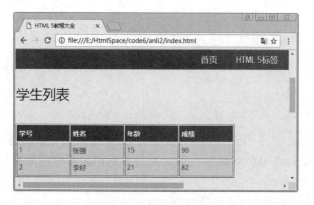

图 6-13　查看学生列表

本章小结

本章介绍了在 HTML 5 中存储数据的两大方式，以及使用 Web 存储的具体过程。使用到 sessionStorage 对象和 localStorage 对象，其中前者使用当前会话为存储机制；后者，适合保存提交数据，记住配置信息等场景，也可以将数据持久化保存到本地的数据库中，支持标准 SQL 语句，非常适合数据量小、轻量级应用。

习　题

一、填空题

1. Web Storage 分为 sessionStorage 和＿＿＿＿＿＿两种。
2. 当用户关闭浏览器窗口后，＿＿＿＿＿＿对象存储的数据会丢失。
3. 如果要删除 localStorage 对象的全部数据，可以使用＿＿＿＿＿＿方法。
4. ＿＿＿＿＿＿方法返回一个由实体对象转成的 JSON 格式的文本数据。
5. 本地数据库执行 SQL 语句主要使用＿＿＿＿＿＿方法。

二、选择题

1. Web 存储和 Cookie 存储的区别，下列选项中＿＿＿＿＿＿是正确的。
    A. Web 存储和 Cookie 存储的大小都不受限制，可以任意使用
    B. Web 存储中每个域的存储大小默认是 5MB，比起 Cookie 的 4KB 要大得多
    C. Cookie 安全性非常高，Web 存储的安全性很低

D. Web 存储和 Cookie 存储没有太大区别，它们之间可以相互代替

2. 假设要使用 sessionStorage 对象写入键名 name、键值是"陈汉虎"的数据，下面_____的写法是正确的。

　　A. sessionStorage.setItem("name ", "陈汉虎")

　　B. localStorage.setItem("name ", "陈汉虎")

　　C. sessionStorage.getItem("陈汉虎")

　　D. sessionStorage.setItem("陈汉虎","name")

3. 下列属于 JSON 方法的是_____。

　　A. pause()方法和 stringify()方法　　　　B. pause()方法和 parse()方法

　　C. parse()方法和 getItem()方法　　　　　D. parse()方法和 stringify()方法

4. 下面的代码中，打开和创建本地数据库的是_____。

　　A. context.arc(100,100,75,0,Math.PI*2,FALSE)

　　B. var db=openDatabase('db','1.0','first database',2*1024*1024)

　　C. tx.executeSql('CREATE TABLE tweets(id,date,tweet)')

　　D. 以上都不正确

5. 关于本地数据库，下列选项_____的说法是错误的。

　　A. executeSql 方法的第一个参数指执行的 SQL 语句，第二个参数指 SQL 语句中传入的参数，多个参数之间使用逗号分隔开

　　B. openDatabase()方法创建或者打开一个数据库，如果数据库不存在，则创建数据库

　　C. parse()方法可以将 localStorage 数据转成为 JSON 对象

　　D. stringify()方法可以将一个实体对象转换为 JSON 格式的文本数据

三、编程题

练习：实现基于数据库的收藏夹管理

在 6.4 节通过 localStorage 对象和 JSON 实现了一个简单的工程管理模块。本次练习要求实现一个带数据库的管理收藏模块，包括查看收藏夹列表，以及收藏网站的添加、修改和删除。收藏夹最终运行效果如图 6-14 所示。

图 6-14　收藏夹运行效果

第7章

HTML 5 文件和拖放

HTML 5 越来越受到人们的重视与青睐，其中最大的原因就是 HTML 4 的诸多局限在 HTML 5 中得到了很大程度的改善，同时又增加了很多实用的新特性。

本章将从文件和拖放两个方面展开对 HTML 5 新特性的讲解，主要包括允许选择多个文件、读取文件的信息和内容、实现文件上传、页面元素拖放和数据传递等。

学习要点

▶ file 对象。
▶ FileReader 接口的 API。
▶ 了解 HTML 5 的离线缓存。

学习目标

▶ 掌握使用 file 对象读取文件信息的方法。
▶ 熟悉限制文件类型的实现方式。
▶ 掌握 FileReader 接口读取文件内容的方法。
▶ 了解 FileReader 接口中与文件读取有关的事件。

7.1 操作文件

与 HTML 4 一样，HTML 5 同样可以使用 file 类型来创建一个文件域。不同的是 HTML 5 允许在文件域中选择多个文件，每一个文件为一个 file 对象。file 对象封装了本地对文件的简单处理，下面详细介绍该对象的使用方法。

7.1.1 获取文件信息

HTML 5 同样可以使用 file 类型来创建一个文件域。具体方法是在 form 内创建一个类型为 file 的 input 元素，然后运行即可。浏览器会自动识别并创建相应的浏览按钮和选择文件对话框。

file 对象获取
文件信息.mp4

在 file 类型中选择的文件其实是一个 file 对象。file 对象有 4 个属性，如下所示。

- ▶ name 属性：表示选中文件不带路径的名称。
- ▶ size 属性：使用字节表示的文件大小。
- ▶ type 属性：使用 MIME 类型表示的文件类型。
- ▶ lastModifiedDate 属性：表示文件的最后修改日期。
- ▶ multiple 属性：表示是否允许同时选择多个文件，默认值为 false。

【实例 7-1】

创建一个示例，使用 HTML 5 的 file 对象获取用户选择文件的名称、大小、类型和修改日期。

(1) 首先创建一个表单，并将 file 对象的 multiple 属性设置为 true，使用户可以选择多个文件。代码如下所示：

```
<h2 style="font-size:18px;">附件上传</h2>
<form id="form1">
选择文件
    <input type="file" id="iptFile" multiple="true" />
    <input type="button" value="确定" onclick="selectedFiles()" />
</form>
```

(2) 在上传表单的下方添加一个表格显示最终结果。代码如下所示：

```
<table width="100%" cellspacing="1" cellpadding="1" border="1" class="mytable">
  <tr>
    <th>文件名称</th>
    <th>文件大小</th>
    <th>文件类型</th>
    <th>上次修改日期</th>
  </tr>
  <tbody id="bodyFiles">
  </tbody>
</table>
```

（3）　运行示例，即可在弹出的对话框中选择多个文件。如图 7-1 所示为选中多个文件时的预览效果。

（4）　为了实现在单击【确定】按钮后显示这些文件的信息，还需要编写 selectedFiles() 函数，具体实现代码如下所示：

```
function selectedFiles()
{
        var result=$("bodyFiles");
        var selectedFiles = $("iptFile").files;
         for(var i=0;i<selectedFiles.length;i++)                //遍历选中的多个文件
         {
                var aFile=selectedFiles[i];
                var str="<tr><td>"+aFile.name+"</td><td>"
        +aFile.size+"字节</td><td>"+aFile.type+"</td><td>"
        +aFile.lastModifiedDate+"</td></tr>";
                result.innerHTML+=str;
        }
}
```

当使用 multiple 属性后，用户选择的多个文件实际上保存在一个 files 数组中，其中的每个元素都是一个 file 对象。因此，为了获取每个文件的信息，需要对 files 数组进行遍历，再逐个获取文件名称、大小、类型和修改日期。代码运行效果如图 7-2 所示。

图 7-1　选中多个文件预览效果　　　　图 7-2　显示多个文件信息效果

7.1.2　限制文件类型

通过上节的学习，我们知道使用 file 对象的 type 属性可以获取文件的类型。因此，根据这个特性，我们可以在 JavaScript 中判断用户选择的文件是否为特定类型，从而实现对文件类型进行限制的功能。具体流程如下。

限制文件
类型.mp4

（1）　当选择多个文件后，遍历每一个 file 对象，获取该对象的类型。

（2）　将获取的对象类型与设置的过滤类型进行匹配。

（3）　如果不匹配，则提示上传文件类型出错或拒绝上传等信息，从而实现对上传文件的类型进行过滤的功能。

（4）　如果匹配，则可成功上传。

【实例 7-2】

下面对 7.1.1 节的 selectedFiles()函数进行修改，增加文件类型判断的功能，使用户只能上传图片类型的文件。如下所示是修改后的函数代码：

```
function selectedFiles()
{
    var result=$("bodyFiles");
    var selectedFiles = $("iptFile").files;
    var errnum=0;
     for(var i=0;i<selectedFiles.length;i++)              //遍历选中的多个文件
     {
        var aFile=selectedFiles[i];
        if(!/image\/\w+/.test(aFile.type))              //判断类型是否匹配
        {
            errnum++;
            console.log(aFile.name+"不是合法的图片文件，不能上传.");    //输出不合法文件
            continue;
        }

        var str="<tr><td>"+aFile.name+"</td><td>"
        +aFile.size+"字节</td><td>"+aFile.type+"</td><td>"
        +aFile.lastModifiedDate+"</td></tr>";
        result.innerHTML+=str;
    }
    console.log("本次一共选择"+selectedFiles.length+"个文件，其中"+errnum+"个文件不是图片。")
}
```

在这里主要是通过判断 type 属性的值是否以"image/"开头来区分图片类型。现在运行程序，仍然可以在对话框中选择任何类型的文件。但是单击【确定】按钮将会对文件类型进行判断，不匹配的文件将会在控制台输出，最终仅在列表中显示符合条件的文件，如图 7-3 所示。

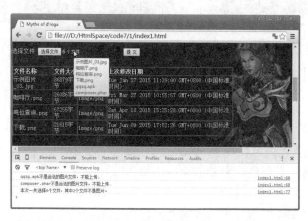

图 7-3　限制文件类型

使用这种方法虽然能够根据文件返回的类型过滤所选择的文件，但是需要编写额外的代码。在 HTML 5 中还可以为 file 类型添加 accept 属性来指定要过滤的文件类型。在设置完 accept 属性之后，在浏览器中选择文件时会自动筛选符合条件的文件。

【实例 7-3】

通过为 file 类型的 input 元素添加 accept 属性限制用户只能选择 png 和 jpeg 格式的图片。实现代码如下所示:

accept 属性.mp4

```
<input type="file" id="iptFile" multiple="true"  accept="image/png,image/jpeg"/>
```

这里限制可选择的文件类型为"image/jpeg"和"image/png",如图 7-4 所示为在 Chrome 浏览器中选择文件的效果,如图 7-5 所示为在 Firefox 浏览器中选择文件的效果。

图 7-4　Chrome 浏览器效果

图 7-5　Firefox 浏览器效果

7.2　综合应用实例:文件上传

通过前面的练习我们已经掌握了如何获取选择文件的基本信息,也能够限制文件的类型。但是这些文件只是保存在本地,并没有实现上传功能。

本案例使用 HTML 5 结合 PHP 实现将用户选择的多个文件批量上传到服务器。具体步骤如下。

(1)　首先创建一个文件 index.html 作为实例文件。

(2)　在页面的合适位置使用 form 创建一个表单,再添加 file 类型和其他按钮。

```
<form id="form1"  enctype="multipart/form-data" method="post" action="server.php">
    选择文件
    <input type="file" id="iptFile" multiple="true"  name="file[]"/>
    <input  type="button"  value="确定"  onclick="selectedFiles()"  /><input  type="submit"  name="upload"
value="上传"/>
    </form>
```

在上述代码中,file 类型使用了 multiple 属性,从而可以选择多个文件。单击【确定】按钮后执行 selectedFiles()函数,而单击【上传】按钮则会提交表单。

(3)　在表单下方制作一个用于显示选中文件信息的表格。编写 selectedFiles()函数显示选中文件的信息,具体实现可参考 7.1.2 节。

(4)　创建服务器端的 server.php,该文件用于在单击【上传】按钮之后实现上传。具体代码如下所示:

```php
<?php
header("content-type:text/html;charset=utf-8");
if(isset($_POST["upload"]))                              //单击【上传】按钮
{

    //遍历所有文件
    for($i=0; $i<count($_FILES['file']['name']); $i++) {
     //获取文件名称
     $tmpFilePath = $_FILES['file']['tmp_name'][$i];
     //判断文件是否为空
     if ($tmpFilePath != ""){
      //指定文件的上传路径
      $newFilePath = "./uploads/" . $_FILES['file']['name'][$i];
      //上传到服务器
      move_uploaded_file($tmpFilePath, $newFilePath);
     }
    }
    echo "上传成功，本次一共上传".count($_FILES['file']['name'])."个文件。";

}
?>
```

上述代码非常容易理解。首先判断是否有文件，如果有则通过循环逐一进行上传处理，将文件保存到程序所在的 uploads 目录中，最后提示上传成功。

（5）至此，实例就制作完成了。运行 index.html 文件，选择多个文件之后单击【确定】按钮查看它们的信息，如图 7-6 所示。

（6）单击【上传】按钮开始上传操作，完成之后会给出提示信息。为了验证文件是否上传成功，可以打开程序所在的 uploads 目录查看刚才上传的文件，如图 7-7 所示。

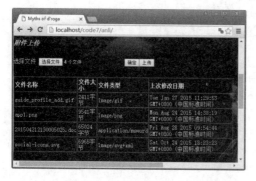

图 7-6　预览运行效果

图 7-7　查看上传的文件

7.3　FileReader 接口

使用 file 对象提供的各种属性可以获取文件的相关信息，如名称、大小和类型等。但是如果要读取文件的内容，则需要调用 HTML 5 中新增的 FileReader 接口。FileReader 接口提供了很多用于读取文件的方法，以及监听读取进度的事件，本节将详细介绍该接口的使用方法。

7.3.1　FileReader 接口简介

FileReader 接口主要用来将文件载入内存并读取文件中的数据。该接口提供了一组异步 API，通过这些 API 可以从浏览器的主线程中异步访问文件系统中的数据。

由于 FileReader 接口是 HTML 5 的新特性，因此并非所有浏览器都支持。在使用之前必须先判断浏览器是否对 FileReader 接口提供支持，代码如下所示：

```
if(typeof FileReader=="undefined")
{
        alert("对不起，浏览器不支持 FileReader 接口。");
}else{
        alert("浏览器环境正常。");
        var fd=new FileReader();
}
```

当访问不同的文件时，必须创建不同的 FileReader 接口实例。因为每调用一次 FileReader 接口，都将返回一个新的 FileReader 对象，这样才能访问不同文件中的数据。

FileReader 接口的常用方法如表 7-1 所示。

表 7-1　FileReader 接口的常用方法

方法名称	功　能	说　明
readAsBinaryString(file)	以二进制格式读取文件内容	调用该方法时，将 file 对象返回的数据以二进制字符串的形式读入内存中
readAsArrayBuffer(file)	以数组缓存的方式读取文件内容	调用该方法时，将 file 对象返回的数据以数组缓存的形式读入内存中
readAsText(file,encoding)	以文本编码的方式读取文件内容	encoding 参数表示文本文件编码的方式，默认值为 UTF-8。调用该方法时，以 encoding 指定的编码格式将获取的数据按文本方式读入内存中
readAsDataURL(file)	以数据 URL 格式读取文件内容	调用该方法时，将 file 对象返回的数据以一串数据 URL 字符的形式展示在页面中
abort()	读取数据中止时，将自动触发该方法	如果在读取文件数据过程中出现异常或错误，触发该方法，返回错误代码信息

7.3.2　读取文本文件内容

使用 FileReader 接口的 readAsText()方法可以以文本格式读取文件的内容。readAsText()方法有两个参数，第一个参数是 file 类型，表示要读取的文件；第二个参数是字符串类型，用于指定读取时使用的编码，默认值为 UTF-8。

下面使用 readAsText()方法制作一个实现读取用户文本文件内容的案例，并最终将内容显示到页面上。首先创建一个表单，添加文件上传域和结果显示布局。代码如下所示：

```
<h2 style="font-size:18px;">游戏简介上传</h2>
<form id="form1">
选择一个文本文件
    <input type="file" id="iptFile"    />
    <input type="button" value="确定" onclick="readFileContent()" />
</form>
<p id="ret"></p>
```

上述代码的重点是 file 类型和【确定】按钮。file 类型允许用户选择一个文件；单击【确定】按钮后，将执行 readFileContent()函数并将文件内容显示到下方的 p 元素中。

readFileContent()函数的实现代码如下所示：

```
function readFileContent()                    //读取文本文件的内容
{
    if($("iptFile").files.length)             //判断是否选择了文件
    {
        var aFile=$("iptFile").files[0];
        if(!/text\/\w+/.test(aFile.type))     //判断是否为文本文件
        {
            alert(aFile.name+"不是文本文件不能读取.");
            return false;
        }

        if(typeof FileReader=="undefined")    //判断当前浏览器是否支持 FileReader 接口
        {
            alert("对不起，浏览器不支持 FileReader 接口。");
        }
        else{
            var fd=new FileReader();          //创建 FileReader 接口的对象
            fd.onload=function(res){          //显示文件内容
                $("ret").innerHTML=this.result;
            }
            fd.readAsText(aFile);             //开始读取
        }
    }
    else{
        alert("没有选择文件 ，不能继续。");
        return false;
    }
}
```

如上述代码所示，在 readFileContent()函数中针对没有选择文件、文件类型错误以及浏览器不支持 FileReader 接口的情况进行了判断。真正使用 readAsText()方法读取文件内容的代码非常简单，不过要注意结果属性 result 只能在 onload 事件中使用。

现在运行即可查看读取文本文件内容的效果。如图 7-8 所示为 Chrome 浏览器运行效果，如图 7-9 所示为 Firefox 浏览器运行效果。

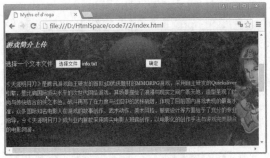

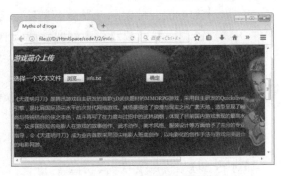

图 7-8　Chrome 浏览器运行效果　　　　　图 7-9　Firefox 浏览器运行效果

7.3.3　监听读取事件

除了读取文件的方法外，FileReader 接口还提供了很多事件，以及一套完整的事件处理机制。通过这些事件的触发，可以清晰地捕获读取文件的详细过程，以便更加精确地定位每次读取文件时的事件先后顺序，为编写事件代码提供有力的支持。FileReader 接口的常用事件，如表 7-2 所示。

监听事件.mp4

表 7-2　FileReader 接口的常用事件

事件名称	描　述
onloadstart	当读取数据开始时，触发该事件
onprogress	当正在读取数据时，触发该事件
onabort	当读取数据中止时，触发该事件
onerror	当读取数据失败时，触发该事件
onload	当读取数据成功时，触发该事件
onloadend	当请求操作成功时，无论读取操作是否成功，都将触发该事件

经过反复测试证明，一个文件通过 FileReader 接口中的方法正常读取时，触发事件的先后顺序，如图 7-10 所示。

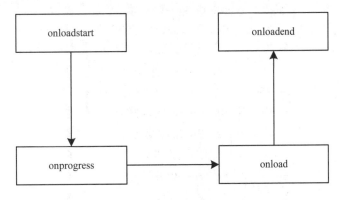

图 7-10　正常读取文件时的触发事件先后顺序

针对图 7-10 的说明如下。

- 大部分的文件读取过程都集中在 onprogress 事件中，该事件耗时最长。
- 如果文件在读取过程中出现异常或中止，那么 onprogress 事件将结束，直接触发 onerror 或 onabort 事件，而不会触发 onload 事件。
- onload 事件是文件读取成功时触发，而 onloadend 虽然也是文件操作成功时触发，但该事件不论文件读取是否成功都将触发。因此，想要正确获取文件数据，必须在 onload 事件中编写代码。

【实例 7-4】

对上节读取文本文件内容的案例进行修改，实现单击【确定】按钮后监听 onload、onloadstart、onloadend 和 onprogress 事件。

使用 readFileContent()函数替换原来的同名函数即可，代码如下所示：

```javascript
function readFileContent()                        //读取文本文件的内容
{
    if($("iptFile").files.length)                 //判断是否选择了文件
    {
        var aFile=$("iptFile").files[0];
        if(!/text\/\w+/.test(aFile.type))         //判断是否为文本文件
        {
            alert(aFile.name+"不是文本文件不能读取.");
            return false;
        }
        if(typeof FileReader=="undefined")        //判断当前浏览器是否支持 FileReader 接口
        {
            alert("对不起，浏览器不支持 FileReader 接口。");
        }else
        {
            var fd=new FileReader();              //创建 FileReader 接口的对象
            fd.readAsText(aFile);                 //开始读取
            fd.onload=function(res){              //onload 事件
                $("ret").innerHTML+="数据读取成功！<br/>";
            }
            fd.onloadstart=function(res){         // onloadstart 事件
                $("ret").innerHTML+="开始读取数据……<br/>";
            }
            fd.onloadend=function(res){           // onloadend 事件
                $("ret").innerHTML+='文件读取成功！<br/>';
            }
            fd.onprogress=function(res){          // onprogress 事件
                $("ret").innerHTML+="正在上传数据……<br/>";
            }
        }
    }
    else{
        alert("没有选择文件 ，不能继续。");
        return false;
    }
}
```

如上述代码所示，监听文件正常读取过程中将触发 4 个事件，在每个事件中都将读取状态显示到页面。

运行该页面，选择一个文本文件后单击【确定】按钮开始读取，运行效果如图 7-11 所示。

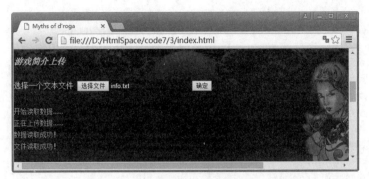

图 7-11　文件读取过程中各事件执行的先后顺序

7.3.4　处理读取异常

虽然使用 FileReader 接口中的方法可以快速实现对文件的读取。但是，在文件读取的过程中，不可避免地会出现各种类型的错误和异常。这时便可以通过 FileError 接口获取错误与异常所产生的错误代码，再根据返回的错误代码分析具体发生错误与异常的原因。

在出现下列情况时，可能会导致 FileReader 接口出现潜在的错误与异常。

▶ 　在访问某个文件的过程中，该文件被移动或者删除及被其他应用程序修改。

▶ 　由于权限原因，无法读取文件的数据信息。

▶ 　文件出于各种因素的考虑，在读取文件时返回一个无效的数据信息。

▶ 　读取文件太大，超出 URL 网址的限制，将无法返回一个有效的数据信息。

▶ 　在读取文件的过程中，应用程序本身触发了中止读取的事件。

在异步读取文件的过程中，出现错误与异常都可以使用 FileError 接口。该接口主要用于异步提示错误，当 FileReader 对象无法返回数据时，将形成一个错误属性，而该属性则是一个 FileError 接口，通过该接口列出错误与异常的错误代码信息。

表 7-3 列出了 FileError 接口中提供的错误代码以及对应的说明。

表 7-3　FileError 接口错误代码

错误代码	错误常量	说　　明
1	NOT_FOUND_ERR	无法找到文件或者原文件已经被修改
2	SECURITY_ERR	由于安全考虑，无法读取文件数据
3	ABORT_ERR	由 abort 事件触发的中止读取过程
4	NOT_READABLE_ERR	由于权限原因，不能读取文件数据
5	ENCODING_ERR	读取的文件太大，超出读取时地址的限制

例如，下面的示例代码演示了处理读取文件时的异常处理方法：

```
var reader = new FileReader();
reader.readAsText(file,"gb2312");
```

```
reader.onload = function(e){                                //添加 onload 事件
        document.getElementById("showInfo").innerHTML = this.result;
}
reader.onerror=function(res){                               //添加 onerror 事件
    var num=res.target.error.code;                         //获取错误代码
    document.getElementById('showInfo').innerHTML="文件无法显示：";
    if(num==1){
            document.getElementById('showInfo').innerHTML+="无法找到或原文件已被修改！";
    }else if(num==2){
            document.getElementById('showInfo').innerHTML+="无法获取数据文件！";
    }else if(num==3){
            document.getElementById('showInfo').innerHTML+="中止文件读取的过程！";
    }else if(num==4){
            document.getElementById('showInfo').innerHTML+="无权读取数据文件！";
    }else if(num==5){
            document.getElementById('showInfo').innerHTML+="读取的文件太大！";
    }
}
```

7.4　综合应用实例：预览图片

使用 FileReader 接口的 readAsDataURL()方法实现不通过后台即时预览图片的功能，且允许用户选择多个图片文件，单击按钮提交后显示这些文件的缩略效果图。

readAsDataURL()方法可以将文件读取为一串 URL 字符串。该字符串通常会使用特殊格式的 URL 形式直接读入页面，像图像格式等。该方法的语法格式如下：

```
var result = FileReader.readAsDataURL(blob);
```

blob 参数表示文件的只读原始数据对象。readAsDataURL()方法返回值是一个表示数据的本地对象。

主要实现步骤如下。

(1)　参考实例 7-1 在页面中添加表单、允许多选文件的 input 元素和一个【确定】按钮。

(2)　在表单下方添加一个 id 是 ret 的 p 元素，该元素用于显示选中的图片。代码如下：

```
<p id="ret"></p>
```

(3)　单击【确定】按钮会调用 selectedFiles()函数。该函数用于获取用户选择的文件，并且进行判断，如果选择的文件是图片则将其显示到页面中，否则会输出到控制台。代码如下所示：

```
function selectedFiles()
{
        var result=$("ret");
        var selectedFiles = $("iptFile").files;
          for(var i=0;i<selectedFiles.length;i++)                    //遍历选中的多个文件
          {
                    var file = selectedFiles[i];                     //获取单个文件
                    var imageType = /image.*/;                       //声明文件类型
```

```
            if (!file.type.match(imageType)) {                        //如果上传文件不合法
                console.log(file.name+"不是图像文件，因此不能上传。");
                continue;
            }
            var reader = new FileReader();                            //实例 FileReader 接口对象
            reader.onload = function(e){                              //显示图像
                result.innerHTML +=
                "<img src="+e.target.result+" width=100 height=100 style='padding-right:1px;
                    padding- bottom:1px;' />";
            };
            reader.readAsDataURL(file);
        }
    }
```

（4）运行页面，选择一些文件再单击【确定】按钮进行图片的预览。如图 7-12 所示为选中了 12 个文件，从控制台的输出可以看出有 3 个不是图片。

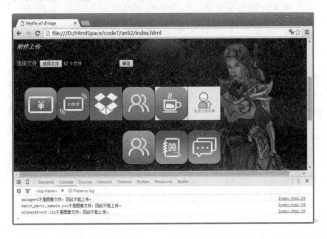

图 7-12　显示预览图像的效果

7.5　拖放功能

在 HTML 4 及之前的版本，如果要实现文件或元素的拖放操作，需要结合 onmousedown、onmousemove 和 onmouseup 等多个事件来完成。但是 HTML 5 中直接提供了支持拖放操作的 API，从而大大简化了拖放的操作代码。

7.5.1　拖放 API 简介

HTML 5 新增了一个 draggable 全局属性，该属性为 true 时表示允许元素有拖动效果，并且在拖放过程中会触发拖放事件。调用拖放事件可以更加准确、及时地反映元素从拖动到放下这一过程的各种状态与数据值。表 7-4 列出了执行拖放操作的相关事件及具体说明。

拖动元素示例.mp4

表 7-4　拖放常用事件

事件名称	事件主体	说　明
dragstart	被拖放的元素	在开始拖放操作时触发
drag	被拖放的元素	正在拖放时触发
dragenter	拖放过程中鼠标经过的元素	在被拖放元素进入某元素时触发
dragover	拖放过程中鼠标经过的元素	在被拖放元素在某元素范围内移动时触发
dragleave	拖放过程中鼠标经过的元素	在被拖放元素移出目标元素时触发
drop	拖放的目标元素	在目标元素完全接收被拖放元素时触发
dragend	拖放的对象元素	在整个拖放操作结束时触发

【实例 7-5】

下面创建一个案例演示拖动元素在页面中所触发的重要事件状态。主要步骤如下。

(1)　创建一个 HTML 5 页面。在页面中添加 3 个 div 元素，分别表示被拖放的元素、当前所触发的事件状态和目标元素。代码如下所示：

```
<body onLoad="init();">
    <h2>元素的拖放</h2>
    <div id="divDrag" draggable="true"></div>
    <div id="divTips"></div>
    <div id="divArea"></div>
</body>
```

(2)　页面加载时调用 init()函数，该函数的具体实现如下：

```
function init()
{
    document.ondragover = function(e)
    {
        e.preventDefault();                            //阻止默认方法，取消拒绝被拖放
    }
    document.ondrop = function(e)
    {
        e.preventDefault();                            //阻止默认方法，取消拒绝被拖放
    }
    var drag = document.getElementById("divDrag");     //获取被拖放的元素
    var area = document.getElementById("divArea");     //获取目标元素
    var status = document.getElementById("divTips");   //获取 div 元素显示状态
    drag.addEventListener("dragstart",function(event){
        status.innerHTML = "元素正在开始拖动";
    });
    area.addEventListener("drop",function(){
        status.innerHTML = "元素拖动成功";
    });
    area.addEventListener("dragleave",function(){
        status.innerHTML = "元素拖动正在离开";
    });
}
```

在上述代码中，添加页面的 dragover 事件和 drop 事件，都使用 e.preventDefault()方法取消页面的默认值，允许拖放页面。这是因为在拖放过程中首先被拖放的是页面，如果页面都不可以拖放，那么页面中的元素也将不可被拖放。然后再分别为拖放元素和目标元素添加 dragstart 事件、drop 事件和 dragleave 事件，在这些事件中通过设置 innerHTML 属性值显示各种状态。

（3）为页面中的 div 元素添加样式，其主要样式代码如下：

```css
#divDrag{
        width:100px;
        display:block;
        height:100px;
        background-color:blue;
        border:1px solid red;
}
#divArea{
        border:1px solid red;
        height:200px;
        display:block;
        width:200px;
}
```

（4）在浏览器中打开页面，然后拖动元素查看效果，如图 7-13 所示。

图 7-13　拖动过程触发的事件

7.5.2　dataTransfer 对象

上一节案例的拖放元素还没有放入目标元素中，如果要实现这个功能，需要调用 dataTransfer 对象。dataTransfer 对象专门用于携带有拖放功能的数据。表 7-5 列出了 dataTransfer 对象的常用属性及其说明。

实现拖放数据.mp4

表 7-5　dataTransfer 对象常用属性

属性名称	说　明
files	如果有则返回被拖动文件的 FileList 清单
types	返回 dragstart 事件中设置的数据格式，如果是外部文件的拖放则返回 files

续表

属性名称	说　明
effectAllowed	返回允许执行的拖放操作效果，它的值包括 none、copy、copyLink、copyMove、link、linkMove、move、all 和 uninitialized
dropEffect	返回已选择的拖动效果，如果该操作效果与起初设置的 effectAllowed 效果不符，则拖动操作失败
items	返回 DataTransferItemList 对象，即拖动数据

提示

effectAllowed 属性和 dropEffect 属性都可以自定义拖放过程中的效果，但是它们绑定的元素不同。effectAllowed 用于 dragstart 事件中绑定被拖放元素，而 dropEffect 属性用于绑定目标元素。该属性中指定的效果必须在 effectAllowed 属性中存在，否则不能实现自定义的拖放效果。

除了属性外，dataTransfer 对象也包含多个方法，这些方法的具体说明如下。

- ▶ setData(DOMString format，DOMString data)：为元素添加指定数据。
- ▶ getData(DOMString format)：返回指定的数据，如果数据不存在则返回空字符串。
- ▶ setDragImage(Element img，long x，long y)：指定拖放元素时跟随鼠标移动的图片，x 和 y 分别是相对于鼠标的坐标。
- ▶ clearData(DOMString format)：删除指定格式的数据，如果未指定格式则删除当前元素的所有携带数据。

上述有 3 个方法使用了 format 作为形参，它表示读取、存入或清空时的数据格式。该参数的格式包含 4 种：text/plain(文本文字格式)、text/html(HTML 页面代码格式)、text/xml(XML 字符格式)和 text/url-list(URL 格式列表)。

【实例 7-6】

创建一个案例演示 dataTransfer 对象的使用方法。本案例主要调用 dataTransfer 对象的 setData()方法和 getData()方法实现拖放数据的效果，调用 setDragImage()方法实现设置拖放图标的效果。其主要步骤如下。

(1) 添加新的 HTML 页面，在页面的合适位置添加 p 元素和 img 元素。页面的具体代码如下所示：

```
<body onLoad="preLoad();">
    <p class="qz424_c4_img t_a_c" id="divArea" style="min-height:200px;border: #9f9f9f 2px solid;
      margin: 5px;"></p>
    <p class="qz424_c4_img2 clearfix">
        <img src="images/qz427_bg0.png" id="divDrag" draggable="true"/>
        <img src="images/qz427_bg1.png" id="divDrag1" draggable="true"/>
        <img src="images/qz427_bg2.png" id="divDrag2" draggable="true"/>
        <img src="images/qz427_bg3.png" id="divDrag3" draggable="true"/>
        </p>
    </body>
```

（2）页面加载时调用 preLoad()函数，在该函数中获取被拖动的元素和目标元素并分别为它们添加事件。其具体代码如下：

```
function preLoad()
{
        var drag = document.getElementById("divDrag");          //获取被拖动的元素
        var area = document.getElementById("divArea");          //获取目标元素
        drag.addEventListener("dragstart",function(event){      //添加 dragstart 事件
                var dt = event.dataTransfer;                    //获取 dataTransfer 对象
                var objimg =document.getElementById ("ico");
                dt.effectAllowed = "move";
                dt.setDragImage(objimg,10,10);
                dt.setData("text/plain","拖动时改变图标");
        },false);
        area.addEventListener("dragover",function(event){       //添加 dragover 事件
                var dt = e.dataTransfer;
                dt.dropEffect = "move";
                e.preventDefault();
        },false);
        area.addEventListener("drop",function(event){           //添加 drop 事件
                var dt= event.dataTransfer;
                var str = dt.getData("text/plain");
                area.textContent += str+"\n";
                e.preventDefault();                             //取消拒绝被拖放元素的设置
                e.stopPropagation();                            //停止其他事件的进程
        },false);
        document.ondragover = function(e)
        {
                e.preventDefault();                             //阻止默认方法，取消拒绝被拖放
        }
        document.ondrop = function(e)
        {
                e.preventDefault();                             //阻止默认方法，取消拒绝被拖放
        }
}
```

在上述代码中，被拖动的元素添加 dragstart 事件，在该事件中通过 setDragImage()方法设置拖放图标，通过 effectAllowed()方法返回拖动时的效果，并调用 setData()方法向 dataTransfer 对象中添加拖放数据。接着为目标元素添加 dragover 事件，在该事件中通过 dropEffect 属性设置拖动的效果。然后添加目标元素的 drop 事件，在该事件中调用 getData() 方法读取 dataTransfer 对象中的拖放数据，调用 e.stopPropagation()方法停止其他事件的进程，否则目标元素不能正常接收拖放来的数据。

（3）运行本案例的代码进行测试，拖动时会显示自定义的拖动图标，拖动完成后会在右侧显示自定义的拖放数据。最终运行效果如图 7-14 所示。如果拖动的是普通图片，将会显示图片的路径，如图 7-15 所示。

图 7-14 dataTransfer 对象拖动效果

图 7-15 普通图片拖动效果

本章小结

HTML 越来越受到人们的重视与青睐，其中最大的原因就是 HTML 4 的诸多局限在 HTML 5 中得到了很大程度的改善，同时又增加了很多实用的新特性。

本章从两个方面展开对 HTML 5 新特性的讲解，主要包括使用 HTML 5 新增的 FileReader 接口读取文件内容，限制文件类型；页面元素拖放时的数据交换。

习 题

一、填空题

1. 使用 file 对象的_____属性可以获取不带路径的文件名称。

2. FileError 接口中的_____错误常量表示由 abort 事件触发的读取中止异常。

3. 在 FileReader 接口中，_____方法用于读取文本文件。

4. _____文件也叫清单文件，它以清单的形式列举了需要被缓存或不需要被缓存的资源文件的文件名称。

二、选择题

1. 下列不属于 file 对象属性的是_____。

    A. type   B. name   C. lastModifiedDate   D. path

2. 如下面代码所示，假设需要获取用户选择文件的数量，应该使用代码_____。

```
<input type="file" id="fileselect" multiple="true" />
```

    A. document.getElementById("fileselect").files

  B.　document.getElementById("fileselect").files.count

  C.　document.getElementById("fileselect").files.length

  D.　document.getElementById("fileselect"). length

3. 为 file 类型添加_____属性可以限制用户选择文件的类型。

  A.　accept　　　　　B.　ext　　　　　　C.　name　　　　　　　　D.　type

4. FileReader 接口的主要作用是_____。

  A.　添加一个图像

  B.　表示用户选择的文件列表

  C.　将文件读入内存，并且读取文件中的数据

  D.　以上皆是

5. 调用 abort()方法将触发 FileReader 接口的_____事件。

  A.　abort　　　　　B.　onabort　　　　C.　onerror　　　　　　　D.　onend

三、编程题

  练习：实现图像的预览效果

  制作一个图像预览效果的案例。要求仅允许上传 jpg、png 和 bmp 格式的文件，而且大小不能超过 2MB。对于不符合条件的文件，都输出到控制台；符合条件的，则使用 readAsDataURL()方法读取并显示到页面上。

第8章

CSS 3 新增选择器

  CSS 3 的重要变化是可以使用新增的选择器和属性，利用这些特性，可以实现以前没有的效果(例如动态和渐变)，而且可以很简单地实现原来的效果(例如使用分栏)。CSS 3 将完全向下兼容，本章主要介绍 CSS 3 中新增的选择器，使用新增的选择器可以实现更强大的功能。

📖 学习要点

- ▶ 了解 CSS 3 的作用。
- ▶ 了解浏览器 CSS 3 性能测试方法。
- ▶ 熟悉 CSS 选择器的分类。

📖 学习目标

- ▶ 掌握 CSS 3 中新增的属性选择器。
- ▶ 掌握 CSS 3 中新增的伪类选择器。
- ▶ 掌握 CSS 3 中新增的伪对象选择器。
- ▶ 掌握 E~F 兄弟选择器的使用方法。

8.1　CSS 3 简介

CSS(Cascading Style Sheet，层叠样式表)从诞生以来，就凭借着自身简单的语法、绚丽的效果和无与伦比的灵活性，为 Web 的发展做出了不可磨灭的贡献。目前所使用的 CSS 都是从 CSS 2 规范扩展而来的，随着它的发展，出现了 CSS 3。CSS 3 对 CSS 2 进行了扩展，并且将 CSS 划分为更多的模块，也使结构更加灵活。

CSS 3 相比 CSS 2 有许多不同，模块化细分的同时也增加了新的功能，例如，增加了新的属性，对某些已经存在的属性增加了值，添加了新的选择器等。

1．实现了半透明的效果

传统方式显示颜色时可以使用 RGB()、十六进制(格式是#RRGGBB)或者直接使用颜色名称，而 CSS 3 中新增加了对颜色的设置属性，还可以控制色调、饱和度、亮度和透明度，它们已经成为 CSS 3 的一大亮点。

CSS 3 中新增的与颜色相关的样式有多个，例如使用 RGBA 和 HSLA 模式设置透明度、使用 HSL 设置颜色以及使用 opacity 设置不透明度。

2．字体与文本样式

CSS 3 对显示文本和字体的样式进行了更新，添加了很多新的属性，使 CSS 的功能更加强大，例如实现文本阴影的 text-shadow 属性、文本溢出时是否省略内容的 text-overflow 属性和指定换行或断开的 word-wrap 属性。另外，还专门提供了@font-face 属性，它允许在网页中使用服务器端已经安装好的字体。

3．强大的选择器

CSS 3 为了使开发者更加精确地定位页面中的特定值，新增加了许多选择器。

▶　属性选择器：包括 E[att^="val"]、E[att$="val"]和 E[att*="val"]三种。其中 E 表示元素，att^="val"表示具有 att 属性且值以 val 开头的元素，att$="val"表示具有 att 属性且值以 val 结尾的元素，att*="val"表示具有 att 属性且值中含有 val 的元素。

▶　结构化伪类选择器：CSS 3 中新增加了许多伪类选择器，具体说明如下所示。

- ■　E:root：匹配文档的根元素，在 HTML 中根元素永远是 HTML。
- ■　E:nth-child(n)：匹配父元素中的第 n 个子元素 E。
- ■　E:nth-last-child(n)：匹配父元素中的倒数第 n 个子元素 E。
- ■　E:nth-of-type(n)：匹配同类型中的第 n 个同级兄弟元素 E。
- ■　E:nth-last-of-type(n)：匹配同类型中的倒数第 n 个同级兄弟元素 E。
- ■　E:last-child：匹配父元素中最后一个 E 元素。
- ■　E:first-of-type：匹配同级兄弟元素中的第一个 E 元素。
- ■　E:only-child：匹配属于父元素中唯一的子元素 E。
- ■　E:only-of-type：匹配属于同类型中唯一的兄弟元素 E。

- ■　E:empty：匹配没有任何子元素(包括 text 节点)的 E 元素。
- ▶　UI 元素状态伪类选择器：UI 元素状态伪类选择器与结构化伪类选择器一样，指定的样式只有当元素处于某种状态下时才起作用，在默认状态下不起作用。
  - ■　E:enabled：匹配所有用户界面(form 表单)中处于可用状态的 E 元素。
  - ■　E:disabled：匹配所有用户界面(form 表单)中处于不可用状态的 E 元素。
  - ■　E:checked：匹配所有用户界面(form 表单)中处于选中状态的 E 元素。
  - ■　E::selection：匹配 E 元素中被用户选中或处于高亮状态的部分。
- ▶　否定伪类：CSS 3 中新增了 E:not(s)选择器匹配所有不匹配简单选择符 s 的 E 元素。
- ▶　目标伪类：CSS 3 中新增了 E:target 选择器匹配相关 URL 指向的 E 元素。
- ▶　通用兄弟元素选择器：兄弟元素选择器是用来指定位于同一个父元素之中的某个元素之后的所有其他某个种类的兄弟元素所使用的样式。CSS 3 中新增加了 E~F 兄弟选择器，它表示匹配 E 元素之后的 F 元素。

4．内容属性

CSS 中可以使用:before 和:after 伪类元素结合 content 属性在对象之前或者之后显示内容，CSS 3 中对设置内容的 content 属性重新进行了定义，基本语法如下：

```
content:normal | string | attr() | uri() | counter()
```

5．盒布局和样式布局

盒子模型可以轻松创建适应浏览器窗口的流动布局或者自适应字体大小的布局，它为开发者提供了一种非常灵活的布局方式。样式布局是对网页中的文字或其他内容设置的一些基本样式。CSS 3 中新增加了许多与它们有关的属性，大体上分为 3 类。

- ▶　盒布局属性

  CSS 3 对 CSS 2 中已经存在的盒模型布局属性进行了重新定义，说明如下。
  - ■　overflow：检索或设置当对象的内容超过其指定高度及宽度时如何管理内容。
  - ■　overflow-x：检索或设置当对象的内容超过其指定宽度时如何管理内容。
  - ■　overflow-y：检索或设置当对象的内容超过其指定高度时如何管理内容。
  - ■　display：设置或检索对象如何显示。

  CSS 3 在 CSS 2 的基础上提出了弹性盒模型的概念。为了适应弹性盒模型的表现需要，新增加了 8 个属性，如下所示。
  - ■　box-align：定义子元素在盒子内垂直方向上的空间分配方式。
  - ■　box-direction：定义盒子的显示顺序。
  - ■　box-flex：定义子元素在盒子内的自适用尺寸。
  - ■　box-flex-group：定义自适应子元素群组。
  - ■　box-lines：定义子元素分列显示。
  - ■　box-ordinal-group：定义子元素在盒子内的显示位置。
  - ■　box-orient：定义盒子分布的坐标轴。
  - ■　box-pack：定义子元素在盒子内水平方向的空间分配方式。
- ▶　多列类布局属性

  这些属性能够对对网页中的文字进行排版，排版时为每列指定特定的层或者段落。

■ columns：可以同时定义多栏的数目和每栏宽度。

■ column-width：可以定义每栏的宽度。

■ column-span：定义元素可以在栏目上定位显示。

■ column-rule：定义每栏之间边框的宽度、样式和颜色。

■ column-rule-color：定义每栏之间边框的颜色。

■ column-rule-width：定义每栏之间边框的宽度。

■ column-rule-style：定义每栏之间边框的样式。

■ column-gap：定义两栏之间的间距距离。

■ column-fill：定义栏目的高度是否统一。

■ column-count：可以定义栏目的数目。

■ column-break-before：定义元素之前是否断行。

■ column-break-after：定义元素之后是否断行。

▶ 用户界面属性

这些属性就是用来定义与界面有关内容的。例如，可以定义轮廓显示的样式，也可以定义缩放区域，还可以设置当前元素在文档中的导航序列号，等等。

■ resize：使元素的区域可缩放，调节元素尺寸大小。适用于任意获得 overflow 条件的容器。

■ outline：可以设置元素周围的轮廓线，轮廓线不会占据空间，也不一定是矩形。

■ outline-width：设置元素整个轮廓的宽度，只有当轮廓样式不是 none 时才会起作用。如果样式为 none，宽度会重置为 0。该属性的值不允许设置为负数。

■ outline-style：用于设置一个元素的整个轮廓的样式。

■ outline-offset：让轮廓偏离容器边缘，即可以调整外框与容器边缘的距离。

■ outline-color：设置一个元素整个轮廓中可见部分的颜色。如果轮廓的样式值是 none，则轮廓不会出现。

■ nav-index：它取代了 HTML 4 中的 tabindex 属性，为当前元素指定了其在当前文档中导航的序列号。

■ box-sizing：改变容器的盒模型组成方式。

nav-index 属性为当前元素指定了其在当前文档中导航的序列号。导航的序列号指定了页面中元素通过键盘操作或获得焦点的顺序，该属性可以存在于嵌套的页面元素中。

除了 nav-index 属性外，还可以通过 nav-up、nav-down、nav-left 或 nav-right 属性设置 HTML 文档控制元素的焦点切换顺序。为了更好的用户体验，User Agent 提供了自定义切换焦点的控制顺序方向。

为了使 User Agent 能按顺序获取焦点，页面元素需要遵循以下规则。

(1) 该元素支持 nav-index 属性，而被赋予正整数属性值的元素将会被优先导航。User Agent 将按照 nav-index 属性值从小到大进行导航。属性值无须按次序，也无须以特定的值开始。拥有同一 nav-index 属性值的元素，将以它们在字符流中出现的顺序进行导航。

(2) 对那些不支持 nav-index 属性或者 nav-index 属性值为 auto 的元素，将以它们在字符流中出现的顺序进行导航。

(3) 对那些禁用的元素，将不参与导航的排序。

用户实际上所使用的开始导航和激活页面元素的快捷键依赖于 User Agent 的设置，例如，通常 Tab 键用于按顺序导航，而 Enter 键则用于激活选中的元素。User Agent 通常也定义了反向顺序导航的快捷键，当通过 Tab 键导航到序列的结束或开始时，User Agent 可能会循环到导航序列的开始或结束处。另外，按键组合 Shift+Tab 通常用于反向序列导航。

6．实现边框效果

CSS 3 还添加了 4 个属性设置边框的效果，这些属性可以设置边框各个部分的颜色、图片或者圆角样式等，它们分别是 border-color、border-image、border-radius 和 box-shadow。

- ▶ border-color：设置边框的颜色值。
- ▶ border-image：设置边框的背景图片。
- ▶ border-radius：定义边框的圆角样式。
- ▶ box-shadow：设置块阴影效果。

7．多背景样式

只要有开发经验和设计经验的用户，对背景都不会陌生，它是 CSS 中使用频率最高的属性。在 CSS 3 中，background 属性除了保持之前的写法外，还可以在该属性中添加多个背景图像组，如下所示为新增的与背景有关的属性。

- ▶ background-size：设置背景图像的尺寸，即宽度和高度。
- ▶ background-clip：设置背景图像的显示范围或者裁剪区域。
- ▶ background-origin：设置背景图片的定位原点。

除了新增的 3 个属性外，CSS 3 还对 background 属性重新进行了定义。语法如下所示：

```
background:  [background-image]  |  [background-origin]  |  [background-clip]  |  [background-repeat]  |
[background-size] [background-position]
```

8．实现了渐变和动画

CSS 3 的新特性不仅仅表现在以上几个方面，它还对渐变、过渡、动画等方面进行了设置，添加了与这些效果有关的属性。例如，使用 linear-gradient 和 radial-gradient 分别实现线性渐变和径向渐变；使用 transform 的有关属性实现图像或图形的平移、缩放和旋转等效果；使用 transition 的有关属性(例如 transition 属性、transition-duration 属性和 transition-delay 属性等)指定在一定的时间内实现平滑过渡动画的效果。

8.2　综合应用实例：浏览器 CSS 3 性能测试

CSS 3 为广大 Web 开发者带来了全新的体验，但是并非所有的浏览器都提供对它的支持。各个主流的浏览器都定义了各自的私有属性，以便用户体验 CSS 3 的新特性。浏览器这种定义自己的私有属性的方法可以避免不同的浏览器在解析相同属性时出现冲突，但是也为开发者带来了麻烦，因为 Web 开发者不仅需要使用更多的 CSS 样式代码，而且还非常容易导致同一个页面在不同的浏览器之间表现不一致。

不同浏览器的内核有所不同，这导致浏览器定义的私有属性也有不同。Webkit 类型的浏览器(例如 Chrome)的私有属性是以 "-webkit-" 为前缀的，Gecko 类型的浏览器(例如 Firefox)的私有属性是以 "-moz-" 为前缀的，Opera 浏览器的私有属性是以 "-o-" 为前缀的，而 IE 浏览器的私有属性是以 "-ms-" 为前缀的。

要测试浏览器对 CSS 3 的支持情况，最简单的方法就是使用 Can I Use 工具。该工具实际上是一个网站，网址是 http://www.caniuse.com，它的功能非常强大，除了可以检测浏览器对 CSS 3 各个模块的支持情况外，还能检测 HTML 5 和 SVG 等其他内容。Can I Use 工具的首页，如图 8-1 所示。

图 8-1　Can I Use 工具的首页

开发者可以单击图 8-1 中的链接查看浏览器的支持情况，也可以在网页的搜索区域输入属性或者元素等内容进行搜索。例如，图 8-2 显示了各个浏览器对 text-align-last 属性的支持情况。

在图 8-2 中列出了 IE、Edge、Firefox、Chrome、Safari 和 Opera 等多个浏览器的主流版本对 text-align-last 属性的支持情况。其中，红色区域表示当前浏览器的版本不支持此属性，浅绿色区域表示对此属性支持，深绿色区域表示部分支持，灰色区域表示未知(图中浅色区域为灰色区域)。

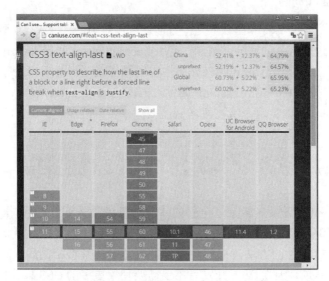

图 8-2　浏览器对 text-align-last 属性支持情况

在 Can I Use 网站也可以对各浏览器的 CSS 3 性能做对比。如图 8-3 所示为 Firefox 53、Chrome 58、Safari 10.1 和 Opera 48 四款浏览器的对比效果。

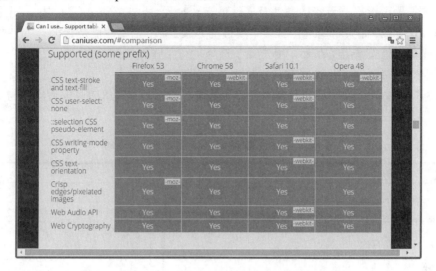

图 8-3　浏览器 CSS 3 性能对比图

8.3　CSS 选择器分类

用户如果要使用 CSS 层叠样式表对 HTML 页面中的元素实现一对一、一对多或多对一的控制，这就需要用到 CSS 选择器。HTML 页面中的元素就是通过 CSS 中的选择器进行控制的。在 CSS 中，选择器是一种模式，用于选择需要添加样式的元素。

通常情况下，CSS 中的选择器可以分为元素选择器、属性选择器、伪类选择器、伪对象选择器以及关系选择器。

1. 元素选择器

最常见的 CSS 选择器是元素选择器。换句话说，文档元素就是最基本的选择器。如果要设置 HTML 的样式，选择器通常是某个 HTML 元素，例如 p、h1、em、a，甚至可以是 html 本身。

例如，表 8-1 列出了 CSS 中的元素选择器。

表 8-1　CSS 中的元素选择器及其说明

选择器	版本	说　　明
*	CSS 2	通配符选择器。所有元素对象
E	CSS 1	类型选择器。以文档语义对象作为选择器
E#myid	CSS 1	ID 选择器。以唯一标识符 id 属性等于 myid 的 E 元素作为选择器
E.myclass	CSS 1	class 选择器。以 class 属性包含 myclass 的 E 对象作为选择器

2. 属性选择器

属性选择器.mp4

属性选择器可以根据元素的属性及属性值来选择元素。在 CSS 2 版本中引入了属性选择器。如果希望选择有某个属性的元素，而不论属性值是什么，可以使用简单属性选择器。当然，用户除了选择拥有某些属性的元素，还可以进一步缩小选择范围，只选择有特定属性值的元素。

CSS 3 版本中的属性选择器及其说明，如表 8-2 所示。从表 8-2 可以看出，与 CSS 2 版本相比，CSS 3 版本中新增加了 3 个属性选择器。

表 8-2　CSS 2 版本中的属性选择器及其说明

选择器	版　本	说　明
E[att]	CSS 2	选择具有 att 属性的 E 元素
E[att="val"]	CSS 2	选择具有 att 属性且属性值等于 val 的元素
E[att~="val"]	CSS 2	选择具有 att 属性且属性值为一用空格分隔的字词列表，其中一个等于 val 的 E 元素
E[att|="val"]	CSS 2	选择具有 att 属性且属性值为以 val 开头并用连接符 "-" 分隔的字符串的 E 元素，如果属性值仅为 val，也会被选择
E[att^="val"]	CSS 3	选择具有 att 属性且属性值为以 val 开头的字符串的 E 元素
E[att$="val"]	CSS 3	选择具有 att 属性且属性值为以 val 结尾的字符串的 E 元素
E[att*="val"]	CSS 3	选择具有 att 属性且属性值为包含 val 字符串的 E 元素

3. 伪类选择器

使用关键字
选择器.mp4

伪类选择器可以设置一些特殊的效果，常见的 E:link、E:visited、E:hover、E:active、E:focus 等都属于伪类选择器。除了这些外，CSS 3 版本中新增加了多种伪类选择器，具体说明如表 8-3 所示。

表 8-3　CSS 中的伪类选择器及其说明

选择器	版　本	说　明
E:link	CSS1	设置超链接 a 在未被访问前的样式
E:visited	CSS1	设置超链接 a 在其链接地址已被访问过时的样式
E:hover	CSS1/CSS 2	设置元素在其鼠标悬停时的样式
E:active	CSS1/CSS 2	设置元素被用户激活(在鼠标单击与释放之间发生的事件)时的样式
E:focus	CSS1/CSS 2	设置元素成为输入焦点(该元素的 onfocus 事件发生)时的样式
E:lang(fr)	CSS 2	匹配使用特殊语言的 E 元素
E:first-child	CSS 2	匹配父元素的第一个子元素 E
@page:first	CSS 2	设置页面容器第一页使用的样式。仅用于@page 规则
@page:left	CSS 2	设置页面容器位于装订线左边的所有页面使用的样式。仅用于@page 规则
@page:right	CSS 2	设置页面容器位于装订线右边的所有页面使用的样式。仅用于@page 规则

选择器	版　本	说　明
E:not(s)	CSS 3	匹配不含有 s 选择器的元素 E
E:root	CSS 3	匹配 E 元素在文档的根元素
E:last-child	CSS 3	匹配父元素的最后一个子元素 E
E:only-child	CSS 3	匹配父元素仅有的一个子元素 E
E:nth-child(n)	CSS 3	匹配父元素的第 n 个子元素 E
E:nth-last-child(n)	CSS 3	匹配父元素的倒数第 n 个子元素 E
E:first-of-type	CSS 3	匹配同类型中的第一个同级兄弟元素 E
E:last-of-type	CSS 3	匹配同类型中的最后一个同级兄弟元素 E
E:only-of-type	CSS 3	匹配同类型中的唯一一个同级兄弟元素 E
E:nth-of-type(n)	CSS 3	匹配同类型中的第 n 个同级兄弟元素 E
E:nth-last-of-type(n)	CSS 3	匹配同类型中的倒数第 n 个同级兄弟元素 E
E:empty	CSS 3	匹配没有任何子元素(包括 text 节点)的元素 E
E:checked	CSS 3	匹配用户界面上处于选中状态的元素 E。用于 input type 为 radio 与 checkbox 时
E:enabled	CSS 3	匹配用户界面上处于可用状态的元素 E
E:disabled	CSS 3	匹配用户界面上处于禁用状态的元素 E
E:target	CSS 3	匹配相关 URL 指向的 E 元素

4．伪对象选择器

在 CSS 3 版本中，常用的伪对象选择器及其说明，如表 8-4 所示。

表 8-4　CSS 中的伪对象选择器及其说明

选择器	版　本	说　明
E:first-letter/E::first-letter	CSS 1/CSS 3	设置对象内的第一个字符的样式
E:first-line/E::first-line	CSS 1/CSS 3	设置对象内的第一行的样式
E:before/E::before	CSS 2/CSS 3	设置在对象前(依据对象树的逻辑结构)发生的内容，和 content 属性一起使用
E:after/E::after	CSS 2/CSS 3	设置在对象后(依据对象树的逻辑结构)发生的内容，和 content 属性一起使用
E::placeholder	CSS 3	设置对象文字占位符的样式
E::selection	CSS 3	设置对象被选择时的颜色

在 CSS 3 版本中，将伪对象选择器的单冒号(:)修改为双冒号(::)，其目的是为了区别于伪类选择器，但是以前的写法仍然有效。根据表 8-4 的内容可知，E::placeholder 和 E::selection 是 CSS 3 中新增加的两个选择器，其他 4 个只是在之前版本的基础上进行更改。

5．关系选择器

简单理解，关系选择器就是选择与指定元素有关系的其他元素，例如相邻元素、子元素等。CSS 3 中有 4 种关系选择器，具体说明如表 8-5 所示，其中 E~F 选择器是新增加的。

表 8-5　CSS 中的关系选择器及其说明

选择器	版　本	说　明
E F	CSS 1	包含选择器。选择所有被 E 元素包含的 F 元素
E>F	CSS 2	子选择器。选择所有 E 元素的子元素 F
E+F	CSS 2	相邻选择器。选择紧贴在 E 元素之后的 F 元素
E~F	CSS 3	兄弟选择器。选择 E 元素所有兄弟元素 F

8.4　属性选择器

CSS 3 新增加了 3 个属性选择器，这 3 个属性选择器经常会被用到，下面分别进行介绍。

8.4.1　E[att^="val"]

使用 E[att^="val"]选择器可以匹配具有 att 属性且属性值为以 val 开头的字符串的 E元素。

【实例 8-1】

以下步骤演示 E[att^="val"]选择器的使用方法。

(1) 向 HTML 网页中添加 h1 元素和 ul li 元素，代码如下：

```
<h1 style="text-align: center;"> 把酒问月 </h1>
<ul>
<li class="abc">青天有月来几时，我今停杯一问之</li>
<li class="acb">人攀明月不可得，月行却与人相随</li>
<li class="bac">皎如飞镜临丹阙，绿烟灭尽清辉发</li>
<li class="bca">但见宵从海上来，宁知晓向云间没</li>
<li class="cab">白兔捣药秋复春，嫦娥孤栖与谁邻</li>
<li class="cba">今人不见古时月，今月曾经照古人</li>
<li class="">古人今人若流水，共看明月皆如此</li>
<li class="">唯愿当歌对酒时，月光长照金樽里</li>
</ul>
```

(2) 为 HTML 网页中的元素设置 CSS 样式代码，匹配具有 class 属性且属性值是以 a开头的字符串的 li 元素，指定该元素的字体颜色，并将字体加粗。代码如下：

```
ul{ width:90%;}
ul li{ width:40%; margin:0 auto;}
li[class^="a"] {
    color:#FF0000;
    font-weight:bold;
}
```

(3) 在网页中，古诗的前两句样式是以 a 开头，因此这两句古诗的字体颜色发生改变且加粗显示。运行此 HTML 网页，运行效果如图 8-4 所示。

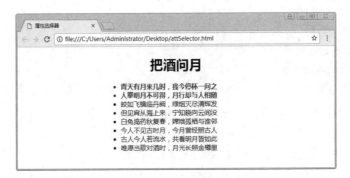

图 8-4　E[att^="val"]选择器的使用

8.4.2　E[att$="val"]

与 E[att^="val"]选择器相反，E[att$="val"]选择器表示匹配具有 att 属性且属性值为以 val 结尾的字符串的 E 元素。

匹配 class
属性.mp4.

【实例 8-2】

在实例 8-1 的基础上添加 CSS 样式代码，匹配 class 属性以 a 结尾的 li 元素，指定该元素的字体大小和颜色。代码如下：

```
li[class$="a"] {
        color:#0000FF;
        font-size:24px;
}
```

重新运行该网页，此时运行效果如图 8-5 所示。

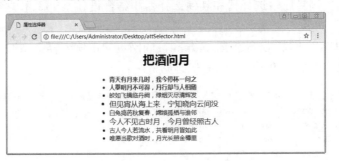

图 8-5　E[att$="val"]选择器的使用

8.4.3　E[att*="val"]

CSS 3 中新增加的 E[att*="val"]选择器用于匹配具有 att 属性且属性值为包含 val 字符串的 E 元素。简单来说，只要指定的 att 属性中包含 val 字符串，那么 E 元素就会与之进行匹配。

匹配 li 元素.mp4

【实例 8-3】

继续在前面例子的基础上添加新的样式代码，匹配 li 元素，只要该元素的 class 属性中包含 a 字符，就更改元素的字体，同时添加下画线。代码如下：

```
li[class*="a"] {
        font-family:"宋体";                       /*设置字体*/
        font-size:16px;                          /*设置字体大小*/
        text-decoration:underline;               /*添加下画线*/
}
```

以上样式代码匹配 li 元素，并重新设置字体格式、字体大小并为字体添加下画线。如果样式属性已经存在，那么以"就近原则"为主。

刷新 HTML 网页或重新运行，效果如图 8-6 所示。

图 8-6　E[att*="val"]选择器的使用

8.4.4　综合应用实例：设计颜色选择器

在现实生活中，经常会用到属性选择器，当然属性选择器并非"自给自足"，它通常会和其他的选择器(例如伪类选择器和关系选择器等)结合使用。

本综合应用实例将属性选择器和其他选择器相结合设计一个简单的颜色选择器。具体实现的代码如下。

(1)　创建 HTML 网页 colorSelector.html，向网页的主体内容中添加 input 元素和 label 元素，它们分别代表不同的颜色。部分代码如下：

```
<div class="form-group"><label for="exampleInputEmail1">请随意选择一个颜色：</label><div>
<input type="radio" name="cor" id="cor1" value="#4986E7" />
<label for="cor1" class="cor1"></label>
<input type="radio" name="cor" id="cor2" value="#5484ED" />
<label for="cor2" class="cor2"></label>
<!-- 省略其他内容 -->
```

(2)　为上述网页中的元素设计 CSS 样式，首先设计 input 元素的 id 属性包含 cor 值的样式，接着设计匹配的 label 元素的内容样式及其悬浮时的效果。代码如下：

```
input[id*="cor"] {
        display: none;
}
label[class*="cor"] {
        display: inline-block;
        height: 16px;
        width: 16px;
        cursor: pointer;
```

```
        border: 1px solid transparent;
        position: relative;
        margin-right: 5px;
}
label[class*="cor"]:hover {
        border-color: #000;
}
```

(3) 设计与 input 元素和 label 元素相匹配时的效果，需要用到 E:checked 选择器和 E:before 选择器，同时涉及 E+F 相邻选择器。具体样式代码如下：

```
input[id*="cor"]:checked + label:before {
        content: '\f00c';
        display: block;
        position: absolute;
        font-family: 'fontawesome';
        top: 0px;
        left: 1px;
        font-size: 12px;
        color: #fff;
}
```

(4) 根据需要为元素添加其他的样式代码，这里不再显示具体内容。

(5) 运行 colorSelector.html 网页，选择颜色进行测试，效果如图 8-7 所示。

图 8-7　颜色选择器实现效果

8.5　伪类选择器

伪类选择器是已经定义好的选择器，不能随便取名。常用的伪类选择器有 a:hover、a:link、a:visited 等。在 CSS 3 中新增多个伪类选择器，可以实现更为强大的功能，下面主要针对常见的选择器进行说明。

8.5.1　E:last-child 选择器

E:last-child 选择器用于匹配父元素的最后一个子元素 E，这是 CSS 3 中新增加的一个选择器。假设用户想为文章列表的第一篇标题和最后一篇标题设置不同的背景颜色，除了为两篇文章标题添加不同的 class 属性外，可以通过 E:first-child 选择器和 E:last-child 选择器进行设置。与设置 class 属性相比，这种方法更加简单方便。

first-child
选择器.mp4

【实例 8-4】

新建 lastChildSelector.html 页面，使用 first-child 选择器设置第一篇文章的标题背景颜色为天蓝色，使用 last-child 选择器设置最后一篇文章的标题背景颜色为浅蓝色，字体为蓝色，字号为 18px。另外，还需要设置鼠标悬浮时最后一个标题的背景颜色和字体颜色。代码如下：

```
<style type="text/css">
p{width:30%;margin:0 auto;padding:10px}
p:first-child{
    background-color:skyblue;
}
p:last-child{
    color:blue;
    font-size:18px;
    background:lightblue;
}
p:last-child a:hover{
    color:white;
    background-color:orange;
}
</style>
```

上述代码对应的 HTML 网页主体内容如下：

```
<div   style="background-image:url(img/bg3.jpg);   background-repeat:no-repeat;   background-position:center;
margin:0 auto; width:800px; height:300px">
<p>第一篇 为什么喜欢文学</p>
<p>第二篇 文学给我带来的变化</p>
<p>第三篇 掌声和荣誉</p>
<p>第四篇 母亲的微笑</p>
<p>第五篇 时间是光环还是魔咒</p>
<p>第六篇 生命中出现的那抹绿色</p>
<p><a>第七篇 祝福你</a></p>
</div>
```

运行 lastChildSelector.html 网页，效果如图 8-8 所示。

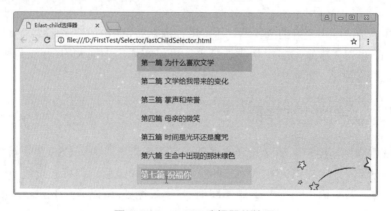

图 8-8 last-child 选择器的使用

■ 8.5.2　E:only-child 选择器

only-child.mp4

E:only-child 选择器用来匹配父元素下仅有的一个子元素。如果要使 E:only-child 选择器中设置的属性生效，E 元素必须是某个元素的子元素，E 的父元素最高是 body，即 E 可以是 body 的子元素。实际上，E:only-child 选择器的效果和 E:first-child:last-child 或者 E:nth-child(1):nth-last-child(1)的效果一样。

【实例 8-5】

创建 onlyChildSelector.html 网页，在页面的主体部分添加 3 个 ul 元素，每个 ul 元素下包含不同的 li 项目。当 ul 元素下的项目只有一个时，设置元素内容的字体大小、颜色并加粗显示。有关的样式代码如下：

```
ul li:only-child{
        color:#FF00FF;
        font-size:20px;
        font-weight:bold;
}
```

运行 onlyChildSelector.html 网页，具体效果如图 8-9 所示。

图 8-9　E:only-child 选择器的使用

■ 8.5.3　E:nth-child(n)选择器

nth-child(n)
选择器.mp4

使用 E:nth-child(n)选择器可以匹配父元素的第 *n* 个子元素 E，假设该子元素不是 E，则选择器无效。要使选择器中设置的属性有效，E 元素必须是某个元素的子元素，E 的父元素最高是 body，即 E 可以是 body 的子元素。

E:nth-child(n)选择器允许使用一个乘法因子(n)来作为换算方式，例如想选中所有的偶数子元素 E，可以通过 E:nth-child(2n)实现。

【实例 8-6】

创建 nthChildSecator.html 网页，利用实例 8-4 的网页内容演示 E:nth-child(n)选择器的使用，即分别设置 p 元素为奇数和偶数时的字体颜色。样式代码如下：

```
<style type="text/css">
p:nth-child(2n+1){ color:darkgreen} /* 奇数 */
p:nth-child(2n){ color:red} /* 偶数 */
</style>
```

在样式实现代码中，因为(n)代表一个乘法因子，可以是 0、1、2、3 等任意的数字，因此(2n)换算出来会是偶数，而(2n+1)换算出来会是奇数。

运行 nthChildSecator.html 网页，效果如图 8-10 所示。从图中可以看出，所有的奇数行字体颜色为深绿色，所有的偶数行字体颜色为红色。

图 8-10　E:nth-child(n)选择器的使用

【实例 8-7】

除了使用乘法因子外，在设置样式属性时还可以使用关键字，如关键字 odd 代表奇数，关键字 even 代表偶数。如下代码等价于实例 8-6 中的样式代码：

```
<style type="text/css">
p:nth-child(odd){ color:darkgreen} /* 奇数 */
p:nth-child(even){ color:red} /* 偶数 */
</style>
```

8.5.4　E:nth-last-child(n)选择器

E:nth-last-child(n)选择器匹配父元素的倒数第 n 个子元素 E，若该子元素不是 E，则选择符无效。如果要使该选择器中设置的属性生效，E 元素必须是某个元素的子元素，E 的父元素最高是 body，即 E 可以是 body 的子元素。

nth-last-child(n)
选择器.mp4

同样，E:nth-last-child(n)选择器允许使用一个乘法因子(n)来作为换算方式，例如用户想选中倒数第一个子元素 E，那么可以通过 E:nth-last-child(1)实现。

【实例 8-8】

创建 nthLastChild.html 网页，利用实例 8-7 的主体内容设置样式代码。将页面中倒数第 6 个 p 元素(即正数第 2 个 p 元素)的背景颜色设置为#FFFF99，那么 E:nth-last-child(n)选择器代码如下：

```
p:nth-last-child(7){ background-color:#FFFF99}
```

而并非是如下代码：

```
p:nth-last-child(6){ background-color:#FFFF99}
```

这是因为倒数第 6 个 p，其实是倒数第 7 个子元素。基于选择器从右到左解析，首先要找到第 1 个子元素，然后再去检查该子元素是否为 p，如果不是 p，则 n 递增，继续查找，因此需要通过 p:nth-last-child(7)进行实现。

运行 nthLastChild.html 页面，此时实现效果如图 8-11 所示。

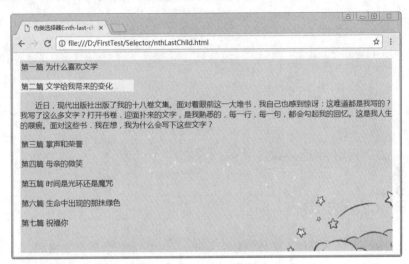

图 8-11　E:nth-last-child(n)选择器的使用

当然，如果用户不想使用 E:nth-last-child(n)选择器，可以使用 E:nth-last-of-type(n)选择器，该选择器用于匹配同类型中的倒数第 *n* 个同级兄弟元素 E。如下代码实现效果等同于 p:nth-last-child(7)的实现效果：

```
p:nth-last-of-type(6){ background-color:#FFFF99}
```

■ 8.5.5　E:root 选择器

E:root 选择器匹配 E 元素在文档中的根元素。在 HTML 中，根元素永远是 HTML。例如以下代码：

root 选择器.mp4

```
html:root{
    color:red;
}
```

其效果等价于：

```
:root{
    color:red;
}
```

📋 【实例 8-9】

根据 E:root 选择器的特性，可以作为 IF8 的 Hack，即在不同版本的浏览器下呈现不同的效果。例如，向 HTML 网页中添加一个 300×300 的 div 元素，非 IE 浏览器中其背景颜色为 black(黑色)，IE9 及其以上版本显示为 purple(紫色)，IE8 为 yellow(黄色)，IE7 为 blue(蓝色)，IE6 为 red(红色)。完整代码如下：

```
<style type="text/css">
.test {
        background-color: black;
        background-color: yellow\0;
        *background-color: blue;
        _background-color: red;
}
html:root .test {
        background-color: purple\0;

}
</style>
</head>

<body>
<div style="width:300px;height:300px;" class="test"></div>
</body>
```

8.5.6　E:not(s)选择器

E:not(s)选择器匹配不含有 s 选择器的元素 E，又被称为否定伪类选择器。假设当前存在一个列表，每个列表项都有一条底边线，但是最后一项不需要底边线，这时可以使用 E:not(s)选择器。示例代码如下：

not(s)选择器.mp4

```
.demo li:not(:last-child) {
        border-bottom: 1px solid #ddd;
}
```

【实例 8-10】

创建 rootSelector.html 网页，向该页面的主体部分添加以下内容：

```
<ul class="demo">
        <li>第一篇 为什么喜欢文学</li>
        <li class="fontsize">第二篇 文学给我带来的变化</li>
        <div class="box"> 近日，现代出版社出版了我的十八卷文集。……我在想，我为什么会写下这些文字？
</div><li>第三篇 掌声和荣誉</li>
        <li class="fontsize">第四篇 母亲的微笑</li>
        <li>第五篇 时间是光环还是魔咒</li>
        <li>第六篇 生命中出现的那抹绿色</li>
</ul>
```

为上述内容中的元素设置样式，主要设置除了类选择器 fontsize 之外的 li 元素的字体颜色和字体大小。有关代码如下：

```
<style type="text/css">
.box{ text-indent:2em;}
ul.demo li.fontsize{                          /* fontsize 类选择器设置指定 li 元素的样式 */
```

```
        color:blue;
        font-weight:bold;
}
ul.demo li:not(.fontsize){                    /* 除了 fontsize 类选择器之外的 li 元素的样式 */
        font-size:24px;
        color:red;
}
</style>
```

运行 rootSelector.html 页面，效果如图 8-12 所示。

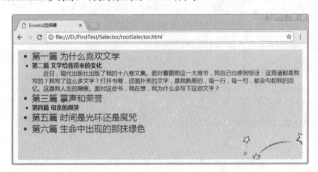

图 8-12　E:not(s)选择器的使用

8.5.7　E:empty 选择器

E:empty 选择器用于匹配没有任何子元素(包括 text 节点)的元素 E。

【实例 8-11】

如下代码演示 E:empty 选择器的使用的方法：

empty 选择器.mp4

```
<style>
p{ test-indent:2em;}
p:empty {
        height: 25px;
        border: 1px solid #ddd;
        background: #eee;
}
</style>
<body>
<div class="test">
        <p>结构性伪类选择符 E:empty(PS：E:empty 选择器用于匹配没有任何子元素(包括 text 节点)的元素
E)</p>
        <p><!--我是一个空节点 p，请注意我与其他非空节点 p 的外观有什么不一样--></p>
        <p>以上就是针对结构性伪类选择符 E:empty 的说明</p>
</div>
</body>
```

8.5.8　E:target 选择器

E:target 选择器匹配相关 URL 指向的 E 元素。在 HTML 网页中，URL 后面跟锚点#，指向文档内某个具体的元素。这个被链接的元素就是目标元

target 选择器.mp4

素(target element)，E:target 选择器用于选取当前活动的目标元素。

📋【实例 8-12】

(1) 新建 target.html 网页，向页面中添加 div 元素、p 元素等内容。部分代码如下：

```html
<div class="test">
    <div class="hd nav">
        <a href="#panel1">一个美丽的故事</a>
        <a href="#panel2">婴儿游泳有什么好处</a>
        <a href="#panel3">婴儿游泳注意事项</a>
        <a href="#panel4">健康生活常识</a>
        <a href="#panel5">张爱玲名言名句</a>
    </div>
    <div class="bd">
        <div id="panel1" class="panel">
            <h2>一个美丽的故事</h2>
            <div><p>有个塌鼻子的小男孩儿，因为两岁时得过脑炎...大家肯定会格外喜欢你的。</p>
            </div>
        </div>
        <!-- 省略其他部分代码 -->
    </div>
</div>
```

(2) 为上述元素添加如下代码：

```css
<style type="text/css">
.test .hd{padding:10px 0;}
.test .nav{position:fixed;right:10px;left: 540px;}
.test .nav a{display:block;margin: 10px 0;}
.test .bd .panel{width:500px;margin-top:5px;border:1px solid #ddd;}
.test .bd h2{border-bottom:1px solid #ddd;}
.test .bd .panel:target{border-color:#f60;}
.test .bd .panel:target h2{border-color:#f60;}
h2,p{margin:0;padding:10px;font-size:16px;}
</style>
```

(3) 运行 target.html 网页，初始效果如图 8-13 所示。单击右侧要查看的内容超链接，页面效果，如图 8-14 所示。

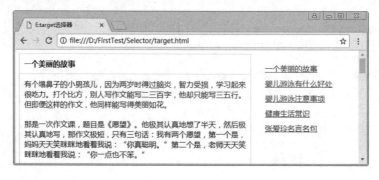

图 8-13　初始效果

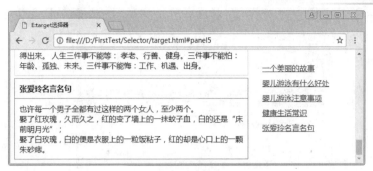

图 8-14　超链接跳转页面效果

8.5.9　综合应用实例：单击超链接显示具体内容

用户在实际操作过程中，经常会用到一个显示功能。例如单击某个按钮或者超链接，这时会实现页面跳转或者显示某段内容，再次单击该按钮，显示的内容将会隐藏。大多数情况下，用户可以通过 JavaScript 脚本语言实现，实际上还可以直接利用样式代码实现。

本综合应用实例实现单击网页中的链接显示某一段具体的文字，步骤如下。

(1)　创建 clickShowMessage.html 网页，向网页中添加 input 元素、label 元素以及控制显示的 div 元素，该元素包含一个 p 元素。

```
<input type="checkbox" class="toggle" id="toggle" />
<label for="toggle">点我</label>
<div class="toggled">
<p>张爱玲幼时生于上海，青年求学香港，晚年轰动台湾，最终隐逝美国。穿过中国最黑暗的年代，她轻灵翩跹，自如来去女性书写领域，在小说、散文、电影剧本等方面都有丰富作品。因其善塑细腻与古典兼具的女性形象、精准把握人物心理特征而为时人所称道，其作品与思想都值得借鉴。</p>
</div>
```

(2)　为上个步骤中的元素添加样式代码，这里需要用到 E:not(s)选择器、E:checked 选择器、E～F 选择器等。主要样式代码如下：

```
<style>
.toggle,.toggle:not(:checked) ~ .toggled /* 2 */ {
    border: 0;
    clip: rect(0 0 0 0);
    height: 1px;
    margin: -1px;
    overflow: hidden;
    padding: 0;
    position: absolute;
    width: 1px;
}
.toggle:focus ~ label {
        color: deeppink;
}
</style>
```

(3)　运行 clickShowMessage.html 页面查看效果，单击超链接时的效果，如图 8-15 所示。

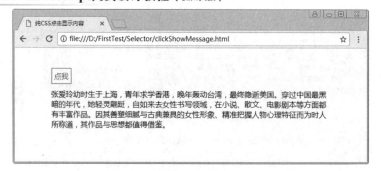

图 8-15　单击超链接显示内容

8.6　伪对象选择器

伪对象选择器并不是针对真正的元素使用的选择器，而是针对已经定义好的伪元素使用的选择器。CSS 3 版本对已存在的伪对象选择器进行了更改，同时新增加了两种伪对象选择器。

8.6.1　E::selection 选择器

E::selection 选择器用于设置对象被选择时的样式。

【实例 8-13】

在实例 8-11 的基础上添加样式代码，为 p 元素添加样式，设置 p 元素中的内容被选中时的背景颜色、字体颜色和字体大小。样式代码如下：

selection
选择器.mp4

```css
p::selection{
    background-color:yellow;        /*设置黄色背景*/
    color:blue;                     /*设置绿色字体*/
    font-size:24px;
}
```

运行 HTML 网页，选择内容进行测试，效果如图 8-16 所示。

图 8-16　E::selection 选择器的使用效果

从图 8-16 中可以看出，用户选择的字体颜色和背景颜色已经发生改变，但是字体并没有发生变化，这是什么原因呢？原来，E::selection 选择器只能定义被选择时的background-color、color 以及 text-shadow 属性，对于其他属性来说无效。

8.6.2　E::placeholder 选择器

E::placeholder 选择器用于设置对象文字占位符的样式。E::placeholder 选择器用于控制表单输入框占位符的外观，它允许开发者/设计师改变文字占位符的样式，默认的文字占位符为浅灰色。

placeholder
选择器.mp4

当表单背景色为类似的颜色时，可能效果并不是很明显，那么就可以使用 E::placeholder 选择器来改变文字占位符的颜色。

> **提示**
>
> 除了 Firefox 浏览器使用 E::[prefix]placeholder 外，其他浏览器都是使用 E::[prefix]input-placeholder。另外，Firefox 浏览器支持该伪元素使用 text-overflow 属性来处理溢出问题。

【实例 8-14】

以下代码演示 E::placeholder 选择器的使用：

```
<style>
input::-webkit-input-placeholder { color: red; }
input:-ms-input-placeholder { color: red; }            // IE 10+
input:-moz-placeholder { color: red; }                 // Firefox 4-18
input::-moz-placeholder { color: green; }              // Firefox 19+
</style>
<body>
<input id="test" placeholder="请输入搜索关键词">
<input type="button" value="立即搜索" class="btn" />
</body>
```

在上述代码中，分别设置不同浏览器使用 E::placeholder 选择器时应使用的格式。运行 HTML 网页，此时使用效果，如图 8-17 所示。

图 8-17　E::placeholder 选择器的使用效果

8.6.3　已修改的选择器

在前面已经提到过，CSS 3 版本中除了新增加选择器外，还针对某些选择器进行更改。

对于伪对象类型的选择器来说，已修改的选择器有 E:first-line(修改为 E::first-line)、E::first-letter(修改为 E::first-letter)、E:before(修改为 E::before)和 E:after(修改为 E::after)。

1. E::first-line 和 E::first-letter 选择器

针对 E::first-line 和 E::first-letter 选择器，用户都需要注意如下两点。以 E::first-line 选择器为例：

▶ E::first-line 选择器不能紧挨着规则集大括号，需留有空格或换行。

▶ 为了与伪类选择器进行区分，才将单冒号更改为双冒号。但是本质上并不支持伪元素的双冒号(::)写法，而是忽略掉了其中的一个冒号，仍以单冒号来解析，所以等同变相支持了 E::first-line。

2. E::after 选择器和 E::before 选择器

与上述两种选择器一样，这两种选择器本质上并不支持伪元素的双冒号写法，而是忽略了其中的一个冒号，仍以单冒号来解析，所以等同变相支持了 E::before 和 E::after。另外，这两种选择器还需要注意以下几点。

before 选择器和
after 选择器.mp4

▶ 用来和 content 属性一起使用，并且必须定义 content 属性。

▶ 不支持设置属性 position、float、list-style-*和一些 display 值，Firefox 3.5 开始取消这些限制。

▶ IE 10 浏览器中使用伪元素动画时需要用一个空的 E:hover 进行激活，代码如下：

```
.test:hover {}
.test:hover::before { /* 这时 animation 和 transition 才生效 */}
```

【实例 8-15】

例如，下面代码演示 E::before 选择器和 E::after 选择器的使用：

```
<style>
p{position:relative;color:#f00;font-size:14px;font-size:0\9;*font-size:14px;}
p:before{position:absolute;background:#fff;color:#000;content:"如果你的能看到这段文字，说明你的浏览器只支持 E:before";font-size:14px;}
p::before{position:absolute;background:#fff;color:#000;content:"如果你的能看到这段文字，说明你的浏览器支持 E:before 和 E::before";font-size:14px;}
</style>
<body>
<p>Sorry, 你的浏览器不支持 E:before 和 E::before</p>
</body>
```

8.6.4 综合应用实例：练习 content 属性

在介绍 E::after 选择器和 E::before 选择器的时候，不止一次提到过 content 属性。content 属性与 E::after 和 E::before 选择器一起使用时，分别表示在对象后或对象前插入指定的内容。content 属性的具体取值及其说明，如表 8-6 所示。

表 8-6　content 属性的取值及其说明

取　值	说　明
normal	默认值。表现与 none 值相同
none	不生成任何值
<attr>	插入标记的属性值
<url>	使用指定的绝对或相对地址插入一个外部资源(图像、声频、视频或浏览器支持的其他任何资源)
<string>	插入字符串
counter(name)	使用已命名的计数器
counter(name,list-style-type)	使用已命名的计数器并遵从指定的 list-style-type 属性
counters(name,string)	使用所有已命名的计数器
counters(name,string,list-style-type)	使用所有已命名的计数器并遵从指定的 list-style-type 属性
no-close-quote	并不插入 quotes 属性的后标记，但增加其嵌套级别
no-open-quote	并不插入 quotes 属性的前标记，但减少其嵌套级别
close-quote	插入 quotes 属性的后标记
open-quote	插入 quotes 属性的前标记

　　content 虽然只是一个属性，但是其功能非常强大，使用该属性不仅可以插入文字、图像，还可以插入项目编号，并且可以指定项目编号的种类、样式、向编号中追加文字，等等。

　　本综合应用实例主要利用 E::after 和 E::before 选择器演示 content 属性的实现效果，例如插入文字、图像、使用指定的计数器等。具体步骤如下。

　　(1)　创建 content.html 网页，向该页面中添加无序列表元素。首先添加第一个列表项，内容如下：

```
<ul class="test">
<li class="string">
<strong>string：</strong>
<p>你的浏览器是否支持 content 属性：否</p>
</li>
<!-- 其他项目列表-->
</ul>
```

　　(2)　以下代码表示在 p 元素对象后添加内容，content 属性值为"支持"：

```
.string p:after {
    margin-left: -16px;
    background: #fff;
    content: "支持";
    color: #f00;
}
```

　　(3)　继续添加列表项，内容如下：

```
<li class="attr">
<strong>attr：</strong>
<p title="如果你看到我则说明你目前使用的浏览器支持 content 属性"></p>
```

```
</li>
```

(4) 上述列表项中 p 元素的对应样式如下，这里主要用到 content 属性的 attr 取值：

```
.attr p:after { content: attr(title); }
```

(5) 继续添加列表项，该列表项用于在指定的 p 元素前插入图像。内容如下：

```
<li class="url">
<strong>url()：</strong>
<p>如果你看到我的头像图片则说明你目前使用的浏览器支持 content 属性</p>
</li>
```

(6) 在 p:before 选择器中通过 content 属性指定图像：

```
.url p:before {
    content: url(https://pic.cnblogs.com/avatar/779447/20160817152433.png);
    display: block;
}
```

(7) 继续添加列表项，该列表项演示 counter(name)的使用：

```
<li class="counter1">
<strong>counter(name)：</strong>
<ol><li>列表项</li><li>列表项</li><li>列表项</li></ol>
</li>
```

(8) 上个步骤的元素对应的 CSS 样式代码如下：

```
.counter1 li { counter-increment: testname; }
.counter1 li:before {
    content: counter(testname)":";
    color: #f00;
    font-family: georgia,serif,sans-serif;
}
```

(9) 继续添加列表项，该列表项演示 counter(name,list-style-type)的使用：

```
<li class="counter2">
<strong>counter(name,list-style-type)：</strong>
<ol><li>列表项</li><li>列表项</li><li>列表项</li></ol>
</li>
```

(10) 上个步骤对应的 CSS 样式代码如下：

```
.counter2 li { counter-increment: testname2; }
.counter2 li:before {
    content: counter(testname2,lower-roman)":";
    color: #f00;
    font-family: georgia,serif,sans-serif;
}
```

(11) 继续添加列表项，该列表项演示 counter(name)扩展内容的使用：

```
<li class="counter3">
<strong>counter(name)拓展应用：</strong>
<ol>
<li>列表项
```

```
<ol><li>列表项<ol><li>列表项</li><li>列表项</li></ol></li><li>列表项</li></ol>
</li>
<li>列表项<ol><li>列表项</li><li>列表项</li></ol></li>
<li>列表项<ol><li>列表项</li><li>列表项</li></ol></li>
</ol>
</li>
```

(12) 为上个步骤中的元素指定样式，涉及 content 属性取值 counter(name)的多个扩展应用。具体设置样式代码如下：

```
.counter3 ol ol { margin: 0 0 0 28px; }
.counter3 li { padding: 2px 0; counter-increment: testname3; }
.counter3 li:before {
    content: counter(testname3,float)":";
    color: #f00;
    font-family: georgia,serif,sans-serif;
}
.counter3 li li { counter-increment: testname4; }
.counter3 li li:before { content: counter(testname3,decimal)"."counter(testname4,decimal)":"; }
.counter3 li li li { counter-increment: testname5; }
.counter3 li li li:before {
    content: counter(testname3,decimal)"."counter(testname4,decimal)"."counter(testname5,decimal)":";
}
```

(13) 到此为止，所有的内容已经介绍完毕。运行 content.html 页面，运行效果的部分截图，如图 8-18 所示。

图 8-18　网页部分运行效果

8.7　兄弟选择器

兄弟选择器.mp4

　　兄弟选择器 E~F 用于选择 E 元素后面的所有兄弟元素 F。它是 CSS 3 新增加的一种选择器，这种选择器将选择某元素后面的所有兄弟元素，它们也和相邻兄弟元素类似，需要在同一个父元素之中，换句话说，E 元素和 F 元素属于同一父元素，并且 F 元素在 E 元素之后，那么 E~F 选择器将选中 E 元素后面的所有 F 元素。

【实例 8-16】

(1) 创建 selector.html 网页，在网页中添加以下内容：

```
<h3>假的流言一</h3>
<p>第 1 篇    12 岁儿童坐飞机需办身份证？</p>
<p>第 2 篇    "神药"真的决定生男生女吗</p>
<h3>假的流言二</h3>
<p>第 3 篇    有机食物比普通食物更营养？</p>
<h3>假的流言三</h3>
<p>第 4 篇    肝脏真的有排毒时间表吗？</p>
<p>第 5 篇    西瓜和桃子同吃会致命</p>
```

(2) 使用 p~p 匹配 p 元素的兄弟元素 p，并设置字体颜色为红色。样式代码如下：

```
p ~ p {
        color: #f00;
}
```

(3) 运行 selector.html 页面，效果如图 8-19 所示。

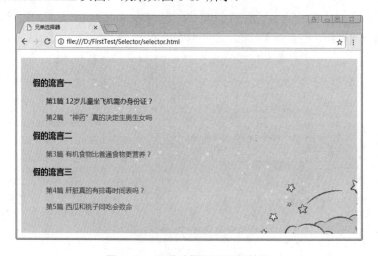

图 8-19 兄弟选择器的运行效果

本章小结

CSS 3 选择器不但支持所有 CSS 2.1 选择器，同时新增了若干种类选择器，合理使用它们可以帮助用户在开发中减少对 HTML 类名和 ID 的依赖，以及对 HTML 元素结构的依赖，使编写代码更加简单、轻松。

习　题

一、填空题

1. 选择器_____匹配具有 att 属性且属性值为以 val 开头的字符串的 E 元素。

2. _____选择器用于匹配父元素的最后一个子元素 E。

3. _____表示否定伪类选择器。

4. 在 CSS 3 中新增加的伪对象选择器有_____和 E::placeholder 两种。

5. 使用 E::before 选择器插入图像文件时，需要用 content 属性的属性值_____指定插入的图像路径。

6. 用户要使用 E::after 或 E:before 选择器，那么必须设置_____属性。

二、选择题

1. 在下列选项中，CSS 3 新增的属性选择器不包含_____。

    A. E[att*="val"]　　　　　　　　　　B. E[att|="val"]

    C. E[att$="val"]　　　　　　　　　　D. E[att^="val"]

2. 假设当前存在一个多行多列的表格，如果要实现隔行变色的效果，将 nth-of-type(n) 中的 n 设置为_____时，表示设置偶数行的样式。

    A. odd　　　　　　B. even　　　　　　C. 2n+1　　　　　　D. 4n+1

3. 如果用户想要匹配 div 元素之后和它同样等级的 p 元素，并且设置字体为红色，大小为 20 像素，那么_____选项是正确的。

    A. div~p{color:red;font-size:20px;}　　B. p[id="div"]{color:red;}

    C. div:last-child{color:red;}　　　　　D. p:first-child{color:red; font-size:20px;}

4. CSS 3 新增的_____选择器选择在其父元素中匹配 E 的第一个同类型子元素，其功能类似于 E:nth-of-type(1)。

    A. E:nth-child(1)　　　　　　　　　　B. E:first-of-type

    C. E:only-child　　　　　　　　　　　D. E:only-of-type

5. 用户要实现图 8-20 的效果，一定会用到_____选择器。

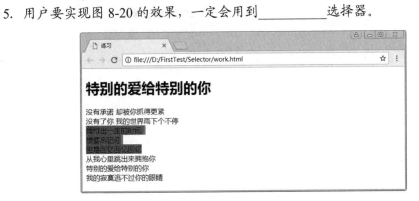

图 8-20　实现效果图

A. E:placeholder B. E:nots(s)
C. E::nth-child(3) D. E::selection

三、上机练习

练习1：表格隔行变色和隔列变色的实现

创建 HTML 网页，向页面中添加多行多列的表格，利用本章介绍的知识实现表格隔行变色或隔列变色的效果，初始效果如图 8-21 所示，光标悬浮时的效果如图 8-22 所示。

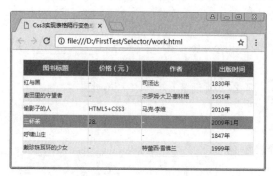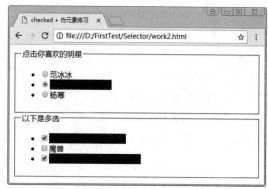

图 8-21　初始效果　　　　　　　　　图 8-22　悬浮效果

练习2：利用伪对象选择器和 E:checked 实现选中效果

创建 HTML 网页，向页面中添加单选按钮和复选框按钮，当用户选择某一选项时更改该项的背景颜色，初始效果如图 8-23 所示，选中时的效果如图 8-24 所示。

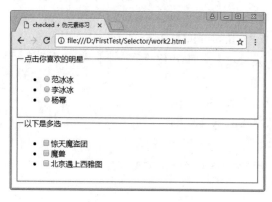

图 8-23　初始效果　　　　　　　　　图 8-24　选中效果

第9章

CSS 3 修饰文本和背景

学习 CSS 时，首先要掌握的是选择器。除此之外，在 CSS 样式表中，属性是无处不在的，即使是选择器，仍然需要使用属性。CSS 3 不仅针对之前版本的某些属性进行完善，同时还增加了许多属性。

本章详细介绍 CSS 3 中新增加的背景、边框、字体、颜色等相关属性，例如与背景有关的 background-clip、background-size、background-origin 属性，与边框有关的 border-radius、box-shadow、border-image 属性等。

学习要点

- ▶ 了解 CSS 3 新增的文本属性。
- ▶ 了解 CSS 3 新增的字体属性。
- ▶ 了解 CSS 3 新增的边框属性。
- ▶ 熟悉常见渐变方式的呈现原理。

学习目标

- ▶ 掌握 word-wrap 和 word-break 属性。
- ▶ 掌握使用 text-shadow 属性的方法。
- ▶ 掌握 CSS 3 新增的颜色属性。
- ▶ 掌握使用 border-radius 属性的方法。
- ▶ 掌握使用 box-shadow 属性的方法。
- ▶ 掌握 CSS 3 新增的背景属性。
- ▶ 掌握线性渐变的使用方法。

9.1 新增基本属性

在 CSS 3 中新增加了多种属性，本节介绍常见的文本属性、字体属性、颜色属性、边框属性以及背景属性。

9.1.1 文本属性

文字的基础属性主要包括字体、颜色和文本，首先来了解文本属性。CSS 3 中除了新增加一些与文本有关的属性外，还针对某些属性进行了修改。

例如，表 9-1 列出了 CSS 3 中新增加和修改的文本属性，并对这些属性进行解释说明。

表 9-1　CSS 3 中新增加和修改的文本属性

属　性	版　本	说　明
text-transform	CSS 1/CSS 3	检索或设置对象中文本的大小写
text-align	CSS 1/CSS 3	检索或设置对象中内容的对齐方式
word-spacing	CSS 1/CSS 3	检索或设置对象中单词之间的最小、最大和最佳间隙
letter-spacing	CSS 1/CSS 3	检索或设置对象中字符之间的最小、最大和最佳间隙
text-indent	CSS 1/CSS 3	检索或设置对象中文本的缩进
tab-size	CSS 3	检索或设置对象中制表符的长度
word-wrap	CSS 3	检索或设置当内容超过指定窗口的边界时是否断行
overflow-wrap	CSS 3	检索或设置当内容超过指定窗口的边界时是否断行
word-break	CSS 3	检索或设置对象内文本的字内换行行为
text-align-last	CSS 3	检索或设置一个块内的最后一行(包括块内仅有一行文本的情况，这时既是第一行也是最后一行)或者被强制打断的行的对齐方式
text-justify	CSS 3	设置或检索对象内调整文本使用的对齐方式
text-size-adjust	CSS 1/CSS 3	检索或设置移动端页面中对象文本的大小调整

除了基本属性外，还有一种文本装饰属性，顾名思义，文本装饰属性就是用来装饰文本的，例如，为文本添加下画线。表 9-2 中针对修改和新增加的文本装饰属性进行说明。

表 9-2　CSS 3 中新增加和修改的文本装饰属性

属　性	版　本	说　明
text-decoration	CSS 1/CSS 3	复合属性。检索或设置对象中文本的装饰
text-decoration-line	CSS 3	检索或设置对象中文本装饰线条的位置
text-decoration-color	CSS 3	检索或设置对象中文本装饰线条的颜色
text-decoration-style	CSS 3	检索或设置对象中文本装饰线条的形状
text-decoration-skip	CSS 3	检索或设置对象中文本装饰线条必须略过内容中的哪些部分
text-decoration-position	CSS 3	检索或设置对象中下画线的位置
text-shadow	CSS 3	检索或设置对象中文本的文字是否有阴影及模糊效果

9.1.2 字体属性

字体属性控制字体外观，例如"宋体""楷体""隶书"等都是字体的一种。CSS 3 中新增加了两个字体属性，分别是 font-stretch 属性和 font-size-adjust 属性。

1. font-stretch 属性

font-stretch 属性设置或检索对象中的文字是否横向拉伸变形。该属性的文字拉伸是相对于浏览器显示的字体的正常宽度。具体语法如下：

```
font-stretch: normal | ultra-condensed | extra-condensed | condensed | semi-condensed | semi-expanded | expanded | extra-expanded | ultra-expanded
```

其中，font-stretch 属性的取值及其说明如下。

- ▶ normal：正常文字宽度。
- ▶ ultra-condensed：比正常文字宽度窄 4 个基数。
- ▶ extra-condensed：比正常文字宽度窄 3 个基数。
- ▶ condensed：比正常文字宽度窄 2 个基数。
- ▶ semi-condensed：比正常文字宽度窄 1 个基数。
- ▶ semi-expanded：比正常文字宽度宽 1 个基数。
- ▶ expanded：比正常文字宽度宽 2 个基数。
- ▶ extra-expanded：比正常文字宽度宽 3 个基数。
- ▶ ultra-expanded：比正常文字宽度宽 4 个基数。

2. font-size-adjust 属性

font-size-adjust 属性用于设置或检索小写字母 x 的高度与对象文字字号的比率。基本语法如下：

font-size-adjust
属性.mp4

```
font-size-adjust: none | <number>
```

其中，none 表示不保留首选字体的 x-height；<number>用于定义字体的 aspect 值。

一般情况下，字体的小写字母 x 的高度与对象文字字号之间的比率被称为一个字体的 aspect 值，高 aspect 值的字体被设置为很小的尺寸时会更易阅读。

举例来说，Verdana 的 aspect 值是 0.58(意味着当字体尺寸为 100px 时，它的 x-height 是 58px)。Times New Roman 的 aspect 值是 0.46。这就意味着 Verdana 在小尺寸时比 Times New Roman 更容易阅读。

用户可以使用下面公式来为可用字体推演出合适的字号：

```
可应用到可用字体的字体尺寸 = 首选字体的字体尺寸 * (font-size-adjust 值 / 可用字体的 aspect 值)
```

【实例 9-1】

如下代码演示 font-size-adjust 属性的简单应用：

```
<style>
body {
```

```
    font: 14px/1.5 Verdana, Times New Roman;
    font-size-adjust: .58;
}
</style>
<body><p>Hello World!</p></body>
```

9.1.3　颜色属性

如果用户要设置网页文本的颜色，需用到 color 属性。除了该属性外，在 CSS 3 中新增加了 opacity 属性，该属性检索或设置对象的不透明度。opacity 属性的语法如下：

opacity 属性.mp4

```
opacity：<number>
```

其中，<number>使用浮点数指定对象的不透明度。值被约束在[0.0,1.0]范围内，如果超过了这个范围，其计算结果将截取到与之最相近的值。

> **提示**
>
> 对于尚不支持 opacity 属性的 IE 浏览器，可以使用 IE 私有的滤镜属性来实现与 opacity 相同的效果。

【实例 9-2】

创建 opacity.html 网页，在页面中添加两个 div 元素，这两个元素用于显示透明度的效果图。完整代码如下：

```
<style>
h1 { margin: 10px 0; font-size: 16px; }
.test, .test2 { width: 300px; height: 150px; padding: 10px; }
.test { background:#050; }
.test2 {
    margin: -120px 0 0 50px;
    background: #000;
    filter: alpha(opacity=50);
    opacity: .5;
    color: #fff;
}
</style>
<body>
<h1>下例是一个半透明的效果：</h1>
<div class="test">不透明度为 100%的 box</div>
<div class="test2">不透明度为 50%的 box</div>
</body>
```

9.1.4　边框属性

网页设计布局少不了边框，边框属性用来设置一个元素的边线。一个边框以何种方式显示边框颜色、边框宽度等都属于边框样式，CSS 3 中新增加的边框属性及其说明，如表 9-3 所示。

表 9-3　CSS 3 中新增加的边框属性

属　　性	说　　明
border-radius	设置或检索对象使用圆角边框
border-top-left-radius	设置或检索对象左上角圆角边框
border-top-right-radius	设置或检索对象右上角圆角边框
border-bottom-left-radius	设置或检索对象左下角圆角边框
border-bottom-right-radius	设置或检索对象右下角圆角边框
box-shadow	设置或检索对象阴影
border-image	设置或检索对象的边框样式使用图像来填充
border-image-source	设置或检索对象的边框是否用图像定义样式或图像来源路径
border-image-slice	设置或检索对象的边框背景图的分割方式
border-image-width	设置或检索对象的边框厚度
border-image-outset	设置或检索对象的边框背景图的扩展
border-image-repeat	设置或检索对象的边框图像的平铺方式

9.1.5　背景属性

在 HTML 网页中，有一部分的区域是需要用到背景的，例如整个页面背景显示为蓝色，或者底部区域添加背景图片等，这都需要用到与背景有关的属性。CSS 中包含多个背景属性用于设置背景，新版本中新增加的 3 个属性及其说明如下所示。

- ▶ background-origin 属性：设置或检索对象的背景图像显示的原点。
- ▶ background-clip 属性：设置或检索对象的背景向外裁剪的区域。
- ▶ background-size 属性：设置或检索对象的背景图像的尺寸大小。

9.2　设置文本样式

简单了解 CSS 3 新增加的文本属性、字体属性、颜色属性等内容后，本章针对常用的与文本样式有关的属性进行详细介绍。

9.2.1　文本换行设置

一个 HTML 网页中少不了文本模块，而文本模块区域少不了换行。文本换行涉及两个属性：word-wrap 属性和 word-break 属性。

1．word-wrap 属性

word-wrap 属性设置或检索当内容超过指定容器的边界时是否断行。在 CSS 3 中，将 word-wrap 属性更改为 overflow-wrap 属性。word-wrap 属性语法如下：

word-wrap 属性.mp4

```
word-wrap：normal | break-word
```

其中，normal 允许内容顶开或溢出指定的容器边界。break-word 表示内容将在边界内换行，如果需要，单词内部允许断行。

📋【实例 9-3】

创建 wordwrap.html 网页，向网页的主体部分添加项目列表元素，用于演示 word-wrap 属性。代码如下：

```
<center><h2>一粒沙子</h2></center>
<ul class="test">
    <li class="normal">
        <strong>normal：</strong><p>zheshiyiduanhenchangdewenzimeiyourenhedebiaodianfuhao</p>
    </li>
    <li class="normal">
        <strong>normal：</strong><p>从一粒沙子看到一个世界(To see a world in a grain of sand)从一朵
野花看到一个天堂(And a heaven in a wild flower)</p>
    </li>
    <li class="break-word">
        <strong>break-word：</strong>
        <p>zheshiyiduanhenchangdewenzimeiyourenhedebiaodianfuhao</p>
    </li>
    <li class="break-word">
        <strong>break-word：  </strong><p> 这 是 一 段 很 长 的 文 字 没 有 任 何 的 标 点 符 号
zheshiyiduanhenchangdewenzimeiyourenhedebiaodianfuhao</p>
    </li>
</ul>
```

为上述元素添加样式代码，指定 word-wrap 属性的取值分别为 normal 和 break-word。代码如下：

```
<style type="text/css">
ul.test {width:70%;margin:0 auto}
ul.test li{width:100%;}
ul.test {margin:0 auto}
.test p{width:350px;border:1px solid #000;background-color:#eee;}
.normal p{word-wrap:normal;}
.break-word p{word-wrap:break-word;}
</style>
```

word-wrap 属性是控制是否"为词断行"的，设置或检索当前行超过指定容器的边界时是否断开转行。中文没有任何问题，英文语句也没问题。但是对于长串的英文，就不起作用，如图 9-1 所示。

🖧 2. word-break 属性

word-break 属性的基本语法如下：

```
word-break：normal | keep-all | break-all
```

word-break 属性.mp4

其中，word-break 属性的取值说明如下。

▶ **normal**：依照亚洲语言和非亚洲语言的文本规则，允许在字内换行。

▶ **keep-all**：与所有非亚洲语言的 normal 相同。对于中文、韩文、日文，不允许字断

开，适合包含少量亚洲文本的非亚洲文本。若要防止页面中出现连续无意义的长
字符打破布局，应该使用 break-all 属性值。

▶ break-all：该行为与亚洲语言的 normal 相同，也允许非亚洲语言文本行的任意字
内断开。该值适合包含一些非亚洲文本的亚洲文本，例如使连续的英文字母间
断行。

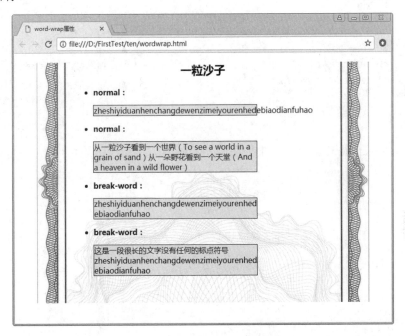

图 9-1　word-wrap 属性效果

【实例 9-4】

创建 wordbreak.html 网页，该网页的内容在上个例子的基础上进行更改，代码非常简单，
这里不再详细解释，直接给出代码。如下所示：

```
<style type="text/css">
ul.test {width:70%;margin:0 auto}
ul.test li{width:100%;}
ul.test {margin:0 auto}
.test p{width:350px;border:1px solid #000;background-color:#eee;}
.normal p{word-break:normal;}
.break-all p{word-break:break-all;}
.keep-all p{word-break:keep-all;}
</style>
</head>
<body >
<div  style="background-image:url(img/bg5.jpg);   background-repeat:no-repeat;  background-position:center;
margin:0 auto; width:729px; height:500px; border:3px; solid green;">
<center><h2>一粒沙子</h2></center>
<ul class="test">
    <li class="normal">
        <strong>normal：</strong>
        <p>zheshiyiduanhenchangdewenzimeiyourenhedebiaodianfuhao</p>
```

```
        </li>
        <li class="normal">
            <strong>normal：</strong><p>从一粒沙子看到一个世界(To see a world in a grain of sand)从一朵
野花看到一个天堂(And a heaven in a wild flower)</p>
        </li>
        <li class="break-all">
            <strong>break-all：</strong>
            <p>zheshiyiduanhenchangdewenzimeiyourenhedebiaodianfuhao</p>
        </li>
        <li class="break-all">
            <strong>break-all：</strong><p>这是一段很长的文字没有任何的标点符号 zheshiyiduanhenchang
dewenzimeiyourenhedebiaodianfuhao</p>
        </li>
    </ul>
    </body>
```

运行 wordbreak.html 页面，效果如图 9-2 所示。

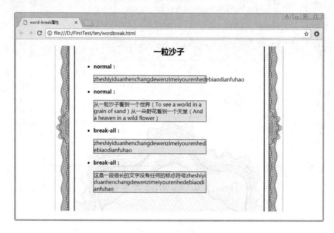

图 9-2　word-break 属性的使用

仔细观察图 9-1 和图 9-2，word-break 属性取值 break-all 时表示断开单词。在单词到边界时，下个字母自动移到下一行。word-break:break-all 主要解决了长串英文的问题，弥补了word-wrap:break-word 对于长串英文不起作用的缺陷。

9.2.2　文本对齐方式

在 CSS 3 中新增加了 text-justify 属性，该属性设置或检索对象内调整文本使用的对齐方式。基本语法如下：

```
text-justify：auto | none | inter-word | inter-ideograph | inter-cluster | distribute | kashida
```

text-justify 属性.mp4.

其中，text-justify 属性的取值说明如下。

▶　auto：允许浏览器用户代理确定使用的两端对齐法则。

▶　none：禁止两端对齐。

▶　inter-word：通过增加字之间的空格对齐文本。该行为是对齐所有文本行最快的方法，它的两端对齐行为对段落的最后一行无效。

- ▶ inter-ideograph：为表意字文本提供完全两端对齐，增加或减少表意字和词间的空格。
- ▶ inter-cluster：调整文本无词间空格的行。这种模式是用于优化亚洲语言文档的。
- ▶ distribute：通过增加或减少字或字母之间的空格对齐文本，适用于东亚文档，尤其是泰文。
- ▶ kashida：通过拉长选定点的字符调整文本。这种调整模式是特别为阿拉伯脚本语言提供的。

【实例 9-5】

如下示例代码演示 test-justify 属性的使用：

```
<style>
div{width:300px;margin-top:10px;background:#aaa;text-align:justify;text-justify:inter-word;}
</style>
<body>
<div>我是第一行,后面紧接着强 制换行一些随意的文字 内容一些随意的文字内容一些随意的文字内容一些随意的文 字内容一些随意的文字内容一些随意的文字内容我后 面紧跟着强制换行 一些随意的文字内容一些随意 的文字内容一些随意的文字内容一些随意的文字内容一些 随意的文字内容我是最后一行</div>
</body>
```

9.2.3 文本单个阴影

在 CSS 2 中，如果想要实现文字的阴影效果，一般都是通过 Photoshop 等来实现。但是在 CSS 3 中，阴影效果用一个 text-shadow 属性就能实现了。简单的几句代码完全替代了 Photoshop 等工具，简单好用。

text-shadow 属性.mp4

text-shadow 属性的常用语法如下：

```
text-shadow:x-offset y-offset blur color;
```

其中，text-shadow 属性的取值说明如下。

- ▶ x-offset：水平阴影。表示阴影的水平偏移距离，单位可以是 px、em 或百分比等。如果值为正，则阴影向右偏移；如果值为负，则阴影向左偏移。
- ▶ y-offset：垂直阴影。表示阴影的垂直偏移距离，单位可以是 px、em 或百分比等。如果值为正，则阴影向下偏移；如果值为负，则阴影向上偏移。
- ▶ blur：模糊距离。表示阴影的模糊程度，单位可以是 px、em 或百分比等。blur 值不能为负。值越大，则阴影越模糊；值越小，则阴影越清晰。当然，如果不需要阴影模糊效果，可以将 blur 值设置为 0。
- ▶ color：阴影的颜色。

【实例 9-6】

创建 textshadow.html 网页，在页面中添加 h2 元素和 p 元素，前者显示文章的标题，后者显示文章的段落内容。为 h2 元素添加 text-shadow 属性，将该属性的水平阴影和垂直阴影设置为 5 像素，模糊距离设置为 2 像素，阴影颜色设置为灰色 gray。样式代码如下：

```
h2 {
    text-shadow:5px 5px 2px gray;
    -webkit-text-shadow: 5px 5px 2px gray;
```

```
    -moz-text-shadow:5px 5px 2px gray;
}
```

运行 textshadow.html 页面，观察标题的文本阴影和模糊效果，如图 9-3 所示。

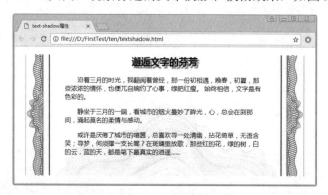

图 9-3　文本阴影和模糊效果 1

【实例 9-7】

text-shadow 属性的功能非常强大，只要将颜色的取值和阴影方向设置好，而且掌握有关的技巧，可以实现非常美丽的效果，例如，凸起和凹陷等。在实例 9-6 的基础上更改 h2 样式代码如下：

text-shadow
属性示例.mp4

```
h2 {
    display:inline-block;
    padding:20px;
    font-size:40px;
    font-family:Verdana;
    font-weight:bold;
    background-color:#CCC;
    color:#ddd;
    text-shadow:-1px 0 #333,              /*向左阴影*/
               0 -1px #333,               /*向上阴影*/
               1px 0 #333,                /*向右阴影*/
               0 1px #333 ;               /*向下阴影*/
}
```

运行 HTML 网页，上述样式代码的效果，如图 9-4 所示。

图 9-4　文本阴影和模糊效果 2

【实例 9-8】

凸起效果.mp4

用户为了表现效果更加丰富，每个方向上的阴影颜色可以有不同的设置。如果将向左和向上的阴影颜色设置为白色，文字就会有凸起的效果。修改 text-shadow 属性如下：

```
text-shadow:   -1px 0 #FFF,        /*向左阴影*/
               0 -1px #FFF,        /*向上阴影*/
               1px 0 #333,         /*向右阴影*/
               0 1px #333;         /*向下阴影*/
```

刷新 HTML 网页，上述代码的凸起效果，如图 9-5 所示。

【实例 9-9】

凹陷效果.mp4

如果将向右和向下的阴影颜色设置为白色，文字就会有凹陷的效果。修改 text-shadow 属性如下：

```
text-shadow:-1px 0 #333, /*向左阴影*/
            0 -1px #333, /*向上阴影*/
            1px 0 #FFF,  /*向右阴影*/
            0 1px #FFF;  /*向下阴影*/
```

刷新 HTML 网页，上述代码的凹陷效果，如图 9-6 所示。

图 9-5　凸起效果

图 9-6　凹陷效果

9.2.4　文本多个阴影

多个阴影.mp4

在 CSS 3 中，可以使用 text-shadow 属性来给文字指定多个阴影，并且针对每个阴影使用不同的颜色。也就是说，text-shadow 属性可以为一个以英文逗号隔开的"值列表"。

当 text-shadow 属性值为"值列表"时，阴影效果会按照给定的值顺序应用到该元素的文本上，因此有可能出现互相覆盖的现象。但是 text-shadow 属性永远不会覆盖文本本身，阴影效果也不会改变边框的尺寸。

【实例 9-10】

继续在前面例子的基础上进行更改，为 text-shadow 属性添加多个阴影。代码如下：

```
h2 {
    font-size:40px;
    text-shadow:4px 4px 2px gray, 6px 6px 2px gray, 8px 8px 8px gray;
    -webkit-text-shadow: 4px 4px 2px gray, 6px 6px 2px gray, 8px 8px 8px gray;
    -moz-text-shadow: 4px 4px 2px gray, 6px 6px 2px gray, 8px 8px 8px gray;
}
```

运行上述代码，最终的效果如图 9-7 所示。

图 9-7　text-shadow 属性的多个取值

9.2.5　综合应用实例：制作火焰字

text-shadow 属性的功能非常强大，通过设置该属性既可以实现简单的文字效果，还可以实现多重阴影效果，当然，用户还可以将绘画字母作为轮廓设置阴影。本节利用 text-shadow 属性制作一个较为复杂的效果——火焰字，如图 9-8 所示。

图 9-8　制作火焰字

仔细观察火焰文字可以发现，火焰文字实现的火焰效果，其火焰并不是单纯的颜色，而是从内焰的黄色慢慢过渡到外焰的红色。利用 CSS 3 的 text-shadow 属性实现文字阴影时，需要定义 7 层的层叠阴影，用阶梯变化的颜色和一定的阴影半径模拟出火焰从里到外的颜色渐变。

主要操作步骤如下。

(1)　创建 huoyan.html 网页，向页面中添加 h1 元素，设置 class 属性。代码如下：

```
<h1 class="fire">邂逅文字的芬芳</h1>
```

(2) 为 h1 元素添加样式，设置文字的对齐方式、字体大小、颜色以及阴影。样式代码如下：

```
.fire {
    text-align: center;
    margin: 100px auto;
    font-family: "Comic Sans MS";
    font-size: 80px;
    color: white;
    text-shadow: 0 0 20px #fefcc9, 10px -10px 30px #feec85, -20px -20px 40px #ffae34, 20px -40px 50px
#ec760c, -20px -60px 60px #cd4606, 0 -80px 70px #973716, 10px -90px 80px #451b0e;
}
```

(3) 将页面中 body 元素的背景颜色设置为黑色，代码不再显示。

(4) 运行 huoyan.html 页面，观察效果。

9.3 设置边框样式

在 CSS 3 中，针对边框增加了丰富的修饰效果，使得网页显得更加美观、舒服。下面介绍常用的 CSS 3 边框属性。

9.3.1 边框圆角属性

用户在许多网站上经常能看到圆角的效果。从用户体验和心理来说，圆角效果往往更为美观大方。在 CSS 2.1 中，给元素实现圆角效果是很头疼的一件事。老办法都是使用背景图片来实现，制作起来非常麻烦。但是 CSS 3 中 border-radius 属性的出现，完美地解决了圆角效果难以实现的问题。

边框圆角属性.mp4

border-radius 属性的完整语法如下：

border-radius：[<length> | <percentage>]{1,4} [/ [<length> | <percentage>]{1,4}]?

其中，<length>用长度值设置对象的圆角半径长度，不允许为负值；<percentage>用百分比设置对象的圆角半径长度，不允许为负值。

另外，从 border-radius 属性的语法中可以发现，该属性提供两个参数，这两个参数以"/"分隔，每个参数允许设置 1~4 个参数值，第 1 个参数表示水平半径，第 2 个参数表示垂直半径，如第 2 个参数省略，则默认等于第 1 个参数。

1．基本应用

无论是水平半径参数还是垂直半径参数，为它们指定参数值时，需要遵循以下原则。

▶　如果只提供 1 个参数值，将用于全部的四个角。

▶　如果提供 2 个参数值，第 1 个用于上左(top-left)、下右(bottom-right)，第 2 个用于上右(top-right)、下左(bottom-left)。

▶　如果提供 3 个参数值，第 1 个用于上左(top-left)，第 2 个用于上右(top-right)、下左

(bottom-left)，第 3 个用于下右(bottom-right)。

► 如果提供全部 4 个参数值，将按上左(top-left)、上右(top-right)、下右(bottom-right)、下左(bottom-left)的顺序作用于四个角。

【实例 9-11】

创建 radius.html 页面，向页面中添加 h2、div 和 p 元素，其中 h2 表示文章标题，div 用于显示整篇文章，p 用于显示文章段落。整篇文章显示时，需要设置 div 的样式，指定边框的圆角半径为 10 像素，同时指定边框的宽度、颜色和样式等。代码如下：

```
.content{
    width:70%; margin:0 auto; border:2px solid blue;
    border-radius:10px;                /* 设置圆角 */
    -webkit-border-radius:10px;        /* 适用于 Chrome 浏览器 */
    -moz-border-radius:10px;           /* 适用于 Firefox 浏览器 */
    -o-border-radius:10px;             /* 适用于 Opera 浏览器 */
}
```

运行 radius.html 页面，效果如图 9-9 所示。

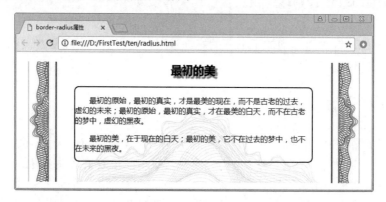

图 9-9　设置边框圆角样式

2. 绘制圆形

用户可以通过设置 border-radius 属性的各个参数值实现不同的效果。除了基本效果外，border-radius 属性还会用于多个地方，例如，在网页开发中，我们会遇到很多种需要使用圆形图案的情况，例如，圆形的头像图案、圆形进度统计等，都可以用到该属性。

绘制圆形.mp4

【实例 9-12】

使用 border-radius 属性设置圆形时，其原理是把边角弯曲成一条圆弧。本节实例通过 border-radius 属性实现一些简单的圆形，这里只需要把 border-radius 大小设置为 div(正方形)高的一半即可。实现步骤如下。

(1) 创建 radius-arc.html 网页，向页面中添加 3 个 div 元素。代码如下：

```
<div id="circle1" class="circle1"></div>
<div id="circle2" class="circle2"></div>
<div id="circle3" class="circle3"></div>
```

(2) 分别为上述 div 元素设置样式，指定元素的宽度和高度，然后分别设置 border-radius 属性的值。代码如下：

```
<style type="text/css">
div{width:160px; height:160px; float:left;margin:35px;}
.circle1{border-radius:50%;border:1px solid red;}
.circle2{border-radius:50%;border:5px solid red;}
.circle3{border-right:20px solid red;border-radius:50%;position:relative;display: table-cell;vertical-align: middle;}
</style>
```

(3) 运行本例的网页，实现效果如图 9-10 所示。

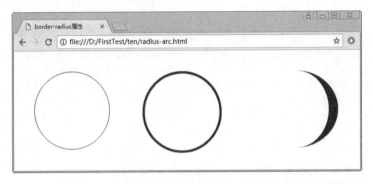

图 9-10　使用 border-radius 属性实现圆形效果

仔细观察本例的代码和效果图可以发现，本节在设置的 div 基础上增加 border-radius:50%属性可以绘制一个简单的圆形；在该基础上增加边框宽度可以绘制一个圆环。那么，为什么会出现上述镰刀形状的图形呢？这是因为 border-radius 都是圆角，而角是由两个边组成，但是却只设置 border-right，右上角和右下角只有右边作为其中一个边，所以导致其他边的宽度一直在衰减。

3．border-radius 的派生属性

实现气泡
对话框.mp4

用户可以直接通过 border-radius 属性设置边框四个角的圆角效果，当然可以将圆角效果分开设置。border-radius 属性和 margin、padding 等属性一样属于复合属性，因此可以将该属性分开，分别为四个角设置相应的圆角值，这些属性分别是 border-top-right-radius 属性(右上角)、border-bottom-right-radius(右下角)、border-bottom-left-radius(左下角)和 border-top-left-radius(左上角)。

【实例 9-13】

在前面例子的基础上，设置 border-radius 的派生属性实现气泡对话框效果。步骤如下。

(1) 创建 radius-qp.html 页面，向页面中添加如下代码：

```
<div class="test">
<span class="bot"></span>
<span class="top"></span>
    繁华纷纷的世界，你是否忘记最初的梦想
</div>
```

(2) 为上述元素设置样式，首先设置外层 div 元素的边框样式，如宽度、背景颜色、圆

角半径等。样式如下：

```
.test{
    width:300px; padding:80px 20px; margin-left:100px; background:#beceeb;
    -webkit-border-top-left-radius:220px 120px;
    -webkit-border-top-right-radius:220px 120px;
    -webkit-border-bottom-right-radius:220px 120px;
    -webkit-border-bottom-left-radius:220px 120px;
    -moz-border-radius:220px / 120px;
    border-radius:220px / 120px;
    position:relative;
}
```

（3）为 div 元素下的 span 元素设置样式，如宽度、圆角半径、高度等。代码如下：

```
.test span{width:0; height:0; font-size:0; background:#beceeb; overflow:hidden; position:absolute;}
.test span.bot{
    width:30px; height:30px; left:10px; bottom:-20px;
    -moz-border-radius:30px;
    -webkit-border-radius:30px;
    border-radius:30px;
}
.test span.top{
    width:15px; height:15px; left:0px; bottom:-40px;
    -moz-border-radius:15px;
    -webkit-border-radius:15px;
    border-radius:15px;
}
```

（4）运行 HTML 网页，观察气泡效果，如图 9-11 所示。

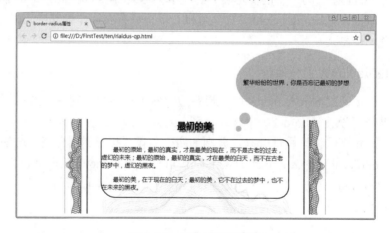

图 9-11　气泡对话框效果

9.3.2　图形填充边框

在 CSS 样式表中，虽然可以通过 border-style 属性设置边框样式，但是这些样式有实线、虚线、点状线等基本形状，如果要为边框设置漂亮的背景图片，border-style 属性并不能实现，那么应该怎么做呢？很简单，CSS 3 中新增加了 border-image 属性为边框添加背景图片。

border-image
属性.mp4

border-image 属性的基本语法如下：

border-image：<' border-image-source '> || <' border-image-slice '> [/ <' border-image-width '> | / < border-image-width '>? / <' border-image-outset '>]? || <' border-image-repeat '>

从上述语法可以看出，border-image 属性的取值包含多个部分，下面分别进行介绍。

1. border-image-source

border-image-source 设置或检索对象的边框是否用图像定义样式或图像来源路径。简单来说，border-image-source 用于引入图片，语法如下：

border-image-source:url(image url);/*image url 可以是相对地址也可以是绝对地址*/

其中，url()调用背景图片，图片的路径可以是相对地址，也可以是绝对地址。如果不想使用背景图片，可以将值设置为 none，即 border-image:none，其默认值就是 none。

2. border-image-slice

border-image-slice 设置或检索对象的边框背景图的分割方式。语法如下：

border-image-slice: [<number> | <percentage>]{1,4}&& fill

border-image-slice 用来分解引入进来的背景图片，这个参数相对来说比较复杂和特别，其中参数 number 表示边框宽度，没有单位，专指像素；percentage 用百分比设置表框的宽度，相对于背景图的大小，可以取 1~4 个值，遵循 t-r-b-l 的规则。fill 默认为空，如果存在，则图片裁剪完后，中间剩余的部分将会保留下来。

另外，裁剪完成后，背景图就成为 9 个部分，四个角、四个边和一个中心，俗称"九宫格"。下面根据图 9-12，帮助大家理解裁剪部分相关内容。

在图 9-12 中，它按照上、右、下、左的顺序，依次把背景图，切了 4 刀，形成了一个九宫格，而这里的 border-image-slice 取值为 124。

背景图裁切完后，接下来就是要把裁切的图应用绘制了。裁剪完后，背景图被分为 9 个部分，如图 9-13 所示。其中，四个角(1、2、3、4)在应用时会分布在应用元素的 4 个角上，它们是亘古不变的，不会有拉伸、平铺或重复的效果。有变化的就是其他四个(除了中间 9)会应用 border-image-repeat 中设定的排列方式。

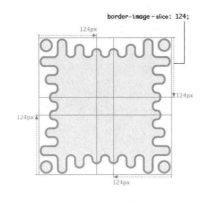

图 9-12　裁剪效果　　　　　　　　　　　图 9-13　裁切效果

3．border-image-width

border-image-width 设置或检索对象的边框厚度。border-image-outset 设置或检索对象的边框背景图的扩展。其中 border-image-width 的语法如下：

```
border-image-width: [ <length> | <percentage> | <number> | auto ]{1,4}
```

border-image-width 就是 border-width，用来设置边框的宽度，可以直接用 border-width 来代替 border-image-width 的，具体使用方法不再详解。

4．border-image-repeat

border-image-repeat 设置或检索对象的边框图像的平铺方式。基本语法如下：

```
border-image-repeat: [ stretch | repeat | round ]{1,2}
```

border-image-repeat 是用来指定 border-image 的排列方式，stretch 表示拉伸，repeat 表示重复，round 表示拉伸平铺。

border-image-repeat 属性设置参数和其他的不一样，border-image-repeat 不遵循top、right、bottom、left 的方位原则，只接收两个(或一个)参数值，第一个表示水平方向，第二个表示垂直方向；当取值为一个值时，表示水平和垂直方向的排列方式相同。同时其默认值是 stretch，如果省略不取值时，那么水平和垂直方向都是以 stretch 排列。

【实例 9-14】

创建 border-image.html 页面，向页面中添加 4 个 div 元素，分别用于显示原图、拉伸效果、平铺效果、重复效果。页面代码如下：

```
<div class="box1"></div>
<div class="box2"></div>
<div class="box3"></div>
<div class="box4"></div>
```

分别为上述 div 元素添加样式，指定边框图片。其中第一个 div 元素显示图片的原型，图片总长度为 81 像素，每个图片长度为 27 像素；第二个 div 元素以 stretch 拉伸显示；第三个和第四个 div 元素分别以 round 平铺和 repeat 重复显示。部分代码如下：

```
<style>
div{width:250px;height:200px;float:left;border:15px solid;}
.box1{border:none; background-image:url(img/bg.jpg); width:81px; height:81px;}
.box2{
  border: 15px solid;
-webkit-border-image: url("img/bg.jpg") 27 stretch;
-moz-border-image: url("img/bg.jpg") 27 stretch;
-o-border-image: url("img/bg.jpg") 27 stretch;
border-image: url("img/bg.jpg") 27 stretch;
  }
</style>
```

运行 border-image.html 网页，效果如图 9-14 所示。

仔细观察图 9-14 中实现的平铺效果，不难发现，四个边角处的圆形都有被截掉的，这就是 repeat 的效果。round 平铺和 repeat 重复是不一样的，round 会压缩或伸展图片大小，使图片正好在区域内显示，而 repeat 是不管任何因素直接重复。

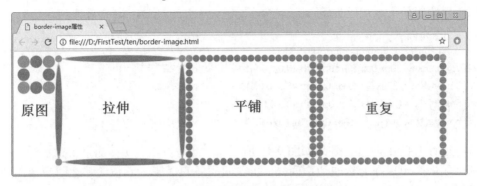

图 9-14　border-image 属性的使用

注意

border-image 与 border-radius 属性一样属于复合属性，因此如果读者不想直接设置 border-image 属性，可以使用其复合属性进行设置，如 border-top-image 和 border-bottom-image 等。

9.3.3　边框阴影效果

边框阴影是网页中非常常见的一种特效，CSS 3 中新增加的 box-shadow 属性可以轻松实现阴影效果。box-shadow 属性的基本语法如下：

box-shadow 属性.mp4

```
box-shadow: x-shadow  y-shadow  blur  spread  color  inset;
```

其属性的取值说明如下。

▶　x-shadow：设置水平阴影的位置(x 轴)，单位可以是 px、em 或百分比等，可以取负值。

▶　y-shadow：设置垂直阴影的位置(y 轴)，单位可以是 px、em 或百分比等，可以取负值。

▶　blur：可选，设置阴影模糊半径。取正值时，阴影在对象的底部；取负值时，阴影在对象的顶部。取值为 0 时，表示阴影是完全实心和尖锐的，没有任何模糊。

▶　spread：可选，扩展半径，设置阴影的尺寸。该选项的取值可以是正、负值，如果取值为正，则整个阴影都延展扩大，反之为负值时则缩小。

▶　color：可选，设置阴影的颜色。

▶　inset：可选，如果不设值，其默认的投影方式是外阴影；如果设置为 inset，则表示内阴影。

【实例 9-15】

使用 box-shadow 属性时，x-shadow 和 y-shadow 两个参数取值是必须的，而且都允许使用负值。步骤如下。

(1)　创建 HTML 网页，向页面中添加 4 个 div 元素，分别实现不同的效果。

（2）为上述 div 元素分别添加样式，前两个 div 元素演示水平阴影效果，后两个 div 元素演示垂直阴影效果。代码如下：

```
div{    width:300px;    height:200px;    float:left;    margin-left:60px;    margin-top:20px;    margin-right:20px;
margin-bottom:30px; background-color:#F8B0FB}
    .x1{ box-shadow: 20px 0px 10px 0px rgba(0,0,0,0.5);        /*设置省略内容*/}
    .x2{ box-shadow: -20px 0px 10px 0px rgba(0,0,0,0.5);       /*设置省略内容*/}
    .y1{ box-shadow: 0px 20px 10px 0px rgba(0,0,0,0.5);        /*设置省略内容*/}
    .y2{ box-shadow: 0px -20px 10px 0px rgba(0,0,0,0.5);       /*设置省略内容*/ }
```

（3）运行 HTML 页面，效果如图 9-15 所示。从图中可以看出，如果设置水平阴影为负值，那么阴影会出现在元素左边；同样，如果设置垂直阴影为负值，那么阴影会出现在元素上方。

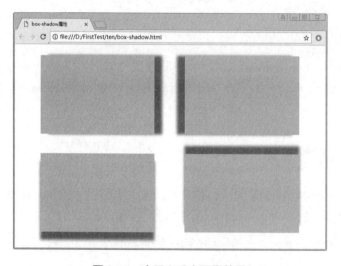

图 9-15　水平和垂直阴影效果

（4）继续向页面中添加两个 div 元素，分别演示模糊半径，将模糊半径指定为 50 像素；设置阴影尺寸时，在模糊半径的基础上，设置阴影尺寸为 20 像素。样式代码如下：

```
.blur{ box-shadow: 0px 0px 50px 0px rgba(0,0,0,0.5);/* 省略内容 */}
.spreed{box-shadow: 0px 0px 50px 20px rgba(0,0,0,0.5);/* 省略内容 */}
```

（5）刷新 box-shadow.html 网页，效果如图 9-16 所示。

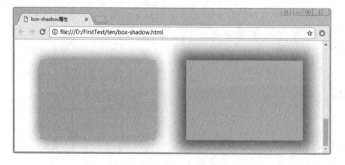

图 9-16　模糊半径和阴影尺寸效果

【实例 9-16】

box-shadow 属性的功能非常强大，通常情况下，该属性经常会和其他属性结合使用。当然，该属性可以像 border-radius 等属性那样，设置多个值实现多重阴影效果。代码如下：

```
box-shadow:-10px 0px 10px red,        /*设置左边阴影*/
           0px -10px 10px orange,     /*设置上边阴影*/
           10px 0px 10px green,       /*设置右边阴影*/
           0px 10px 10px blue;"       /*设置下边阴影*/
```

运行 HTML 网页，效果如图 9-17 所示。

图 9-17　多重阴影

更改上述示例代码，设置阴影的投影效果为外阴影，此时效果如图 9-18 所示。

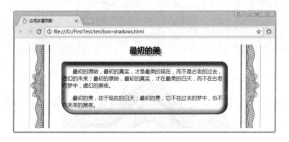

图 9-18　外阴影

9.4　设置背景样式

几乎所有的网站都离不开背景，网站如果没有背景，那么会显得单调。为了满足更多的需求，CSS 3 中增加了新的背景属性，这些属性为背景提供了更强大的控制。下面分别介绍新增加的 background-size 属性、background-origin 属性和 background-clip 属性。

9.4.1　background-size 属性

在 CSS 3 之前，背景图片的大小是由图片的实际大小决定的。但是新版本中增加的 background-size 属性可以直接设置背景图片的大小，这使得用户可以在不同的环境中重复使用背景图片。其基本语法如下：

```
background-size：<bg-size> [ , <bg-size> ]*
<bg-size> = [ <length> | <percentage> | auto ]{1,2} | cover | contain
```

上述语法的取值说明如下。

- ▶ <length>：用长度值指定背景图像大小。不允许负值。
- ▶ <percentage>：用百分比指定背景图像大小。不允许负值。
- ▶ auto：背景图像的真实大小。
- ▶ cover：将背景图像等比缩放到完全覆盖容器，背景图像有可能超出容器。
- ▶ contain：将背景图像等比缩放到宽度或高度与容器的宽度或高度相等，背景图像始终被包含在容器内。

background-size 提供 2 个参数值(cover 和 contain 除外)，第一个定义背景图像的宽度，第二个定义背景图像的高度。如果只提供一个参数，那么该值将用于定义背景图像的宽度，第 2 个高度值默认为 auto，此时背景图以提供的宽度作为参照来进行等比缩放。

【实例 9-17】

创建 size.html 网页，向该页面添加两个 div 元素，第 1 个 div 元素的背景图片大小使用默认值(即图片的实际大小)，而第 2 个 div 元素使用 background-size 属性重新定义了背景图片的大小。其中，"background-size:160px 100px"表示定义背景图片宽度为 160px，高度为100px。样式代码如下：

```
div {
    width:160px; height:100px; border:1px solid red; margin-bottom:10px;
    background-image:url("img/bg.jpg"); background-repeat:no-repeat;
}
#div2{background-size:160px 100px;}
```

【实例 9-18】

更改实例 9-17 中的代码，页面中包含 3 个 div 元素。第 1 个 div 元素没有使用 background- size 属性，第 2 个 div 元素和第 3 个 div 元素分别设置为 cover 和 contain。代码如下：

background-size
属性示例 2.mp4

```
div {
    width:160px; height:100px; border:1px solid red; margin-bottom:10px;
    background-image:url("../App_images/lesson/run_css3/css3.png");
    background-repeat:no-repeat;
}
#div2{background-size:cover;}
#div3{background-size:contain;}
```

刷新页面或重新运行页面，效果如图 9-19 所示。

图 9-19　background-size 属性的使用

仔细观察图 9-19 可以发现，当 background-size 属性取值为关键字时，虽然 cover 和 contain 都可以产生缩放，但当值为 cover 时，背景图像按比例缩放，直到覆盖整个背景区域为止，但可能会裁剪掉部分图像。当值为 contain 时，背景图像会完全显示出来，但可能不会完全覆盖背景区域。

 注意

背景图片不同于 img 引用的图片。对于 img 引用的图片，可使用 width 和 height 属性设置，但这两个属性不能设置背景图片的大小，因此引入 background-size 属性设置背景图片的大小。背景图片大小跟一般图片大小设置有着本质区别。

9.4.2　background-origin 属性

在 CSS 3 中，background-origin 属性用来设置元素背景图片平铺的最开始位置。语法如下：

```
background-origin： <box> [ , <box> ]*
<box> = border-box | padding-box | content-box
```

background-origin
属性.mp4

其中，padding-box 表示从 padding 区域(含 padding)开始显示背景图像。border-box 表示从 border 区域(含 border)开始显示背景图像。content-box 表示从 content 区域开始显示背景图片。

【实例 9-19】

创建 origin.html 网页，向页面中添加 div 元素和其他元素，主要演示 background-origin 属性各个取值的效果。相关样式代码如下：

```
.origin{border:15px solid lightblue;padding:50px; background:#FFF url(img/tx.jpg) no-repeat;}
.order1{ background-origin:border-box;}
.order2{ background-origin:padding-box;}
.order3{ background-origin:content-box;}
```

最终的运行页面，效果如图 9-20 所示，该图仅显示部分截图效果。

图 9-20　background-origin 属性的使用

9.4.3 background-clip 属性

在 CSS 3 中新增加的 background-clip 属性表示将背景图片根据实际需要进行裁剪。语法如下：

background-clip
属性.mp4

```
background-clip： <box> [ , <box> ]*
<box> = border-box | padding-box | content-box | text
```

其中，padding-box 表示从 padding 区域(不含 padding)开始向外裁剪背景。border-box 表示从 border 区域(不含 border)开始向外裁剪背景。content-box 表示从 content 区域开始向外裁剪背景。text 以前景内容的形状(例如文字)作为裁剪区域向外裁剪，如此即可实现使用背景作为填充色之类的遮罩效果，目前该属性仅 webkit 内核的浏览器支持。

【实例 9-20】

利用 background-clip 属性实现背景作为填充色的遮罩效果。创建 clip.html 网页，向页面中添加 div 元素，该元素包含一个 p 元素。为页面中的 div 元素和 p 元素添加以下样式：

```
<style>
p{width:100px;height:100px;margin:0;padding:20px;border:10px  dashed  #666;background:#aaa  url(img/pic
1.jpg) no-repeat;}
.text p{
    width:auto;height:auto;background-repeat:repeat;
    -webkit-background-clip:text;
    -webkit-text-fill-color:transparent;
    font-weight:bold;font-size:60px;
}
</style>
```

运行 clip.html 网页，效果如图 9-21 所示。

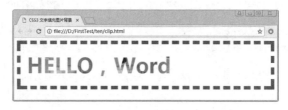

图 9-21　background-clip 属性的使用

9.5　综合应用实例：制作太极图

到此为止，本章已经将 CSS 3 中新增加的文本属性、字体属性、颜色属性、边框属性和背景属性介绍完毕，通过本章的介绍，相信读者对于这些属性有了一定的认识。本案例利用前面的知识点完成太极图的制作。

静态太极图的制作步骤如下。

(1) 创建 anli.html 网页，向页面中添加一个 div 元素。代码如下：

```
<div class="box-taiji"></div>
```

(2) 为上述 div 元素添加 CSS 样式，使用 border 实现左黑右白的正方形，加上圆角、阴影效果。代码如下：

```
.box-taiji {
    width:0;height:400px;position:relative;margin:50px auto;border-left:200px solid #000;
    border-right:200px solid #fff;box-shadow:0 0 30px rgba(0,0,0,.5);border-radius:400px;
}
```

(3) 利用 E:after 伪类选择器实现一个白色的圆形，定位好位置。代码如下：

```
.box-taiji:after {
    width:200px;height:200px;position:absolute;content:"";display:block;top:0;left:-100px;
    z-index:1;background-color:#fff;border-radius:50%;
}
```

(4) 在上一个步骤的基础上添加 box-shadow 属性，实现同样大小的圆。

(5) 与前面两个步骤一样，需要再实现黑白两个圆，并放到相关位置。新的 CSS 样式代码如下：

```
.box-taiji:before,
.box-taiji:after {position:absolute;content:"";display:block;}
.box-taiji:before {
    width:200px;height:200px;top:0;left:-100px;z-index:1;background-color:#fff;
    border-radius:50%;box-shadow:0 200px 0 #000;
}
.box-taiji:after {
    width:60px;height:60px;top:70px;left:-30px;z-index:2;background-color:#000;
    border-radius:50%;box-shadow:0 200px 0 #fff;
}
```

(6) 运行网页查看效果，如图 9-22 所示。

图 9-22　太极图实现效果

9.6　渐变属性

随着 CSS 的发展，W3C 组织将渐变设计收入 CSS 3 标准中，让广大的前端设计师直接受益，可以通过渐变属性制作类似渐变图片的效果。而且渐变属性慢慢得到了众多现代浏览器的兼容，包括兼容性较差的 IE 浏览器，IE 10 版本也支持了这个属性。

9.6.1 线性渐变

在线性渐变过程中，颜色沿着一条直线过渡：从左侧到右侧、从右侧到左侧、从顶部到底部、从底部到顶部或沿着任意轴。如果设计人员曾经使用过制作软件(例如 Photoshop)，那么对于线性渐变会非常熟悉。

CSS 3 制作渐变效果，其实和使用制作软件中的渐变工具没有什么差别。首先需要指定一个渐变的方向、渐变的起始颜色、渐变的结束颜色。具有这 3 个参数就可以制作一个最简单、最普通的渐变效果。如果需要制作一个复杂的多色渐变效果，就需要在同一个渐变方向增添多个色标。具备这些渐变参数(至少 3 个)，各浏览器就会绘制与渐变线垂直的颜色来填充整个容器。浏览器渲染出来的效果就类似于制作软件设计出来的渐变图像，从一种颜色到另一种颜色的平滑淡出，沿所指的线性渐变方向实现颜色渐变效果。

线性渐变的语法相对于其他的 CSS 3 属性的语法而言要复杂得多。早期的语法在各浏览器内核下各不相同，特别是在 Webkit 内核之下还分新旧两种版本。接下来，我们先从各种浏览器下的语法入手，介绍 CSS 3 的线性渐变语法。

1. Webkit 引擎的线性渐变语法与属性参数

Webkit 是第一个支持 CSS 3 渐变的浏览器引擎，不过其语法不但相对其他浏览器引擎更复杂，还分为新旧两个版本。

在旧版本中，线性渐变的语法如下。

```
-webkit-gradient(type,x1 y1,x2 y2,form(color value),to(color value),[color-stop()*])
```

关于-webkit-gradient()方法的参数说明如下。

▶ type：表示渐变的类型，包括线性渐变(linear)和径向渐变(radial)。

▶ x1 y1 和 x2 y2：表示颜色渐变体两个点的坐标。x1、y1、x2 和 y2 的取值范围为 0%~100%，当它们取极值的时候，x1 和 x2 可以取值 left(或 0%)或 right(100%)，y1 和 y2 可以取值 top(0%)或 bottom(100%)。

▶ form(color value)：表示渐变开始的颜色值。

▶ to(color value)：表示渐变结束的颜色值。

▶ color-stop()：定义颜色步长。color-stop()函数包含两个参数值，第一个参数值指定色标位置，可以是数值或百分比，取值范围为 0~10(或者 0%~100%)，第二个参数值指定任意的颜色值。一个渐变可以包含多个色标。

另外，关于参数 x1 y1 和 x2 y2，需要考虑以下 4 种情况。

▶ 如果 x1 等于 x2，y1 不等于 y2，实现径向渐变，调整 y1 和 y2 的值可以调整渐变半径大小。

▶ 如果 y1 等于 y2，x1 不等于 x2，实现线性渐变，调整 x1 和 x2 的值可以调整渐变半径大小。

▶ 如果 y1 不等于 y2，x1 不等于 x2，实现角度渐变(可以是线性渐变或径向渐变)，当 x1、x2、y1 和 y2 取值为极值的时候接近径向渐变或水平渐变。

▶ 如果 x1 等于 x2，y1 等于 y2，没有渐变，取函数 form()的颜色值。

在新版本中，线性渐变的语法如下：

```
-webkit-linear-gradient( [<point> || <angle>,]? <stop>, <stop> [, <stop>]* );
```

此种语法经常被用到，它通常需要传入 3 个或者更多的参数，第一个参数指定渐变的角度，即 top 是从上到下、left 是从左到右，如果定义成 left top，那就表示从左上角到右下角；第二个参数和第三个参数分别是起点颜色和终点颜色，还可以在它们之间插入多个参数，表示多种颜色的渐变。

2．其他浏览器的语法说明

在 Gecko 和 Presto 渲染引擎中，设计人员仍然需要为其指定私有属性，前者需要添加 -moz- 前缀，后者需要添加 -o- 前缀。语法如下：

```
-moz-linear-gradient( [<point> || <angle>,]? <stop>, <stop> [, <stop>]* );        //Gecko 引擎
-o-linear-gradient( [<point> || <angle>,]? <stop>, <stop> [, <stop>]* );          //Presto 引擎
```

从上述语法中可以看出，除了前缀不同，实际上它们的语法都是与 Webkit 引擎的新版本语法一致，因此，这里不再详细解释它们的参数。

9.6.2　综合应用实例：实现图片闪光划过效果

经常在网上听音乐的用户应该知道，在百度音乐可以看到这么一个图片效果，当光标移上去的时候，会有一道闪光在图片上划过，效果挺酷炫的。如何实现这个效果呢？可以通过线性渐变。主要步骤如下。

(1)　向创建的静态页面中添加以下元素：

```
<p class="overimg">
<a><img src="images/img1.jpg"></a>
<i class="light"></i>
</p>
```

(2)　为页面中的元素添加样式，样式代码如下：

```
.overimg{
    position: relative;
    display: block;
    box-shadow: 0 0 10px #FFF;
}
.light{
    cursor:pointer; position: absolute; left: -180px; top: 0; width: 440px; height: 264px; background-image:
    -moz-linear-gradient(0deg,rgba(255,255,255,0),rgba(255,255,255,0.5),rgba(255,255,255,0));
    background-image: -webkit-linear-gradient(0deg,rgba(255,255,255,0),rgba(255,255,255,0.5),rgba(255,255,255,0));
    transform: skewx(-25deg);
    -o-transform: skewx(-25deg);
    -moz-transform: skewx(-25deg);
    -webkit-transform: skewx(-25deg);
}
.overimg:hover .light{
    left:180px; -moz-transition:0.5s; -o-transition:0.5s; -webkit-transition:0.5s; transition:0.5s;
}
```

（3）运行 HTML 静态页面，如图 9-23 所示，将光标移到图片上，效果如图 9-24 所示。

图 9-23　初始效果　　　　　　　　　　　　图 9-24　悬浮效果

9.6.3　径向渐变

径向渐变是指从起点到终点、颜色从内到外进行圆形渐变(从中间向外拉)。在 Webkit 引擎中，径向渐变有两种语法，旧版本的语法如下：

```
-webkit-gradient(type,x1 y1,x2 y2,form(color value),to(color value),[color-stop()*])
```

径向渐变.mp4

将 type 的值设置为 radial 时表示绘制径向渐变，其他参数不再做具体说明，可以参考线性渐变。

在新版本的语法中，通过-webkit-radial-gradient()绘制径向渐变。语法如下：

```
-webkit-radial-gradient( [<point> || <angle>, ]? [<shape> || <size>,] ? <start stop>,<end stop>[,<stop>]* )
```

关于上述语法中的参数，具体说明如下。

▶　point：表示渐变的起点和终点，可以使用坐标表示，也可以使用关键字，例如(0,0)或者(left，top)等。

▶　angle：定义渐变的角度，主要包括 deg(度，一圈等于 360deg)、grad(梯度，90 度等于 100grad)、rad(弧度，一圈等于 2*PI rad)。默认为 0deg。

▶　shape：定义径向渐变的形状，包括 circle(圆)和 ellipse(椭圆)，默认为 ellipse。

▶　size：用来定义圆或椭圆大小的点。其值主要包括 closest-side、closest-corner、farthest-side、farthest-corner、contain 和 cover 等。

▶　start stop：定义颜色起始值。

▶　end stop：定义颜色结束值。

▶　stop：定义步长，可以省略。其用法和上一节介绍的 Webkit 引擎的 color-stop()函数相似，但是该参数不需要调用函数，直接传递参数即可。第一个参数设置颜色，可以为任何合法的颜色值；第二个参数设置颜色的位置，取值为百分比或数值。

提示

在 Gecko 和 Presto 渲染引擎中，设计人员可以使用 radial-gradient()绘制径向渐变，但是需要为其指定私有属性，前者需要添加-moz-前缀，后者需要添加-o-前缀。

【实例 9-21】

对于径向渐变，在不指定渐变类型以及位置的情况下，其渐变距离和位置是由容器的尺寸决定的。例如，在本例中，指定 div 元素的宽度和高度，背景颜色实现从黄色到红色的渐变。容器的宽高比是 2∶1，最终渐变呈现的形状也是一个 2∶1 的椭圆形，并且渐变颜色自动终止于容器的边缘。具体的样式代码如下：

```
.radial-gradient {
    width: 400px; height: 200px;
    background: -webkit-radial-gradient(yellow, red);
    background: -moz-radial-gradient(yellow, red);
    background: -o-radial-gradient(yellow, red);
    background: radial-gradient(yellow, red);
}
```

运行上述代码可以发现，代码实现的是椭圆形渐变，如果要实现圆形渐变，需要在上述代码的基础上添加关键词 circle。部分样式代码如下：

```
.radial-gradient {
    width: 400px; height: 200px;
    background: -webkit-radial-gradient(circle,yellow, red);
}
```

【实例 9-22】

除了使用关键词制作不同的径向渐变，还可以用不同的渐变参数制作径向渐变效果，通过指定同心圆、主要半径和次要半径来决定径向渐变的形状。例如，制作圆心位置都在"200px,150px"处，主要半径为 50px，次要半径为 150px，从"hsla(120,70%,60%,.9)"色到"hsla(360,60%,60%,.9)"色径向渐变，代码如下：

制作同心圆.mp4

```
div {
        width: 400px; height: 300px; margin: 50px auto; border: 5px solid hsla(60,50%,80%,.8);
        background-image: -webkit-radial-gradient(50px 150px at 200px 150px, hsla(120,70%,60%,.9), hsla (360,60%,
60%,.9));
        background-image: radial-gradient(50px 150px at 200px   150px, hsla(120,70%,60%,.9), hsla(360,60%,
60%,.9));
    }
```

【实例 9-23】

在实例 9-22 的代码中，主要实现的是内径小于外径的径向渐变效果。如果实现圆心相同、内外半径大小相同实现的渐变效果，代码如下：

径向渐变效果 1.mp4

```
div {
        width: 400px; height: 300px; margin: 50px auto; border: 5px solid hsla(60,50%,80%,.8);
        background-image:   -webkit-radial-gradient(200px   200px   at   200px   150px,hsla(120,70%,60%,.9),
hsla(360,60%,60%,.9));
        background-image: radial-gradient(200px 200px at 200px   150px, hsla(120,70%,60%,.9), hsla(360,60%,
60%,.9));
    }
```

【实例 9-24】

当内外圆的圆心相同，并且主要半径和次要半径相等时，渐变效果就等同于一个圆形径向渐变效果。如下代码表示圆心相同、主要半径大于次要半

径向渐变效果 2.mp4

径的径向渐变：

```
div {
    width: 400px; height: 300px; margin: 50px auto; border: 5px solid hsla(60,50%,80%,.8);
    background-image: -webkit-radial-gradient(300px 100px at 200px 150px,hsla(120,70%,60%,.9), hsla(360,
60%,60%,.9));
    background-image: radial-gradient(300px 100px at 200px 150px,hsla(120,70%,60%,.9), hsla(360, 60%,
60%,.9));
}
```

【实例 9-25】

除了上述方法能实现一些简单径向渐变效果之外，还可以使用渐变形状配合圆心定位。这里主要使用 at 加上关键词来定义径向渐变中心位置。

径向渐变中心位置类似于 background-position 属性，可以使用一些关键词来定义。如通过 center 设置径向渐变中心位置在容器的中心点，相当于 at 50% 50%，类似于 background-position:center，代码如下：

径向渐变效果 3.mp4

```
.center .circle {
    background-image: -webkit-radial-gradient(circle at center, rgb(220, 75, 200),rgb(0, 0, 75));
    background-image: radial-gradient(circle at center, rgb(220, 75, 200),rgb(0, 0, 75));
}
.center .ellipse {
    background-image: -webkit-radial-gradient(ellipse at center, rgb(220, 75, 200),rgb(0, 0, 75));
    background-image: radial-gradient(ellipse at center, rgb(220, 75, 200),rgb(0, 0, 75));
}
```

除了使用 center 外，其他关键字的说明如表 9-4 所示。

表 9-4 径向渐变常用的关键字

关键字	说　明
top	设置径向圆心点在容器的顶边中心点处，与 at 50% 0%效果等效
right	设置径向渐变圆心点在容器右边中心点处，与 at 100% 50%的效果等同。类似于 background-position 的 right center
bottom	设置径向渐变圆心点在容器底边中心点处，刚好与 top 关键词位置相反，与 at 50% 100%效果等同。类似于 background-position 中的 center bottom
left	设置径向渐变圆心点在容器左边中心点处，刚好与 right 关键词位置相反，与 at 0% 50%效果等同。类似于 background-position 的 center left
top left	设置径向渐变圆心点在容器的左角顶点处，与关键词 let top 和 at 0%效果等同。类似于 background-position 的 left top
top right	设置径向渐变圆心点在容器右角顶点处，与 right top 关键词与 at 100% 0%效果等同。类似于 background-position 的 top right
bottom right	设置径向渐变的圆心点在容器右下角顶点处，与关键词 right bottom 和 at 100% 100%效果等同。类似于 background-position 的 bottom right
bottom left	设置径向渐变圆心在容器左下角顶点处，与关键词 left bottom 和 at 0% 100%效果等同。类似于 background-position 的 bottom left

9.6.4 综合应用实例：制作一张优惠券

径向渐变非常常用，而且功能非常强大，例如，设计人员可以利用径向渐变做优惠券或者邮票等。本节将利用径向渐变与其他的样式内容做一张优惠券，具体实现步骤如下。

（1）创建 HTML 静态页面，向页面中添加 4 个 div 元素，每个 div 元素包含主券和副券两部分。以第一个 div 元素为例，代码如下：

```
<div class="stamp stamp01">
<div class="par"><p>XXXXXX 折扣店 </p><sub class="sign"> ¥ </sub><span>50.00</span><sub> 优惠券 </sub><p>订单满 100.00 元</p></div>
<div class="copy">副券<p>2015-08-13<br>2016-08-13</p></div>
<i></i>
</div>
```

（2）为网页中的 div 元素分别添加样式代码，公用的样式代码如下：

```
.stamp {width: 387px;height: 140px;padding: 0 10px;position: relative;overflow: hidden;}
.stamp:before {content: '';position: absolute;top:0;bottom:0;left: 10px;right:10px;z-index: -1;}
.stamp:after {content: '';position: absolute;left: 10px;top: 10px; right:10px;bottom: 10px;box-shadow: 0 0 20px 1px rgba(0, 0, 0, 0.5);z-index: -2;}
.stamp i{position: absolute;left: 20%;top: 45px;height: 190px; width:390px;background-color: rgba(255,255, 255,.15); transform: rotate (-30deg);}
.stamp .par{float: left;padding: 16px 15px;width: 220px;border-right:2px dashed rgba(255,255,255,.3);text-align: left;}
.stamp .par p{color:#fff;}
.stamp .par span{font-size: 50px;color:#fff;margin-right: 5px;}
.stamp .par .sign{font-size: 34px;}
.stamp .par sub{position: relative;top:-5px;color:rgba(255,255, 255,.8);}
.stamp .copy{display: inline-block;padding:21px 14px;width:100px; vertical-align: text-bottom;font-size: 30px;color:rgb(255,255,255);}
.stamp .copy p{font-size: 16px;margin-top: 15px;}
```

（3）分别为每一个 div 元素添加样式，指定背景颜色、渐变颜色等内容。以第一个 div 元素为例，样式代码如下：

```
.stamp01{background: #F39B00;background: radial-gradient(rgba (0, 0, 0, 0) 0, rgba(0, 0, 0, 0) 5px, #F39B00 5px);background-size: 15px 15px;background-position: 9px 3px;}
.stamp01:before{background-color:#F39B00;}
```

（4）运行静态页面观察效果，如图 9-25 所示。

图 9-25　使用径向渐变制作优惠券

9.6.5　重复渐变

线性渐变和径向渐变都属于 CSS 背景属性中的背景图片(background-image)属性。有时候设计者希望创建一种在一个元素的背景上重复的渐变"模式"。在没有重复渐变的属性之前，主要通过重复背景图像(使用 background-repeat)创建线性重复渐变，但是没有创建重复的径向渐变的类似方式。

幸运的是，CSS 3 通过 repeating-linear-gradient 和 repeating-radial-gradient 语法提供了补救方法，可以直接实现重复的渐变效果。

1. 重复线性渐变

设计者可以使用重复线性渐变 repeating-linear-gradient 属性来代替线性渐变 linear- gradient。它们采取相同的值，但色标在两个方向上都无限重复。不过使用百分比设置色标的位置没有多大的意义，但使用像素和其他的单位，重复线性渐变可以创建一些很酷的效果。

重复线性渐变.mp4

【实例 9-26】

例如，下面代码表示从开始红色(red)向 40px 处的绿色(green)渐变，然后向 80px 处的橙色(orange)渐变。由于是一个重复的线性渐变，它不断以这个模式从上向下重复平铺。样式代码如下：

```
div {
    width: 400px; height: 300px; margin: 20px auto;
    background-image: -webkit-repeating-linear-gradient(red,green 40px, orange 80px);
    background-image: repeating-linear-gradient(red,green 40px, orange 80px);
}
```

2. 重复径向渐变

设计者可以以同样的方式，使用相关属性创建重复的径向渐变。其语法和 radial-gradient 类似，只是以一个径向渐变为基础进行重复渐变。

重复径向渐变.mp4

【实例 9-27】

如下代码为重复径向渐变：

```
div {
    width: 400px; height: 300px; margin: 20px auto;
    background-image: -webkit-radial-linear-gradient(red,green 40px, orange 80px);
    background-image: repeating-radial-gradient(red,green 40px, orange 80px);
}
```

9.6.6　综合应用实例：制作记事本纸张效果

大家应该都知道什么是记事本，记事本的每一张纸都有横线条，左边有两条竖线从顶部延伸到底部。本节案例非常简单，利用重复渐变以及 background-size 属性来制作这样的纸张背景效果。

在本章的具体实现代码中，不使用任何图片，只使用 CSS 3 的重复渐变在 body 中缩写效果。代码如下：

```
html,body { margin: 0; padding: 0; height: 100%;}
body {
    background: -webkit-repeating-linear-gradient(to top, #f9f9f9, #f9f9f9 29px, #ccc 30px);
    background: repeating-linear-gradient( to top, #f9f9f9, #f9f9f9 29px, #ccc 30px );
    background-size: 100% 30px;
    position: relative;
}
body:before {content: ""; display: inline-block; height: 100%; width: 4px; border-left: 4px double #FCA1A1;
position: absolute; left: 30px;
}
```

运行 HTML 页面，最终效果如图 9-26 所示。

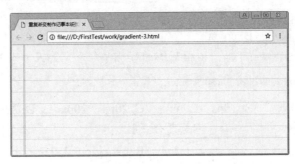

图 9-26　使用重复渐变制作记事本纸张效果

本章小结

在文本样式控制方面，CSS 3 新增了几个文本属性，同时完善了颜色控制，特别是增加了对不透明度的支持。针对原有的盒模型功能也进行了完善。例如，增强了元素边框和背景样式的控制能力，可以更加容易地实现文字特效、圆角边框、多图片背景以及给元素添加图像边框。

习　题

一、填空题

1. CSS 3 中新增加的与颜色有关的属性是_____。

2. _____和 font-size-adjust 是 CSS 3 中新增加的与字体有关的属性。

3. 用户如果需要设置某个边框的圆角效果，需要用到_____属性。

4. 如果要实现边框的阴影效果，需要用到 CSS 3 新增加的_____属性。

5. 用户想要实现图像的阴影效果，并且设置阴影效果为内阴影，可以将 box-shadow 属性的属性值设置为_____。

6. background-origin 属性的取值可以是 border-box、padding-box 和_____。

二、选择题

1. 在 CSS 3 中，新增加的 text-shadow 属性设置_____。

    A. 文本的文字是否有阴影及模糊效果

    B. 指定边框是否为阴影样式

    C. 当内容超过指定窗口的边界时是否断行

    D. 移动端页面中对象文本的大小调整

2. 在 CSS 3 中，_____不是新增加的背景属性。

    A. background-size   B. background-origin

    C. background-image   D. background-clip

3. 当 background-size 属性的值设置为_____时，表示将背景图像等比缩放到完全覆盖容器，背景图像有可能超出容器。

    A. auto   B. cover   C. contain   D. 以上都可以

4. 针对下面的一行代码可知，边框阴影的模糊半径和阴影尺寸分别是_____。

```
box-shadow:10px 10px 20px 30px blue inset;
```

    A. 10px，10px   B. 10px，20px   C. 20px，20px   D. 20px，30px

5. 在下面选项中，_____不是复合属性。

    A. border-radius   B. background-size

    C. border-image   D. text-decoration

三、上机练习

练习 1：制作霓虹字

如果把一个模糊阴影放在文字的正后方，像素偏距为 0 时，其效果则是创造一个周围会发光的字母，如果单一的阴影不够强烈，那就重复同样的阴影几次。本次练习利用本章的知识制作霓虹字，效果如图 9-27 所示。

图 9-27   制作霓虹字效果

练习 2：设置边框样式

本章为读者详细介绍了常用的边框样式，本次练习要求读者利用本章介绍的内容设置边框，最终实现的效果如图 9-28 所示。

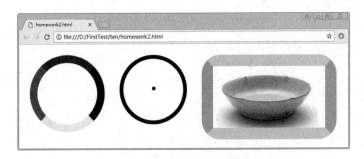

图 9-28　设置边框样式

第 10 章

CSS 3 变形、过渡和动画

　　CSS 3 在原来 CSS 版本的基础上新增了许多属性，例如，将指定的图片放大或缩小、设置图片过渡的时间和方式等，通过这些属性，可以实现以前需要大段 JavaScript 才能实现的功能。本章为读者详细介绍新增的变形、过渡和动画属性。变形功能可以对元素执行平移、旋转、缩放、倾斜等变换，这样的变换可以更加容易控制 HTML 的页面元素呈现更加丰富的外观。

　　借助于平移、旋转、缩放、倾斜等变换，CSS 3 提供了 transition 动画。transition 动画比较简单，只要执行 HTML 元素的有关属性即可。比 transition 动画更强大的是 animation 动画，animation 动画除了可以与平移、旋转、缩放、倾斜结合外，还可以指定多个关键帧，从而允许定义功能更加丰富的动画。

📖 学习要点

▶ 熟悉利用 transform 属性实现旋转的方法。

▶ 熟悉利用 transform-origin 属性的使用方法。

▶ 熟悉@keyframes 规则定义动画。

📖 学习目标

▶ 掌握利用 transform 属性实现平移的方法。

▶ 掌握利用 transform 属性实现缩放的方法。

▶ 掌握利用 transform 属性实现倾斜的方法。

▶ 掌握 transition 复合属性。

▶ 掌握 animation 复合属性。

10.1　变形属性

在 CSS 3 中，CSS 提供的变形可以对 HTML 网页的元素进行常见的几何变换，包括旋转、缩放、倾斜、平移等，也可以使用变换矩阵进行变形。表 10-1 针对 CSS 3 中新增加的变形属性进行说明，其中 transform 属性经常被用到。

表 10-1　常见的变形属性及其说明

属　性	说　明
transform	检索或设置对象的变换
transform-origin	检索或设置对象中的变换所参照的原点
transform-style	指定某个元素的子元素是否位于三维空间内
perspective	指定观察者与[z=0]平面的距离
perspective-origin	指定透视点的位置
backface-visibility	指定元素背面面向用户时是否可见

▌10.1.1　平移

通过为 transform 指定不同的变形方法，可以在页面上实现对 HTML 元素的变形，例如常见的 4 种变形，即平移、缩放、旋转、倾斜等。平移功能可以使页面元素向上、下、左或者右移动多个像素，该功能类似于将 position 属性设置为 relative 时的效果。

translate()方法.mp4

在 CSS 3 中，我们可以使用 translate()方法将元素沿着水平方向(x 轴)和垂直方向(y 轴)移动。对于 translate()方法可以分为如下 3 种情况。

▶　translate$X$(x)：元素仅在水平方向移动(x 轴移动)。

▶　translate$Y$(y)：元素仅在垂直方向移动(y 轴移动)。

▶　translate(x, y)：元素在水平方向和垂直方向同时移动(x 轴和 y 轴同时移动)。

以 translate(x, y)为例，语法如下：

```
transform:translate(x, y);
```

其中，参数 x 表示元素在水平方向(x 轴)的移动距离，单位为 px、em 或百分比等。当 x 为正值时，表示元素在水平方向向右移动(x 轴正方向)；当 x 为负值时，表示元素在水平方向向左移动(x 轴负方向)。

参数 y 表示元素在垂直方向(y 轴)的移动距离，单位为 px、em 或百分比等。当 y 为正值时，表示元素在垂直方向向下移动；当 y 为负值时，表示元素在垂直方向向上移动。如果省略 y 参数，则使用 0 作为默认值。

 注意

在 W3C 规定中，出于人的习惯是从上到下阅读，因此所选取的坐标系是 x 轴正方向向右，而 y 轴正方向向下。而有些读者想到的坐标系，即 x 轴正方向向右，y 轴正方向向上是"数学形式"的坐标系，只适合用在数学应用上。

【实例 10-1】

创建 HTML 网页，该页面主要包含 div 元素，演示 translate()方法分别在 x 轴、y 轴的效果。步骤如下。

(1)　向 HTML 网页中添加 div 元素，部分代码如下：

```
<div class="origin">
<div class="current-x">X 轴平移</div>
</div>
<!-- 省略其他代码 -->
```

(2)　为 div 元素添加样式代码，以 x 轴平移的效果元素为例，有关 CSS 代码如下：

```
<style type="text/css">
div{width:200px;height:150px; }
    .origin { float:left; border:2px dashed black;margin:50px;}
    /*设置当前元素样式*/
    .current-x{
        color:white;
        background-color: lightgreen;
        text-align:center;
        transform:translateX(20px);
        -webkit-transform:translateX(20px);    /*兼容-webkit-引擎浏览器*/
        -moz-transform:translateX(20px);        /*兼容-moz-引擎浏览器*/
-o-transform:translateX(20px);        /*兼容-o-引擎浏览器*/
    }
/* 省略其他样式代码 */
</style>
```

(3)　运行 HTML 页面时的效果如图 10-1 所示。在该图中，黑色的虚线表示原始效果，有颜色的区域表示平移后的效果。

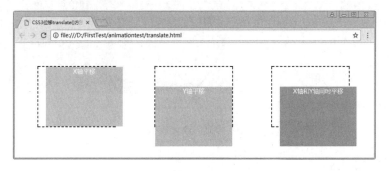

图 10-1　平移效果

■10.1.2　缩放

缩放是指"缩小"和"放大"。在 CSS 3 中，读者可以使用 scale()方法来将元素相对中心原点进行缩放。跟 translate()方法一样，缩放 scale()方法也有 3 种情况。

缩放.mp4

▶　scale$X(x)$：元素仅水平方向缩放(x 轴缩放)。

▶ scale*Y*(*y*)：元素仅垂直方向缩放(*y* 轴缩放)。

▶ scale(*x*,*y*)：元素在水平方向和垂直方向同时缩放(*x* 轴和 *y* 轴同时缩放)。

以 scale(*x*, *y*)方法为例，语法如下：

```
transform:scale(x, y);
```

其中，*x* 表示元素沿着水平方向(*x* 轴)缩放的倍数，如果大于 1 就代表放大，如果小于 1 就代表缩小。*y* 表示元素沿着垂直方向(*y* 轴)缩放的倍数，如果大于 1 就代表放大；如果小于 1 就代表缩小。*y* 是一个可选参数，如果没有设置该值，则表示 *x*、*y* 两个方向的缩放倍数是一样的(同时放大相同倍数)。

【实例 10-2】

根据实例 10-1 的效果设计 HTML 网页，更改有关的 CSS 样式代码，将子元素分别沿 *x* 轴和 *y* 轴放大到 1.5 倍。代码如下：

```
.current-x {
    color:white;
    background-color: lightgreen;
    text-align:center;
    transform:scaleX(1.5);
    -webkit-transform:scaleX(1.5);      /*兼容-webkit-引擎浏览器*/
    -moz-transform:scaleX(1.5);         /*兼容-moz-引擎浏览器*/
    -o-transform:scaleX(1.5);           /*兼容-o-引擎浏览器*/
}
```

运行 HTML 网页，放大效果如图 10-2 所示。在该图中，黑色的虚线表示原始效果，有颜色的区域表示放大后的效果。

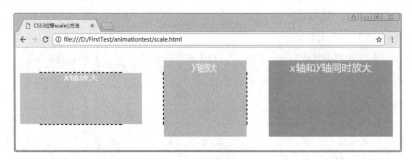

图 10-2　放大效果

10.1.3　旋转

在 CSS 3 中，读者可以使用 rotate()方法来将元素相对中心原点进行旋转。这里的旋转是二维的，不涉及三维空间的操作。

rotate()方法的语法如下：

旋转.mp4

```
transform: rotate (angel);
```

如上述语法所示，唯一的参数 angel 是一个数字，表示要旋转的角度，并且以 deg 为结束。如果 angel 为正数值，则进行顺时针旋转，否则进行逆时针旋转，示意图如图 10-3 所示。

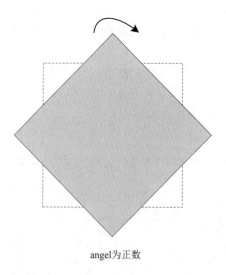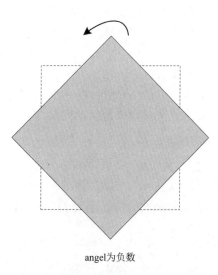

angel为正数　　　　　　　　angel为负数

图 10-3　旋转示意

【实例 10-3】

继续在前面例子的基础上更改代码，使用 rotate()方法旋转指定的 div 元素，分别让该元素顺时针和逆时针旋转，旋转角度为 30 度。有关 CSS 样式代码如下：

```css
.current-x {
    color:white;
    background-color: lightgreen;
    text-align:center;
    transform:rotate(30deg);
    -webkit-transform:rotate(30deg);        /*兼容-webkit-引擎浏览器*/
    -moz-transform:rotate(30deg);           /*兼容-moz-引擎浏览器*/
    -o-transform:rotate(30deg);             /*兼容-o-引擎浏览器*/
}
.current-y {
    color:white;
    background-color: lightblue;
    text-align:center;
    transform:rotate(-30deg);
    -webkit-transform:rotate(-30deg);       /*兼容-webkit-引擎浏览器*/
    -moz-transform:rotate(-30deg);          /*兼容-moz-引擎浏览器*/
    -o-transform:rotate(-30deg);            /*兼容-o-引擎浏览器*/
}
```

10.1.4　倾斜

使用 transform 属性的 skew()方法可以将文本或者图像沿水平和垂直方向上进行倾斜处理。skew()方法和 translate()方法、scale()方法一样，也有如下 3 种情况。

以 skew(x,y)方法为例，代码如下：

倾斜.mp4

```css
transform:skew(x,y);
```

第一个参数对应 x 轴，x 表示元素在 x 轴倾斜的度数，单位为 deg。如果度数为正值，表示元素沿水平方向(x 轴)顺时针倾斜；如果度数为负值，表示元素沿水平方向(x 轴)逆时针倾斜。

第二个参数对应 y 轴。y 表示元素在 y 轴倾斜的度数，单位为 deg。如果度数为正，表示元素沿垂直方向(y 轴)顺时针倾斜；如果度数为负值，表示元素沿垂直方向(y 轴)逆时针倾斜。如果第二个参数未提供，则值为 0，也就是 y 轴方向上无倾斜。

【实例 10-4】

创建 HTML 网页，向页面中添加 div 元素演示 skewX()方法、skewY()方法和 skew()方法的使用。以 skew()方法为例，有关样式代码如下：

```css
.current-xy{
    color:white;
    background-color: orange;
    text-align:center;
    transform:skew(10deg,30deg);
    -webkit-transform:skew(10deg,30deg);    /*兼容-webkit-引擎浏览器*/
    -moz-transform:skew(10deg,30deg);/*兼容-moz-引擎浏览器*/
    -o-transform:skew(10deg,30deg);/*兼容-moz-引擎浏览器*/
}
```

运行 HTML 网页，黑色虚线是原始效果，带颜色的区域表示倾斜后的效果，如图 10-4 所示。

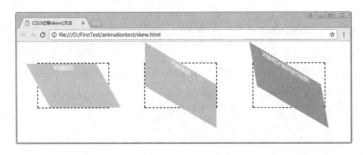

图 10-4　倾斜效果

提示

学过一些基本数学的读者都应该知道，平移、旋转和倾斜都不会改变四边形的面积。skew()方法比较少用，该方法如果使用得当；会使网页美观并且有动感；但如果用得不好，那么将是网站的一大败笔。

10.1.5　综合应用实例：制作个性图片墙

虽然 transform 属性提供多个方法，但单纯地使用某个方法对元素进行设置(例如平移)是没有多大实际意义的，一般情况下，transform 属性常常会和 animation 属性以及 transition 等一起使用。

细心的读者可以发现，在许多个人网站上，经常会出现带有个性的图片墙效果。因此，本节为大家介绍如何利用 CSS 3 知识来实现个性图片墙效果，如图 10-5 所示。

图 10-5　制作个性图片墙

根据图 10-5 的效果进行设计，具体步骤如下。

(1) 创建 HTML 网页，向页面添加 div 元素，该元素内包含 8 张图片。代码如下：

```
<div id="container">
<img src="images/p1.jpg">
<img src="images/p2.jpg">
<!-- other img code -->
</div>
```

(2) 添加元素设计代码，首先为 div 元素和 img 元素添加原始样式：

```
#container { width:900px; height:650px; margin:100px auto; background-image:url("images/timg.jpg"); }
img { margin:20px; padding:10px; background-color:White; }
```

(3) 设计奇数个和偶数个图片的旋转效果：

```
#container img:nth-child(2n) { left:80px; top:60px; -webkit-transform:rotate(30deg); }
#container img:nth-child(2n+1) { left:80px; top:60px; -webkit-transform:rotate(-30deg); }
```

(4) 为图片添加光标悬浮时的效果：

```
#container img:hover{
    box-shadow: 0 4px 8px rgba(0, 0, 0, 0.2);
    transform:translate(0px,25px) scale(1.5,1.5);
    -webkit-transform:translate(0px,25px) scale(1.5,1.5);
    -moz-transform:translate(0px,25px) scale(1.5,1.5);
    -o-transform:translate(0px,25px) scale(1.5,1.5);
}
```

(5) 运行 HTML 网页进行效果测试。

10.1.6　指定变形中心原点

指定变形
中心点.mp4

任何一个元素都有一个中心原点，在默认情况下，元素的中心原点位于 x 轴和 y 轴的50%处。在默认情况下，CSS 3变形进行的平移、缩放、旋转、倾斜都是以元素的中心原点进行变形。

假设读者要使得元素进行平移、缩放、旋转、倾斜这些变形操作的中心原点不是原来元素的中心位置，那该怎么办呢？在 CSS 3 中，读者可以通过 transform-origin 属性来改变元素变形时的中心原点位置。完整语法如下：

> transform-origin：[\<percentage\> | \<length\> | left | center① | right] [\<percentage\> | \<length\> | top | center② | bottom]

从上述语法可以知道，transform-origin 属性可以提供两个参数或一个参数。如果提供两个参数，第一个用于横坐标，第二个用于纵坐标。如果只提供一个，该值将用于横坐标；纵坐标将默认为50%。

transform-origin 属性取值有两种：一种是采用长度值，另一种是使用关键字。长度值一般使用百分比作为单位，很少使用 px、em 等作为单位。不管 transform-origin 取值为长度值还是关键字，都需要设置水平方向和垂直方向的值。该属性的取值及其说明如下。

- ▶ \<percentage\>：用百分比指定坐标值，可以为负值。
- ▶ \<length\>：用长度值指定坐标值，可以为负值。
- ▶ left：指定 left 为原点的横坐标。
- ▶ center①：指定 center 为原点的横坐标。
- ▶ right：指定 right 为原点的横坐标。
- ▶ top：指定 top 为原点的纵坐标。
- ▶ center②：指定 center 为原点的纵坐标。
- ▶ bottom：指定 bottom 为原点的纵坐标。

【实例 10-5】

首先向 HTML 网页中添加两个块元素，每个块元素包含一个子 div 元素。代码如下：

```
<div class="origin"><div class="current-x">顺时针旋转(正中)</div></div>
<div class="origin"><div class="current-y">顺时针旋转(靠右居中)</div></div>
```

设计 div 元素的样式，省略元素的初始样式，然后设计 div 元素的旋转样式，设计完毕后，还需要文本为"顺时针旋转(靠右居中)"的 div 元素重新指定变形中心点。主要代码如下：

```
.current-y {
    color:white;
    background-color: lightblue;
    text-align:center;
    transform-origin:right center;
    -webkit-transform-origin:right center;/*兼容-webkit-引擎浏览器*/
    -moz-transform-origin:right center;    /*兼容-moz-引擎浏览器*/
```

```
            -o-transform-origin:right center;     /*兼容-moz-引擎浏览器*/
            /* 省略旋转代码 */
}
```

运行网页效果，如图 10-6 所示。仔细观察两个图形，虽然都是让元素顺时针旋转 30 度，但是由于第二个图形的指定中心原点由"正中"变为"靠右居中"，因此在显示时，元素是围绕"新中心原点"作为旋转的中心原点。

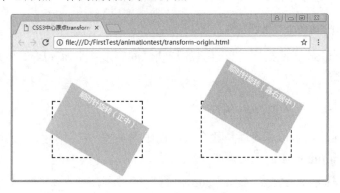

图 10-6　指定变形中心原点

> **提示**
>
> 前面介绍的 translate()、scale()、rotate()、skew()方法其实都可以通过 matrix()方法来实现，只是通过 matrix()方法进行变形比较复杂。如果使用前面的 4 个方法可以完成变形，就没有必要使用 matrix()方法进行变形。因此，这里不再对 matrix()方法进行介绍。

10.2　过渡属性

大家都知道，transform 变形、transition 过渡和 animation 动画是 CSS 3 动画的三部分，上一节简单介绍了 CSS 3 变形，这一节为大家介绍 CSS 3 的过渡效果。

10.2.1　过渡属性概述

在 CSS 3 中，读者可以使用 transition 属性将元素的某一个属性从"一个属性值"在指定的时间内平滑过渡到"另外一个属性值"来实现动画效果。

前面介绍的 transform 属性所实现的元素变形，呈现的仅仅是一个"结果"，而 transition 属性呈现的是一种过渡"过程"，通俗地说就是一种动画的变换过程，例如渐显、渐隐、动画快慢等。

transition 属性是一个复合属性，语法如下：

`transition: transition-property transition-duration transition-timing-function transition-delay;`

从上述语法可以看出，transition 属性包含 transition-property、transition-duration、transition-timing-function 和 transition-delay 属性。

1. transition-property 属性

transition-property 用于检索或设置对象中的参与过渡的属性。该属性用于指定要进行过渡的 CSS 属性，例如 background-color、border-color、color、font-size、opacity 等。除了具体的 CSS 属性外，将该属性的值设为 none 时，表示不指定过渡的 CSS 属性，取值为 all 时，表示指定所有可以进行过渡的 CSS 属性，all 为默认取值。

2. transition-duration 属性

transition-duration 属性指定对象过渡的持续时间。如果要为该属性提供多个属性值，需要以逗号进行分隔。

3. transition-timing-function 属性

transition-timing-function 属性是整个过渡动画的类型，它用于指定使用什么样的方式进行过渡。transition-timing-function 属性语法格式如下：

```
transition-timing-function:effectname;
```

这里的 effectname 表示过渡效果的名称，默认值是 ease，即以溶解方式显示过渡。effectname 还有很多值，常见取值及其说明如下。

- ▶ ease：默认值，平滑过渡。等同于贝塞尔曲线(0.25, 0.1, 0.25, 1.0)。
- ▶ linear：线性过渡。等同于贝塞尔曲线(0.0, 0.0, 1.0, 1.0)。
- ▶ ease-in：淡入效果，由慢到快。等同于贝塞尔曲线(0.42, 0, 1.0, 1.0)。
- ▶ ease-out：淡出效果，由快到慢。等同于贝塞尔曲线(0, 0, 0.58, 1.0)。
- ▶ ease-in-out：淡入淡出效果，由慢到快再到慢。等同于贝塞尔曲线(0.42, 0, 0.58, 1.0)。
- ▶ cubic-bezier：自定义特殊的立方贝赛尔曲线效果，4 个数值需在闭区间[0, 1]内。

4. transition-delay 属性

过渡动画效果的最后一个属性 transition-delay 用于定义动画开始之前的延迟时间。transition-delay 属性的语法格式如下：

```
transition-delay:time;
```

这里 time 与 transition-duration 属性中的 time 具有相同的值，可以设置为 s(秒)或者 ms(毫秒)。time 的默认值为 0，即表示没有延迟。

> **注意**
>
> 如果 time 为负数，过渡效果将会被截断。例如，一个过渡为 5s 的动画，当 time 为-1s 的时候，过渡效果将直接从 1/5 处开始，持续 4s。

10.2.2 单个属性实现过渡

读者在使用 transition 属性时，可以为该属性依次指定多个属性值，或者分别指定其复合属性。

单个属性实现
过渡.mp4

【实例 10-6】

向网页中添加一个 div 元素，指定该元素的长度、宽度、背景颜色、圆角等属性，当光标悬浮于该矩形时，更改矩形的圆角值，实现从矩形到圆形的过渡，指定过渡前的延迟时间为 0s，过渡时间为 0.5s，过渡类型为 linear。样式代码如下：

```
<style type="text/css">
div{
        display:inline-block;width:100px;height:100px;border-radius:0;background-color:#14C7F3;
        transition-property:border-radius;          /* 指定过渡属性 */
        transition-duration:0.5s;                    /* 指定过渡时间 */
        transition-timing-function:linear;           /* 指定过渡类型 */
        transition-delay:0s;                         /* 指定过渡延迟时间 */
    }
    div:hover { border-radius:50px; }
</style>
```

上述有关过渡代码等价于以下代码：

```
transition:border-radius 0.5s linear 0s;
```

10.2.3　多个属性同时过渡

读者可以使用 transition 属性同时指定多组 property duration time-function delay 值，每组 property duration time-function delay 值控制一个属性值的过渡效果。

通过多个属性同时渐变可以非常方便地开发出动画效果。假设读者想要实现一个在页面上随着光标漂移的气球，控制气球移动主要修改气球图片的 left、top 两个属性值，让这两个属性值等于光标按下的 x、y 坐标即可。如果再设置气球图片的 left、top 属性不是突然改变，而是以平滑渐变的方式来进行，这就是动画。

多个属性同时
过渡.mp4

【实例 10-7】

指定 transition 属性的值实现多个属性同时过渡的效果，当用户在页面中移动光标并单击时，气球会随着光标的位置而移动。操作步骤如下。

(1)　向创建的 HTML 网页中添加一张图片：

```
<img id="target" src="images/balloon.gif" alt="气球" />
```

(2)　设置图片的过渡特效，指定气球图片的 left、top 两个属性会以平滑渐变的方式发生改变，这样每个按下光标时，即可看到气球慢慢地漂浮过来的效果。样式代码如下：

```
<style type="text/css">
    img#target{
        position:absolute;
        transition:left 5s linear,top 5s linear;
        -webkit-transition:left 5s linear,top 5s linear;
        -moz-transition:left 5s linear,top 5s linear;
        -o-transition:left 5s linear,top 5s linear;
    }
</style>
```

（3）继续添加 JavaScript 脚本代码，获取网页中的 img 元素，动态设置 left 和 top 属性的值。内容如下：

```
<script>
    var target = document.getElementById("target");
    target.style.left="0px";
    target.style.top="0px";
    document.onmousedown=function(evt){
        target.style.left=evt.pageX+"px";
        target.style.top=evt.pageY+"px";
    }
</script>
```

（4）运行网页的初始效果如图 10-7 所示，单击页面的空白区域，此时过渡效果如图 10-8 所示。

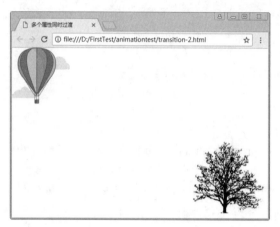

图 10-7　初始效果

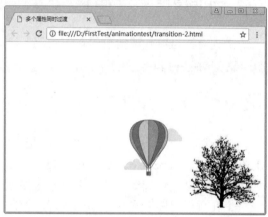

图 10-8　过渡效果

在本例中，我们为 transition 属性指定多组属性，除了使用上述有关的代码外，还可以使用下面代码，它们的效果是一样的：

```
transition-property: left, top;
transition-duration: 5s, 5s;
transition-timing-function: linear, linear;
```

如果定义了多个过渡属性，而其他属性只有一个参数值，则表明所有需要过渡的属性都应用同一个参数值。因此，还可以针对上述代码进行缩写：

```
transition-property: left, top;
transition-duration: 5s;
transition-timing-function: linear;
```

 提示

除了以平滑渐变的方式改变位置以外，读者还可以修改 HTML 的宽度、高度、背景颜色等，感兴趣的读者可以亲自动手试一试。

10.2.4　综合应用实例：光标悬浮特效的过渡功能

当用户的光标移到图片上时，从底部向上滚动会出现半透明遮罩显示文字效果，光标移走后遮罩层消失。这种特效在很多网站都能看到，本小节通过一个案例演示该特效的功能。

在实现该特效时，主要使用 transform 的 translateY 值来做一个光标经过图片上拉、出现文字解释效果，使用 transition 属性设置过渡特效。例如，图 10-9 为最终的实现效果。

图 10-9　光标悬浮特效

根据上述效果设计网页，主要步骤如下。

(1)　向 HTML 网页中添加多个 div 元素，以第一张图片的内容为例，代码如下：

```
<div class="view view-tenth">
<figure>
<div class="thumb"><img src="images/hsq.jpg" /></div>
<div class="mask">
<h2>哈士奇</h2>
<p>西伯利亚雪橇犬(俄语：Сибирский хаски，英语：Siberian husky)，常见别名哈士奇，俗名为二哈。...</p>
<a href="#" class="link">查看全文</a></div>
</figure>
</div>
```

(2)　为网页中的元素添加样式，部分样式代码如下：

```
.main *{ padding:0; margin:0; font-family:'Source Code Pro', Menlo, Consolas, Monaco, monospace; box-sizing:
border-box; -webkit-box-sizing: border-box; }
.main { position: relative; width: 680px; margin: 0 auto; }
.view {
    width: 300px; margin: 10px; float: left; border: 10px solid #fff; cursor: default;
    -webkit-box-shadow: 1px 1px 2px #e6e6e6,-1px -1px 2px #e6e6e6;
    -moz-box-shadow: 1px 1px 2px #e6e6e6,-1px -1px 2px #e6e6e6;
    -o-box-shadow: 1px 1px 2px #e6e6e6,-1px -1px 2px #e6e6e6;
    box-shadow: 1px 1px 2px #e6e6e6,-1px -1px 2px #e6e6e6;
}
```

（3） 为网页中的 img 元素添加样式代码，设置图片的过渡属性和过渡时间等内容。相关代码如下：

```
.view-tenth figure img {
    -webkit-transition: -webkit-transform 0.4s;
    -moz-transition: -moz-transform 0.4s;
    -o-transition: -moz-transform 0.4s;
    transition: transform 0.4s;
}
.view-tenth figure:hover img{
    -webkit-transform: translateY(-50px);
    -moz-transform: translateY(-50px);
    -o-transform: translateY(-50px);
    transform: translateY(-50px);
}
.view-tenth .mask {
    opacity: 0;
    -webkit-transform: translateY(100%);
    -moz-transform: translateY(100%);
    -o-transform: translateY(100%);
    transform: translateY(100%);
    -webkit-transition: -webkit-transform 0.4s, opacity 0.1s 0.3s;
    -moz-transition: -moz-transform 0.4s, opacity 0.1s 0.3s;
    -o-transition: -moz-transform 0.4s, opacity 0.1s 0.3s;
    transition: transform 0.4s, opacity 0.1s 0.3s;
}
.view-tenth figure:hover .mask {
    opacity: 1;
    -webkit-transform: translateY(0px);
    -moz-transform: translateY(0px);
    -o-transform: translateY(0px);
    transform: translateY(0px);
    -webkit-transition: -webkit-transform 0.4s, opacity 0.1s;
    -moz-transition: -moz-transform 0.4s, opacity 0.1s;
    -o-transition: -moz-transform 0.4s, opacity 0.1s;
    transition: transform 0.4s, opacity 0.1s;
}
```

（4） 运行网页进行效果测试。

10.3 动画属性

CSS 3 动画由 3 大部分组成：变形、过渡和动画。前面两节已经对变形效果和过渡效果进行了仔细的讲解，本节为大家讲解 CSS 3 中"真正"的动画效果。

10.3.1 了解 animation 属性

在 CSS 3 中，动画效果使用 animation 属性来实现。animation 属性和 transition 属性功能是相同的，都是通过改变元素的"属性值"来实现动画效果。但这两者有着很大的区别，transition 属性只能通过指定属性的开始值与结束值，然后在这两个属性之间进行平滑过渡来实现动画效果，因此只能实现简单的动画效果。animation 属性则通过定义多个关键帧以及定义每个关键帧中元素的属性值来实现复杂的动画效果。

关于 animation 属性的语法如下所示：

```
animation: animation-name animation-duration animation-timing-function animation-delay animation-iteration-count animation-direction animation-fill-mode;
```

从上述语法可以看到 animation 是一个复合属性，包含的子属性有 animation-name、animation-duration、animation-timing-function、animation-delay、animation-iteration-count、animation-direction 和 animation-fill-mode。

1．animation-name 属性

animation-name 属性用于定义要应用的动画名称。animation-name 属性语法格式如下：

```
animation-name:animationName;
```

这里的 animationName 参数是使用@keyframes 属性指定的名称，其值必须与@keyframes指定的值一致(区分大小写)，如果不一致将不具有任何动画效果。如果值为none 则表示不应用任何动画效果，通常用于覆盖或者取消动画。

2．animation-duration 属性

animation-duration 属性用于定义整个动画效果完成所需要的时间。animation-duration属性语法格式如下：

```
animation-duration:times;
```

times 参数是以秒(s)或者毫秒(ms)为单位的时间，默认值为 0 表示没有动画。

3．animation-timing-function 属性

animation-timing-function 属性用于定义使用哪种方式执行动画效果。animation-timing-function 属性语法格式如下：

```
animation-timing-function: effectname;
```

effectname 参数的含义与 transition-timing-function 属性相同，可以为 ease(默认值)、linear、ease-in、ease-out、ease-in-out 和 cubic-bezier。

4．animation-delay 属性

animation-delay 属性用于定义在执行动画效果之前延迟的时间。animation-delay 属性语法格式如下：

```
animation-delay:times;
```

这里 times 与 animation-duration 属性中的 times 具有相同的值，可以设置为 s(秒)或者ms(毫秒)。times 的默认值为 0，即表示没有延迟。

5．animation-iteration-count 属性

animation-iteration-count 属性用于定义当前动画效果重复播放的次数。animation-iteration-count 属性语法格式如下：

```
animation-iteration-count:number;
```

number 参数是一个整数，默认值为 1 表示动画从开始到结束播放一次。如果该参数为 infinite 则表示动画无限地重复播放。

6．animation-direction 属性

animation-direction 属性用于定义当前动画效果播放的方向。animation-direction 属性语法格式如下：

```
animation-direction:direction;
```

direction 参数的取值及其说明如下。

- ▶ normal：默认值，表示每次动画都从头开始执行到最后。
- ▶ reverse：反方向播放动画。
- ▶ alternate：表示动画播放到最后时将反向播放，即从最后状态逆向播放到开始状态。
- ▶ alternate-reverse：动画先反方向播放再正方向播放，并且持续交替运行。

7．animation-fill-mode 属性

animation-fill-mode 属性用于定义动画开始之前或者播放之后进行的操作。animation-fill-mode 属性语法格式如下：

```
animation-fill-mode:mode;
```

mode 参数可以有如下取值。

- ▶ none：默认值，表示动画将按照定义的顺序执行，在完成后返回到初始关键帧。
- ▶ forwards：表示动画在完成后继续使用最后关键帧的值。
- ▶ backwards：表示动画在完成后使用开始关键帧的值。
- ▶ both：同时应用 forwards 和 backwards 的效果。

10.3.2　@keyframes 动画帧

使用 animation 属性定义 CSS 3 动画时需要两个步骤：第一步是定义动画；第二步是调用动画。

读者在使用动画之前，必须用@keyframes 规则来定义动画。该规则的语法如下：

@keyframes 动画
帧示例 1.mp4

```
@keyframes <identifier> { <keyframes-blocks> }
<keyframes-blocks>： [ [ from | to | <percentage> ]{ sRules } ] [ [ , from | to | <percentage> ]{ sRules } ]*
```

其中，<identifier>定义一个动画名称，该名称与 animation-name 属性的值相对应；<keyframes-blocks>，定义动画在每个阶段的样式，即帧动画。

【实例 10-8】

使用@keyframes 规则定义动画时，简单的动画可以直接使用关键字 from 和 to，即从一种状态过渡到另一种状态。下面的代码定义了动画，该动画表示某个东西逐渐消失：

```
@keyframes testanimations {
    from { opacity: 1; }
    to { opacity: 0; }
}
```

@keyframes 动
画帧示例 2.mp4

【实例 10-9】

相对于比较复杂的动画，可以使用混合百分比值设置某个时间段内的任意时间点的样式。代码如下：

```
@keyframes testanimations {
    from { transform: translate(0, 0); }
    20% { transform: translate(20px, 20px); }
    40% { transform: translate(40px, 0); }
    60% { transform: translate(60px, 20); }
    80% { transform: translate(80px, 0); }
    to { transform: translate(100px, 20px); }
}
```

如果读者不想使用关键字 form 和 to，可以直接使用百分比。如下代码等价于上述代码：

```
@keyframes testanimations{
    0% { transform: translate(0, 0); }              /* 0%不能直接写成 0 */
    20% { transform: translate(20px, 20px); }
    40% { transform: translate(40px, 0); }
    60% { transform: translate(60px, 20px); }
    80% { transform: translate(80px, 0); }
    100% { transform: translate(100px, 20px); }
}
```

使用@keyframes 规则可以定义动画，但是这样定义的动画并不会自动执行，还需要"调用动画"，这样动画才会生效。其实这就跟 JavaScript 的函数一样，首先必须定义函数，然后还要调用函数，这样函数才会执行生效。

@keyframes 动画
帧示例 3.mp4

【实例 10-10】

向网页中添加一个 div 元素，为该元素添加以下代码：

```
<style type="text/css">
    @-webkit-keyframes mycolor {
        0%{background-color:red;}                   /* 定义动画开始时的关键帧 */
        30%{background-color:blue;}                 /* 定义动画进行 30%时的关键帧 */
        60%{background-color:yellow;}               /* 定义动画进行 60%时的关键帧 */
        100%{background-color:green;}               /* 定义动画进行 100%时的关键帧 */
    }
    div { width:100px; height:100px; border-radius:50px; background-color:red; }
    div:hover {
        -webkit-animation-name:mycolor;             /* 指定执行 mycolor 动画 */
        -webkit-animation-duration:5s;              /* 指定动画的执行时间 */
        -webkit-animation-timing-function:linear;   /* 指定动画的播放类型 */
        /* 省略其他代码 */
    }
</style>
```

上述代码使用@keyframes 规则定义了一个名为 mycolor 的动画，刚刚开始时背景颜色为红色，在 0%～30%背景颜色从红色变为蓝色，然后在 30%～60%背景颜色从蓝色变为黄色，最后在 60%～100%背景颜色从黄色变为绿色。动画执行完毕，背景颜色回归红色(初始值)。

在该例子中，设置在光标移动到 div 元素时(div:hover)使用 animation-name 属性调用动画，然后使用 animation-duration 属性定义动画持续总时间、animation-timing-function 属性定义动画类型等。

10.3.3　综合应用实例：绘制旋转的太极图案

在第 9 章中，已经详细为大家介绍了如何绘制静态太极图案。虽然用户会经常看到该静态图案，但在许多网站上是显示动态的太极图。学习过动画以后，读者可以快速地通过相关知识制作动态的太极图。

本节实践案例在第 9 章静态图案的基础上添加样式代码。首先，通过@keyframes 定义名为 rotation 的动画，指定动画开始和结束时的动画帧效果。代码如下：

```
@keyframes rotation {
    0% {
            transform:rotate(0deg);
            -webkit-transform:rotate(0deg);
            -moz-transform:rotate(0deg);
            -o-transform:rotate(0deg);
    }
    100% {
            transform:rotate(360deg);
            -webkit-transform:rotate(360deg);
            -moz-transform:rotate(360deg);
            -o-transform:rotate(360deg);
    }
}
/* 省略其他浏览器引擎的定义 */
```

为页面中样式为 box-taiji 的 div 元素添加样式，在该样式中通过 animation 属性指定动画，动画播放的时间、方式以及播放次数等。代码如下：

```
.box-taiji {
    width:400px;height:400px;position:relative;margin:50px auto; border-radius:400px;
    background-color:#000;box-shadow:0 0 50px rgba(0,0,0,.8);
    animation:rotation 2.5s linear infinite;
    -webkit-animation:rotation 2.5s linear infinite;
    -moz-animation:rotation 2.5s linear infinite;
    -o-animation:rotation 2.5s linear infinite;
}
```

以上样式代码添加完毕后，刷新页面或重新运行网页查看动画效果，这里不再显示具体的效果图。

10.4　综合应用实例：动态复古时钟

时钟是生活中常用的一种计时器，人们通过它来记录时间。随着社会的发展，时钟的种类越来越多，而且外观越来越好看。但是，最初的时钟并不如现在这样美观大方，本节实践案例将利用本章的知识点模拟实现动态复古时钟，最终的呈现效果，如图 10-10 所示。

图 10-10　复古时钟

根据上述效果图进行设计，主要步骤如下。

（1）创建 HTML 网页，向页面中添加最外层的 div 元素，该元素包含两部分，一部分控制时钟的上方部分；另一部分控制时钟的下方钟摆部分。代码如下：

```html
<div class="clock">
<div class="body-top">
<div class="dial">
<div class="second-hand"></div>
<div class="minute-hand"></div>
<div class="hour-hand"></div>
</div>
</div>
<div class="body-bottom">
<div class="pendulum">
<div class="pendulum-stick"></div>
<div class="pendulum-body"></div>
</div>
</div>
</div>
```

（2）设计 div 元素的样式，元素初始样式代码如下：

```css
.clock { height: 400px; width: 220px; margin: 0 auto;}
.clock .body-top { height: 200px; margin: 0; padding: 0; border-radius: 400px 400px 0 0; background-color: #B28247; }
.body-top .dial {
    height: 150px; width: 150px; margin: 0 auto; position: relative; border-radius: 200px;
    background-color: #C9BC9C;
    transform: translateY(30px);                    /* 沿 Y 轴平移 30 像素 */
    /* 省略代码 */
}
```

（3）设置时钟的"秒针"部分，指定秒针的长度、宽度、圆角、背景颜色、中心原点以及动画效果等。内容如下：

```
.dial .second-hand {
        height: 74px; width: 10px; border-radius: 20px; position: absolute; z-index: 2;
        background-color: #7F4F21;                    /* 设置背景颜色 */
        transform-origin: 50% 5px;                    /* 设置中心原点 */
        animation: timehand 60s steps(60, end) infinite;      /* 设置动画效果 */
        /* 其他代码 */
}
```

（4）设置时钟的"分针"部分，指定分针的长度、宽度、圆角、背景颜色、中心原点以及动画效果等。内容如下：

```
.dial .minute-hand {
        height: 70px; width: 10px; border-radius: 20px; position: absolute; z-index: 3;
        background-color: #40220F;                    /* 设置背景颜色 */
        transform-origin: 50% 5px;                    /* 设置中心原点 */
        animation: timehand 3600s steps(3600, end) infinite;     /* 设置动画效果 */
}
```

（5）设置时钟的"时针"部分，指定时针的长度、宽度、圆角、背景颜色、中心原点以及动画效果等。内容如下：

```
.dial .hour-hand {
        height: 50px;    width: 10px; border-radius: 20px; position: absolute; z-index: 4;
        background-color: black;                      /* 设置背景颜色 */
        transform-origin: 50% 5px;                    /* 设置中心原点 */
        animation: timehand 43200s steps(43200, end) infinite;    /* 设置动画效果 */
}
```

（6）定义 timehand 动画，指定动画的开始帧和结束帧。代码如下：

```
@keyframes timehand {
    0% {
            transform: translate(70px, 75px) rotate(180deg);
    }
    100% {
            transform: translate(70px, 75px) rotate(539deg);
    }
}
```

（7）时钟钟摆部分元素的原始代码如下：

```
.clock .body-bottom {
        position: relative; z-index: -1; height: 190px; margin: 0; padding: 0; border-radius: 0 0 20px 20px;
        background-color: #7F4F21;
}
```

（8）设计时钟钟摆部分的动画样式，内容如下：

```
.body-bottom .pendulum {
        height: 140px;                          /* 高度 */
        animation-duration: 2s;                 /* 定义整个动画胡完成时间 */
```

```
        animation-name: ticktock;                        /* 定义动画名称 */
        animation-iteration-count: infinite;             /* 动画重复播放 */
        animation-timing-function: cubic-bezier(0.645, 0.045, 0.355, 1.000);   /* 定义动画执行类型 */
        animation-direction: alternate;                  /* 动画播放到最后时将反向播放 */
        animation-fill-mode: both;                       /*  */
        animation-play-state: running;                   /* 动画的播放状态 */
        transform-origin: 50% -70%;                      /* 设置中心原点 */
}
```

(9)　定义 ticktockdoing 动画，在该动画中指定开始帧和结束帧。代码如下：

```
@keyframes ticktock {
    0% {
        transform: rotate(15deg);
    }
    100% {
        transform: rotate(-15deg);
    }
}
```

(10) 运行 HTML 网页测试效果，最终的效果参考图 10-10。

本章小结

在 CSS 3 中，使用动画功能可以使页面上的文字或图片具有动画效果，可以使背景色从一种颜色平滑过渡到另一种颜色，这主要是靠旋转、缩放、倾斜和平移 4 种类型的变形来处理的。当然，也可以通过创建多个关键帧来制作动画，在这些关键帧中编写样式，并且能够在页面中创建结合关键帧运行的复杂动画。

习　题

一、填空题

1. 元素从一个位置平移到另一个位置，使用 transform 属性的＿＿＿＿＿＿方法。
2. 用户改变元素变形时的中心原点位置，可以使用＿＿＿＿＿＿属性。
3. 动画开始之前，用户指定＿＿＿＿＿＿属性表示在动画开始前进行延迟。
4. ＿＿＿＿＿＿属性用于定义整个动画效果完成所需要的时间。
5. animation-iteration-count 属性的值设置为＿＿＿＿＿＿时，表示动画无限重复播放。
6. 定义动画需要用＿＿＿＿＿＿规则。

二、选择题

1. 将某一个元素在原来的基础上缩小到原来的一半，主要用到＿＿＿＿＿选项的代码。

    A. transfrom:scale(0.5)　　　　　　B. transfrom:scale(0.5deg)

    C. transfrom:scale(50%deg)　　　　D. transfrom:scale(1.5)

2. 读者可以使用_____方法来将元素相对中心原点进行旋转。

    A. martix()   B. scale()   C. rotate()   D. skew()

3. 下面_____属性不是 tranisition 复合属性的子属性。

    A. tranisition-name   B. tranisition-property

    C. tranisition-duration   D. tranisition-delay

4. 关于 animation-fill-mode:forwards 的说明，_____是正确的。

    A. 默认值，表示动画将按照定义的顺序执行，在完成后返回到初始关键帧

    B. 动画在完成后继续使用最后关键帧的值

    C. 动画在完成后使用开始关键帧的值

    D. 动画在完成后先使用最后关键帧的值，再使用开始关键帧的值

5. 关于 transform 属性的说法，下面选项_____是正确的。

    A. CSS 3 新增加的变形属性只能和过渡属性一起使用，不能和动画一起使用

    B. transform 属性可以同时指定多个变形方法，但该方法后面不能使用 skew()方法

    C. transform 属性可以同时指定多个变形方法，变形方法的顺序无论如何排列，最终的呈现效果是一样的

    D. transform 属性可以同时应用多个变形，这些方法的顺序非常重要，顺序不同，呈现的效果也不相同

三、上机练习

  📋 练习：图片文字介绍滑动效果

    本次练习要求读者利用本章介绍的内容完成图片文字介绍的滑动效果，当光标移动到图片上面时，文字介绍会过渡性滑动展示，如图 10-11 所示。

图 10-11　图片文字介绍的滑动效果

第 11 章

CSS 3 布局属性

目前，DIV+CSS 布局已经成为美工进行网页布局的主流趋势。CSS 的功能非常强大，除了前文介绍的样式之外，还可以控制页面的布局，例如通过 float 属性控制多列布局，使用 clear 属性强制换行等。

本章详细介绍 CSS 3 中新增加的其他属性，例如多列布局属性、盒模型布局属性等。通过本章的学习，读者可以更加轻松地设计网站，制作更加美观、功能强大的页面。

学习要点

▶ 了解常见多列布局属性。
▶ 了解常用弹性盒布局属性。

学习目标

▶ 掌握 column-width 和 column-count 属性的使用。
▶ 掌握 column-rule 和 column-gap 属性的使用。
▶ 掌握 flex-direction 和 flex-wrap 属性的使用。
▶ 掌握 justify-content 属性的使用。

11.1　多列布局属性

在 CSS 3 之前的版本中，需要依靠浮动布局和定位布局来实现页面的多列布局设计。前者比较灵活，但是容易发生布局错乱影响页面的整体效果，而且在实现时需要大量的样式代码，增加设计师的工作量；后者可以实现精确定位，但是无法满足模块的自适用能力，以及模块间的文档流联动需要。

为了解决上述问题，CSS 3 版本中增加了多个自动布局属性，这些属性可以自动将内容按指定的列数排列，特别适合报纸和杂志等的网页布局。

11.1.1　多列布局属性列表

当一行文字太长时，读者读起来就比较费劲，有可能读错行或读串行；人们的视点从文本的一端移动到另一端、然后换到下一行的行首，如果眼球移动幅度过大，他们的注意力就会减退，容易读不下去。

因此，为了最大效率地使用大屏幕显示器，页面设计中需要限制文本的宽度，让文本按多列呈现，就像报纸上的新闻排版一样。CSS 3 中新出现的多列布局是传统 HTML 网页中块状布局模式的有力扩充。这种新语法能够让 Web 开发人员轻松地让文本以多列显示。

表 11-1 针对 CSS 3 新增加的多列布局属性进行说明。

表 11-1　多列布局属性及其说明

属　　性	说　　明
columns	设置或检索对象的列数和每列的宽度。复合属性
column-width	设置或检索对象每列的宽度
column-count	设置或检索对象的列数
column-gap	设置或检索对象的列与列之间的间隙
column-rule	设置或检索对象的列与列之间的边框。复合属性
column-rule-width	设置或检索对象的列与列之间的边框厚度
column-rule-style	设置或检索对象的列与列之间的边框样式
column-rule-color	设置或检索对象的列与列之间的边框颜色
column-span	设置或检索对象元素是否横跨所有列
column-fill	设置或检索对象所有列的高度是否统一
column-break-before	设置或检索对象之前是否断行
column-break-after	设置或检索对象之后是否断行
column-break-inside	设置或检索对象内部是否断行

11.1.2　设置显示列的宽度

column-width 属性用于设置页面上单列显示的宽度，它适用于除了表格元素之外的非替换块元素、行内块元素和表单格。基本语法如下：

column-width
属性.mp4

```
column-width:<length> | auto
```

其中，length 表示由浮点数字和单位标识符组成的长度值，不可以为负值。auto 表示根据浏览器计算值自动设置。

【实例 11-1】

向创建的 HTML 页面中添加 div 元素、p 元素、h1 元素等，设计效果如图 11-1 所示。

图 11-1　默认效果

根据图 11-1 的效果进行设计，设计完成后，设计文章部分的宽度，指定 column-width 属性的值为 200 像素，代码如下：

```
.personArticle{
    border:1px dotted gray;
    column-width:200px;
}
```

设置 column-width 属性的值后，重新运行页面，此时效果如图 11-2 所示。

图 11-2　设置 column-width 属性

▌11.1.3　设置显示的固定列

column-width 属性单独使用可限制模块的单列宽度，当超出宽度时则自动以多列进行显示。当然，column-width 属性还可以与其他的多列布局属性一起使用，用于设计指定固定列的列数、列宽的布局效果等，如 column-count 属性。

column-count 属性用于设置页面上对象显示的列数。语法如下：

column-count 属性.mp4

```
column-count：<integer> | auto
```

从上述语法可以看出，column-count 属性有两种属性取值：integer 用来定义栏目的列数，它的取值是一个大于 0 的整数，不允许有负值；auto 表示根据浏览器计算值自动设置。如果 column-width 和 column-count 属性没有明确值，则该值为最大列数。

📃 【实例 11-2】

在上个例子的基础上进行更改，将 column-width 属性设置为 100 像素，同时指定 column-count 属性的值为 3，表示文章列表内容以 3 列进行显示。有关样式代码如下：

```
.personArticle{
    border:1px dotted gray;
    column-width:100px;
    column-count:3;
}
```

运行页面，此时效果如图 11-3 所示。

图 11-3　设置 column-count 属性

▌11.1.4　设置显示列的样式

CSS 3 中新增加的 column-rule 属性用于设置多列布局时列之间边框的宽度、样式和颜色。语法如下：

```
column-rule：[ column-rule-width ] | [ column-rule-style ] | [ column-rule-color ]
```

column-rule 属性.mp4

其中，各个属性值的取值含义如下。

- ▶　column-rule-width：设置列之间的边框宽度。
- ▶　column-rule-style：设置列之间的边框样式。
- ▶　column-rule-color：设置列之间的边框颜色。

【实例 11-3】

通过 column-rule 属性设置列与列之间的边框效果，边框宽度为 2 像素，以虚线方式显示，同时将边框颜色指定为红色。样式代码如下：

```
.personArticle{
    border:1px dotted gray;
    column-width:100px;          /*设置固定列的宽度*/
    column-count:3;              /*设置显示的固定列数*/
    column-rule: 2px dashed RED;/*设置列与列之间的边框样式*/
}
```

上述代码对应的边框显示效果如图 11-4 所示。

图 11-4　设置 column-rule 属性

column-rule 属性是一个复合属性，该属性派生 3 个与列边框相关的属性：column-rule-width 属性、column-rule-style 属性和 column-rule-color 属性。

- ▶ column-rule-width：用于设置列与列之间的边框宽度。值是浮点数，但是不能为负值；如果值为 none，则自动忽略该属性。
- ▶ column-rule-style：用于设置列与列之间边框样式，如果 column-rule-width 属性的值设置为 0，则自动忽略该属性。该属性的取值可以是 none、hidden、dotted、dashed、solid、double、groove、ridge、inset 和 outset。
- ▶ column-rule-color：用于设置列与列之间边框的颜色，值可以是所有的颜色。如果 column-rule-width 等于 0 或 column-rule-style 设置为 none，本属性将会自动被忽略。

【实例 11-4】

继续更改上个例子的代码，上述 column-rule 属性的样式可以使用以下代码代替：

```
column-rule-width:2px;          /*设置列与列之间的边框宽度样式*/
column-rule-style:dashed;       /*设置列与列之间的样式*/
column-rule-color:RED;          /*设置列与列之间的边框颜色
```

column-rule
派生属性.mp4

▶11.1.5　设置各列间的间距

多列布局属性 column-gap 用于设置多列布局时的列间距，语法如下：

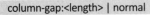

```
column-gap:<length> | normal
```

column-gap
属性.mp4

其中，length 表示由浮点数字和单位标识符组成的长度值，不可以为负值；normal 根据浏览器默认设置进行解析，一般为 1em，即 16px。

📋 【实例 11-5】

通过 column-gap 属性设置列与列之间的列间距，将属性值设置为 30 像素。代码如下：

```css
.personArticle{
    border:1px dotted gray;
    column-width:100px;               /*设置固定列的宽度*/
    column-count:3;                   /*设置显示的固定列数*/
    column-rule-width:2px;            /*设置列与列之间的边框宽度样式*/
    column-rule-style:dashed;         /*设置列与列之间的样式*/
    column-rule-color:RED;            /*设置列与列之间的边框颜色*/
    column-gap:30px;                  /*设置列与列之间的边框样式*/
}
```

11.2 弹性盒模型布局属性

网络布局是 CSS 的一个重点应用，布局的传统解决方案，依赖 display 属性+position 属性+float 属性，但是它对于那些特殊布局非常不方便，例如垂直居中就不容易实现。W3C 提供了一种新的布局方法，可以简便、完整、响应式地实现各种页面布局。

11.2.1 Flex 布局属性

W3C 规范增加了新的盒模型布局属性，这些盒模型针对以 box-开头的属性进行修改，修改后的盒模型以 flex-开头，以 flex-开头的属性通常被称为 Flex 布局，Flex 是 Flexible Box 的缩写，即"弹性布局"，用来为盒状模型提供最大的灵活性。任何一个容器都可以指定为 Flex 布局：

```css
.box{ display:flex; }
```

行内元素也可以使用 Flex 布局：

```css
.box{ display:inline-box; }
```

 注意

读者设置 Flex 布局以后，子元素的 float、clear 和 vertical-align 属性将失效。

1. Flex 布局示意图

在 Flex 布局中，采用 Flex 布局的元素，称为 Flex 容器(flex container)，简称容器。它的所有子元素自动成为容器成员，称为 Flex 项目(flex item)，简称项目。Flex 布局说明如图 11-5 所示。

从图 11-5 中可以看出，容器默认存在两根轴：水平的主轴(main axis)和垂直的交叉轴

(cross axis)。其中，主轴的开始位置(与边框的交叉点)叫作 main start，结束位置叫作 main end；交叉轴的开始位置叫作 cross start，结束位置叫作 cross end。

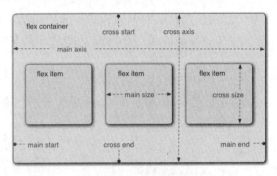

图 11-5　Flex 布局说明

项目默认沿主轴排列。单个项目占据的主轴空间叫作 main size，占据的交叉轴空间叫作 cross size。

2．Flex 布局属性列表

Flex 布局的属性以 flex-开头，通过这些属性，可以设置弹性盒的扩展比率、收缩比率、盒对象的子元素的出现顺序等内容，具体属性及其说明如表 11-2 所示。

表 11-2　盒模型属性及其具体说明

属性名称	说　明
flex	复合属性。设置或检索弹性盒对象的子元素如何分配空间
flex-grow	设置或检索弹性盒的扩展比率
flex-shrink	设置或检索弹性盒的收缩比率
flex-basis	设置或检索弹性盒伸缩基准值
flex-flow	复合属性。设置或检索弹性盒对象的子元素排列方式
flex-direction	设置或检索弹性盒对象的子元素在父容器中的位置
flex-wrap	设置或检索弹性盒对象的子元素超出父容器时是否换行
align-content	设置或检索弹性盒堆叠伸缩行的对齐方式
align-items	设置或检索弹性盒子元素在侧轴(纵轴)方向上的对齐方式
align-self	设置或检索弹性盒子元素自身在侧轴(纵轴)方向上的对齐方式
justify-content	设置或检索弹性盒子元素在主轴(横轴)方向上的对齐方式
order	设置或检索弹性盒对象的子元素出现的顺序

11.2.2　flex-direction 属性

flex-direction 属性通过定义 Flex 容器的主轴方向来决定 Flex 子项在 Flex 容器中的位置。flex-direction 属性的反转取值不影响元素的绘制以及语音和导航顺序，只改变流动方向。

flex-direction 属性的基本语法如下：

flex-direction
属性.mp4

flex-direction：row | row-reverse | column | column-reverse

关于 flex-direction 属性的取值以及说明如下。

- ▶ row：主轴与行内轴方向作为默认的书写模式。即横向从左到右排列(左对齐)。
- ▶ row-reverse：主轴为水平方向，起点在右端，即从右到左排列，对齐方式与 row 相反。
- ▶ column：主轴与块轴方向作为默认的书写模式。即纵向从上往下排列(顶对齐)。
- ▶ column-reverse：主轴为垂直方向，起点在下沿，即从下往上排列，对齐方式与 column 相反。

【实例 11-6】

创建静态 HTML 网页，向页面中添加以下代码：

```
<h2>flex-direction:row</h2><ul id="box" class="box"><li>a</li><li>b</li><li>c</li></ul>
<h2>flex-direction:row-reverse</h2><ul id="box2" class="box"><li>a</li><li>b</li><li>c</li></ul>
<h2>flex-direction:column</h2><ul id="box3" class="box"><li>a</li><li>b</li><li>c</li></ul>
<h2>flex-direction:column-reverse</h2><ul id="box4" class="box"><li>a</li><li>b</li><li>c</li></ul>
```

为上述中的网页元素添加以下 CSS 样式：

```
h1{ font:bold 20px/1.5 georgia,simsun,sans-serif;}
.box{ display:-webkit-flex; display:flex; margin:0;padding:10px;list-style:none;background-color:#eee;}
.box li{width:50px;height:50px;border:1px solid #aaa;text-align:center; }
#box{ -webkit-flex-direction:row; flex-direction:row;}
#box2{ -webkit-flex-direction:row-reverse; flex-direction:row-reverse; }
#box3{ height:200px; -webkit-flex-direction:column; flex-direction:column; }
#box4{ height:200px; -webkit-flex-direction:column-reverse; flex-direction:column-reverse; }
```

运行上述相关代码，flex-direction 属性最终的运行效果如图 11-6 所示。

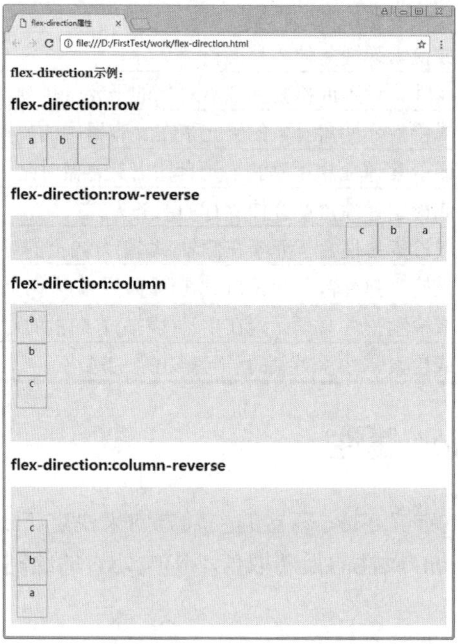

图 11-6　flex-direction 属性运行效果

▶11.2.3　flex-wrap 属性

flex-wrap 属性指定内部元素是如何在 Flex 容器中布局的，定义了主轴的方向(正方向或反方向)。在默认情况下，项目都排在一条线(又称"轴线")上。flex-wrap 属性定义如果一条轴线排不下该如何换行。基本语法如下：

flex-wrap
属性.mp4

```
flex-wrap： nowrap | wrap | wrap-reverse
```

从上述语法可以知道，flex-wrap 属性的可取值有 3 个，具体说明如下所示。

- ▶ nowrap：Flex 容器为单行。该情况下 Flex 子项可能会溢出容器。
- ▶ wrap：Flex 容器为多行。该情况下 Flex 子项溢出的部分会被放置到新行，子项内部会发生断行。
- ▶ wrap-reverse：反转 wrap 排列。

【实例 11-7】

创建静态的 HTML 网页，向页面中添加 ul 和 li 项目列表，部分代码如下：

```
<ul id="box" class="box">
        <li>1</li><li>2</li><li>3</li><li>4</li><li>5</li><li>6</li><li>7</li><li>8</li><li>9</li><li>10</li><li>11</li><li>12</li><li>13</li><li>14</li><li>15</li><li>16</li><li>17</li><li>18</li><li>19</li>
    </ul>
```

为页面中的 ul 和 li 元素添加样式，样式代码如下：

```
.box{ display:-webkit-flex; display:flex; width:800px; margin:0; padding:10px; list-style:none; background -color:#eee;}
.box li{width:50px;height:50px;border:1px solid #aaa;text-align:center; vertical-align:middle;}
#box{ -webkit-flex-wrap:nowrap; flex-wrap:nowrap;}
#box2{ -webkit-flex-wrap:wrap; flex-wrap:wrap;}
#box3{ -webkit-flex-wrap:wrap-reverse; flex-wrap:wrap-reverse;}
```

运行上述样式代码，flex-wrap 属性的运行结果如图 11-7 所示。

图 11-7　flex-wrap 属性运行效果

▶ 11.2.4 justify-content 属性

justify-content 属性设置或检索弹性盒子元素在主轴(横轴)方向上的对齐方式。当弹性盒里一行上的所有子元素都不能伸缩或已经达到其最大值时，这一属性可协助对多余的空间进行分配。当元素溢出某行时，这一属性同样会在对齐方式上进行控制。

justify-content 属性.mp4

justify-content 属性的语法如下：

```
justify-content: flex-start | flex-end | center | space-between | space-around
```

关于 justify-content 属性的取值说明如下。

- ▶ flex-start：默认值，弹性盒子元素将向行起始位置对齐。该行的第一个子元素的主起始位置的边界将与该行的主起始位置的边界对齐，同时所有后续的弹性盒项目与其前一个项目对齐。
- ▶ flex-end：弹性盒子元素将向行结束位置对齐。该行的第一个子元素的主结束位置的边界将与该行的主结束位置的边界对齐，同时所有后续的弹性盒项目与其前一个项目对齐。
- ▶ center：弹性盒子元素将向行中间位置对齐。该行的子元素将相互对齐并在行中居中对齐，同时第一个元素与行的主起始位置的边距等同于最后一个元素与行的主结束位置的边距(如果剩余空间是负数，则保持两端相等长度的溢出)。
- ▶ space-between：弹性盒子元素会平均地分布在行里。如果最左边的剩余空间是负数，或该行只有一个子元素，则该值等效于 flex-start。在其他情况下，第一个元素的边界与行的主起始位置的边界对齐，同时最后一个元素的边界与行的主结束位置的边距对齐，而剩余的弹性盒项目则平均分布，并确保两两之间的空白空间相等。
- ▶ space-around：弹性盒子元素会平均地分布在行里，两端保留子元素与子元素之间间距大小的一半。如果最左边的剩余空间是负数，或该行只有一个弹性盒项目，则该值等效于 center。在其他情况下，弹性盒项目则平均分布，并确保两两之间的空白空间相等，同时第一个元素前的空间以及最后一个元素后的空间为其他空白空间的一半。

📋【实例 11-8】

创建 HTML 静态网页，页面的部分代码如下：

```html
<ul id="box" class="box">
<li>1</li><li>2</li><li>3</li><li>4</li><li>5</li><li>6</li><li>7</li><li>8</li>
</ul>
```

为网页中的页面元素添加以下样式：

```css
.box{
    display:-webkit-flex;display:flex;
    width:800px;height:100px;margin:0;padding:0;border-radius:5px;list-style:none;background-color:#eee;}
.box li{margin:5px;padding:10px;border-radius:5px;background:#aaa;text-align:center;}
#box{-webkit-justify-content:flex-start;justify-content:flex-start;}
```

```
#box2{-webkit-justify-content:flex-end;justify-content:flex-end;}
#box3{-webkit-justify-content:center;justify-content:center;}
#box4{-webkit-justify-content:space-between;　justify-content:space-between;}
#box5{-webkit-justify-content:space-around;justify-content:space-around;}
```

运行上述样式代码，justify-content 属性具体效果如图 11-8 所示。

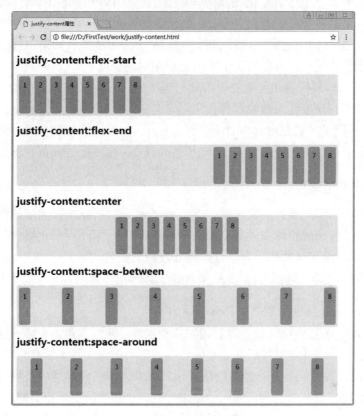

图 11-8　justify-content 属性运行效果

11.2.5　其他属性简述

除了上述介绍的属性外，本小节针对其他有关的弹性盒模型进行说明。

1. flex-flow 属性

flex-flow 属性用于设置或检索弹性盒模型对象的子元素排列方式。该属性是一个复合属性，基本语法如下：

flex-flow：<flex-direction > | | < flex-wrap >

其中，<flex-direction>定义弹性盒子元素的排列方向；<flex-wrap>控制 Flex 容器是单行或者多行。

2. align-items 属性

align-items 属性定义 Flex 子项在 Flex 容器的当前行的侧轴(纵轴)方向上的对齐方式。

基本语法如下:

---

align-items：flex-start | flex-end | center | baseline | stretch

---

针对上述 align-items 属性的取值，具体说明如下。

- ▶ flex-start：弹性盒子元素的侧轴(纵轴)起始位置的边界紧靠住该行的侧轴起始边界。
- ▶ flex-end：弹性盒子元素的侧轴(纵轴)起始位置的边界紧靠住该行的侧轴结束边界。
- ▶ center：弹性盒子元素在该行的侧轴(纵轴)上居中放置。如果该行的尺寸小于弹性盒子元素的尺寸，则会向两个方向溢出相同的长度。
- ▶ baseline：如弹性盒子元素的行内轴与侧轴为同一条，则该值与 flex-start 等效。其他情况下，该值将与基线对齐。
- ▶ stretch：如果指定侧轴大小的属性值为 auto，则其值会使项目的边距盒的尺寸尽可能接近所在行的尺寸，但同时会遵照 min/max-width/height 属性的限制。

3. align-content 属性

当伸缩容器的侧轴还有多余空间时，align-content 属性可以用来调准弹性行在弹性容器里的对齐方式，这与调准弹性项目在主轴上对齐方式的 justify-content 属性类似。但是需要读者注意，align-content 属性在只有一行的弹性容器上没有效果。

---

align-content：flex-start | flex-end | center | space-between | space-around | stretch

---

针对 align-content 属性的取值，具体说明如下。

- ▶ flex-start：各行向弹性盒容器的起始位置堆叠。弹性盒容器中第一行的侧轴起始边界紧靠住该弹性盒容器的侧轴起始边界，之后的每一行都紧靠住前面一行。
- ▶ flex-end：各行向弹性盒容器的结束位置堆叠。弹性盒容器中最后一行的侧轴结束边界紧靠住该弹性盒容器的侧轴结束边界，之后的每一行都紧靠住前面一行。
- ▶ center：各行向弹性盒容器的中间位置堆叠。各行两两紧靠住，同时在弹性盒容器中居中对齐，保持弹性盒容器的侧轴起始内容边界和第一行之间的距离与该容器的侧轴结束内容边界与最后一行之间的距离相等。如果剩下的空间是负数，则各行会向两个方向溢出相等的距离。
- ▶ space-between：各行在弹性盒容器中平均分布。如果剩余的空间是负数或弹性盒容器中只有一行，该值等效于 flex-start。在其他情况下，第一行的侧轴起始边界紧靠住弹性盒容器的侧轴起始内容边界，最后一行的侧轴结束边界紧靠住弹性盒容器的侧轴结束内容边界，剩余的行则按一定方式在弹性盒窗口中排列，以保持两两之间的空间相等。
- ▶ space-around：各行在弹性盒容器中平均分布，两端保留子元素与子元素之间间距大小的一半。如果剩余的空间是负数或弹性盒容器中只有一行，该值等效于 center。在其他情况下，各行会按一定方式在弹性盒容器中排列，以保持两两之间的空间相等，同时第一行前面及最后一行后面的空间是其他空间的一半。
- ▶ stretch：各行将会伸展以占用剩余的空间。如果剩余的空间是负数，该值等效于 flex-start。在其他情况下，剩余空间被所有行平分，以扩大它们的侧轴尺寸。

4．align-self 属性

align-self 属性定义 Flex 子项单独在侧轴(纵轴)方向上的对齐方式。基本语法如下：

align-self：auto | flex-start | flex-end | center | baseline | stretch

关于 align-self 属性的取值，具体说明如下。

- ▶ auto：计算值为元素的父元素的 align-items 值，如果其没有父元素，则计算值为 stretch。
- ▶ flex-start：弹性盒子元素的侧轴(纵轴)起始位置的边界紧靠住该行的侧轴起始边界。
- ▶ flex-end：弹性盒子元素的侧轴(纵轴)起始位置的边界紧靠住该行的侧轴结束边界。
- ▶ center：弹性盒子元素在该行的侧轴(纵轴)上居中放置。如果该行的尺寸小于弹性盒子元素的尺寸，则会向两个方向溢出相同的长度。
- ▶ baseline：如弹性盒子元素的行内轴与侧轴为同一条，则该值与 flex-start 等效。其他情况下，该值将参与基线对齐。
- ▶ stretch：如果指定侧轴大小的属性值为 auto，则其值会使项目的边距盒的尺寸尽可能接近所在行的尺寸，但同时会遵照 min/max-width/height 属性的限制。

5．order 属性

order 属性设置或检索弹性盒模型对象的子元素出现的顺序。基本语法如下：

order：<integer>

其中，<integer>用整数值来定义排列顺序，数值小的排在前面。可以为负值。

6．flex-grow 属性

flex-grow 属性设置或检索弹性盒的扩展比率，根据弹性盒子元素所设置的扩展因子作为比率来分配剩余空间。基本语法如下：

flex-grow：<number>

7．flex-shrink 属性

flex-shrink 属性设置或检索弹性盒的收缩比率。语法如下：

flex-shrink：<number>

其中，<number>用数值来定义收缩比率，不允许负值。

8．flex 属性

flex 属性是一个复合属性，设置或检索弹性盒模型对象的子元素如何分配空间。语法如下：

flex：none | < flex-grow>< flex-shrink >? || < flex-basis>

关于 flex 属性的取值说明如下。

- ▶ none：none 关键字的计算值为(0，0，auto)。

▶ <flex-grow>：用来指定扩展比率，即剩余空间是正值时此 Flex 子项相对于 Flex 容器里其他 flex 子项能分配到的空间比例。在 Flex 属性中，该值如果被省略则默认为 0。

▶ <flex-shrink>：用来指定收缩比率，即剩余空间是负值时此 Flex 子项相对于 Flex 容器里其他 Flex 子项能收缩的空间比例。在收缩的时候，收缩比率会以伸缩基准值加权，在 Flex 属性中该值如果被省略则默认为 1。

▶ <flex-basis>：用来指定伸缩基准值，即在根据伸缩比率计算出剩余空间的分布之前，Flex 子项长度的起始数值。在 Flex 属性中，该值如果被省略则默认为 0%。在 Flex 属性中该值如果被指定为 auto，则伸缩基准值的计算值是自身的 width 设置，如果自身的宽度没有定义，则长度取决于内容。

提示

如果缩写 flex:1，则其计算值为(1，1，0%)；如果缩写 flex: auto，则其计算值为(1，1，auto)；如果 flex: none，则其计算值为(0，0，auto)；如果 flex: 0 auto 或者 flex: initial，则其计算值为(0，1，auto)，即 flex 初始值。

11.2.6 综合应用实例：实现三栏布局

Flex 盒模型的功能非常强大，当 Flex 相关属性支持所有的浏览器时，由于它比浮动布局更加简单和强大，将彻底地改变我们的 CSS 布局方式。例如，读者可以很容易地写出一个元素在未知比例下的居中对齐布局。当然，CSS 3 新增的其他属性，例如 grid 也可以给前端开发带来更多的布局方式。

三栏布局在网页中非常常见，又被称为圣杯布局。页面从上到下分成三个部分：头部(header)、躯干(body)、尾部(footer)。其中躯干又水平分成三栏，从左到右为：导航、主栏、副栏。本节实践案例主要利用 Flex 的相关属性实现简单的三栏布局，最终效果如图 11-9 所示。

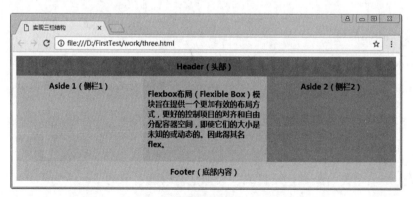

图 11-9　实现三栏结构布局

根据图 11-9 的效果进行设计，相关的静态页面代码如下：

```
<div class="wrapper">
```

```
        <header class="header">Header(头部)</header>
        <article class="main">
            <p>Flexbox 布局(Flexible Box)模块旨在提供一个更加有效的布局方式，更好地控制项目的对齐和
自由分配容器空间，即使它们的大小是未知的或动态的。因此得其名 flex。</p>
        </article>
        <aside class="aside aside-1">Aside 1(侧栏 1)</aside>
        <aside class="aside aside-2">Aside 2(侧栏 2)</aside>
        <footer class="footer">Footer(底部内容)</footer>
    </div>
```

为上述页面中的元素添加 CSS 样式代码，主要利用 flex-flow 属性、order 属性、flex 属性进行设计。代码内容如下：

```
    .wrapper{display:-webkit-box;display:-moz-box;display:-ms-flexbox;display:-webkit-flex;display:flex;-webkit-flex-f
low:row wrap;font-weight:bold;text-align:center}
    .wrapper > *{padding:10px;flex:1 100%}
    .header{background:tomato}
    .footer{background:lightgreen}
    .main{text-align:left;background:deepskyblue}
    .aside-1{background:gold}
    .aside-2{background:hotpink}
    @media all and (min-width:600px){.aside{flex:1 auto}}
    @media all and (min-width:800px){
        .main{flex:2 0px}
        .aside-1{order:1}
        .main{order:2}
        .aside-2{order:3}
        .footer{order:4}
    }
</style>
```

运行静态页面，具体效果如图 11-9 所示。该例子的代码具有自动适应性，如果是在移动客户端，那么三栏布局的格式会有所改变，如图 11-10 所示。

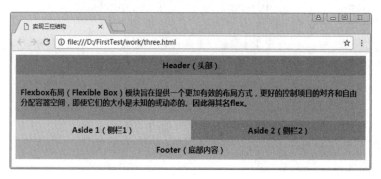

图 11-10　自适应的三栏布局

本章小结

在 CSS 3 之前，主要使用 float 属性或 position 属性进行网页布局，但是使用这些属性

也存在一些缺点，像两栏或多栏中如果元素的内容高度不一致则很难对齐。因此，在 CSS 3 中增加了一些新的布局方式。使用这些新的布局方式，除了可以修改之前存在的问题之外，还可以进行更快捷、更复杂的页面布局，例如利用多列布局自动将内容分配到指定列，非常容易排版。新增的弹性盒模型对于流动布局非常合适。

习 题

一、填空题

1. _____属性用于设置页面上单列显示的宽度。

2. 如果要设置页面对象显示的列数，读者可以使用_____属性。

3. 在新增的盒模型属性中，_____属性设置或检索弹性盒对象的子元素在父容器中的位置。

4. justify-content 属性的默认取值是_____。

5. _____属性用于设置或检索弹性盒模型对象的子元素出现的顺序。

二、选择题

1. column-rule 属性是一个复合属性，该属性的子属性不包含_____。

    A. 用于设置列之间边框宽度的 column-rule-width 属性

    B. 用于设置列之间边框样式的 column-rule-style 属性

    C. 用于设置列之间边框颜色的 column-rule-color 属性

    D. 用于设置列之间边框高度的 column-rule-height 属性

2. flex-wrap 属性设置为_____时，表示 Flex 子项溢出的部分会被放置到新行，子项内部会发生断行。

    A. nowrap   B. wrap   C. wrap-reverse   D. normal

3. 下面关于渐变的说明，其中说法_____是错误的。

    A. 重复渐变可以分为重复线性渐变和重复径向渐变，它们是线性渐变和径向渐变的扩展

    B. 线性渐变主要使用-radial-gradient 属性，径向渐变主要使用-linear-gradient 性

    C. 如果用户使用 Firefox 浏览器并且想要实现线性渐变的功能，需要将代码书写成-moz-linear-gradient 的形式

    D. 渐变可以分为线性渐变、径向渐变和重复渐变

4. 在定义渐变时，需要通过指定_____设置颜色步长。

    A. from   B. to   C. color-stop()   D. width

三、上机练习

练习 1：实现多列布局表单

本次练习要求读者主要利用本章的知识实现一个多列布局表单，最终效果如图 11-11 所示。其中，图中的按钮实现渐变效果。

图 11-11　多列布局表单

练习 2：设计不等高的多列布局效果

本次练习要求读者使用 column-count、column-grap、column-fill 等属性设计不等高的多列布局效果，最终效果如图 11-12 所示。

图 11-12　设计不等高的多列布局效果

第 12 章

JavaScript 脚本编程快速入门

对于传统的 HTML 语言来说，很难开发具有动态和交互性的网页，而 JavaScript 可以实现这一点。我们可以将 JavaScript 嵌入到普通的 HTML 网页里并由浏览器执行，从而可以实现动态的效果。

本章将会介绍 JavaScript 的基础知识，包括 JavaScript 语言的语法规则、运算符、流程控制语句、函数以及常用对象和事件等内容。

学习要点

- ▶ 了解 JavaScript 的特点。
- ▶ 熟悉编写 JavaScript 程序的方法。
- ▶ 熟悉常用系统函数。
- ▶ 熟悉数组、文件和窗口对象。
- ▶ 熟悉常用键盘和鼠标事件。

学习目标

- ▶ 掌握 JavaScript 的数据类型、变量与常量的声明以及运算符。
- ▶ 掌握 if 和 switch 条件语句的使用。
- ▶ 掌握 while、do while、for 和 for in 循环语句的使用。
- ▶ 掌握自定义函数的创建和调用。
- ▶ 掌握输入事件和单击事件的调用。

12.1　JavaScript 语言简介

JavaScript 是一种基于对象的脚本语言。JavaScript 的使用方法，其实就是向页面的 HTML 文件增加一个脚本，当浏览器打开这个页面时，它会读出这个脚本并执行其命令(需要浏览器支持 JavaScript)。另外，在页面中运用 JavaScript 可以使网页变得生动。

JavaScript 主要特点如下。

▶　简单性

JavaScript 是一种脚本语言，它采用小程序段的方式实现编程。而且 JavaScript 也是一种解释性语言，它的基本结构形式与 C、C#、VB 等十分类似，但它不需要编译，而是在程序运行过程中被逐行的解释。

▶　基于对象

JavaScript 是基于对象的语言，它可以运用自己已经创建的对象以及对象方法实现许多功能。

▶　动态性

JavaScript 是动态的，它以事件驱动的方式直接对用户的输入做出响应。在主页中执行了某种操作所产生的动作，就称为“事件”。当事件发生后，可能会引起相应的事件响应。

▶　跨平台性

JavaScript 仅仅依赖于浏览器本身，而与操作环境无关，只要能运行浏览器的计算机，并支持 JavaScript 的浏览器就可以运行。

所有的编程语言都有自己的语法规则，用来说明如何用这种语言编写程序，为了程序能够正确运行并减少错误的产生，就必须遵守这些语法规则。下面就让我们一起来了解 JavaScript 的语法规则。

1. 变量和函数名称

当定义自己使用的变量、对象或函数时，名称可以由任意大小写字母、数字、下画线(_)、美元符号($)组成，但不能以数字开头，不能是 JavaScript 中的关键字。示例如下：

```
password、User_ID、_name        //合法的
if、document、for、Date         //非法的
```

2. 区分大小写

JavaScript 是严格区分大小写的,大写字母与小写字母不能相互替换,例如 name 和 Name 是两个不同的变量。基本规则如下：

▶　JavaScript 中关键词，例如 for 和 if，永远都是小写。

▶　DOM 对象的名称通常都是小写，但是其方法通常都是大小写混合，第一个字母一般都小写。例如 getElementById、replaceWith。

▶　内置对象通常是以大写字母开头。例如 String、Date。

3．代码的格式

在 JavaScript 程序中，每条功能执行语句的最后要用分号(;)结束，每个词之间用空格、换行符或大括号、小括号这样的分隔符隔开就行了。

在 JavaScript 程序中，一行可以写一条语句，也可以写多条语句。一行中写一条语句时，要以分号(;)结束。一行中写多条语句时，语句之间使用逗号(,)分隔。例如，以下写法都正确：

```
var m=9;
var n=8;    //以分号结束
```

或

```
var m=9,n=8;    //以逗号分隔
```

4．代码的注释

注释可以用来解释程序的某些部分的功能和作用，提高程序的可读性。另外还可以用来暂时屏蔽某些语句，等到需要的时候，只需取消注释标记即可。

其实，注释是好脚本的主要组成部分，可以提高程序的可读性，而且可以利用它们来理解和维护脚本，有利于团队开发。

JavaScript 可以使用单行注释和多行注释两种注释方式。

(1) 单行注释

在所有程序的开始部分，都应有描述其功能的简单注释。某些参数需要加以说明的时候，就用到了单行注释("//")。单行注释以两个斜杠开头，并且只对本行内容有效。

示例如下：

```
//var i=1;    这是对单行代码的注释
```

(2) 多行注释

多行注释表示一段代码都是注释内容。多行注释以符号"/*"开头，并以符号"*/"结尾，中间为注释内容，可以跨多行，但不能嵌套使用。示例如下：

```
/*这是一个多行注释
var i=1;
var j=2;
……*/
```

12.2　编写 JavaScript 程序

本节通过示例讲解如何在页面中编写 JavaScript 程序，以及如何使用外部的 JavaScript 文件，最后介绍了编写程序时的一些注意事项。

12.2.1　集成 JavaScript 程序

在开始创建 JavaScript 程序之前，我们首先需要掌握创建 JavaScript 程序的方法，以及

如何在 HTML 文件中调用(执行)JavaScript 程序。

1. 直接调用

在 HTML 文件中，可以使用直接调用方式嵌入 JavaScript 程序。方法是：使用<script>和</script>标记在需要的位置编写 JavaScript 程序。

直接调用.mp4

【实例 12-1】

例如，下面的代码直接调用 JavaScript 输出了一段 HTML，效果如图 12-1 所示。

```
<h2>直接调用 JavaScript 程序</h2>
<h3>
<script language="JavaScript">
    var str="欢迎来到 JavaScript 世界...";
    document.write(str);
</script>
</h3>
```

2. 事件调用

这种方式是指：在 HTML 标记的事件中调用 JavaScript 程序，例如，单击事件 onclick，鼠标移动事件 onmouseover 和载入事件 onload 等。

事件调用.mp4

【实例 12-2】

例如，下面的代码使用单击事件调用 JavaScript 程序，显示了当前时间，效果如图 12-2 所示。

图 12-1　直接调用 JavaScript 程序

图 12-2　事件调用 JavaScript 程序

```
<h2>事件调用 JavaScript 程序</h2>
<script language="JavaScript">
function sayDate()
{
var dt=new Date();
var strdate="您好。\n 现在时间为：" +dt;
alert(strdate);
}
</script>
<P onclick="sayDate();">单击这里查看当前时间</P>
```

技巧

还有一种简约的格式来调用 JavaScript，例如在链接标记中：

```
<a href="javascript:alert ('Hello World') ">Click me</a>
```

12.2.2　使用外部 JavaScript 文件

外部文件就是只包含 JavaScript 的单独文件，这些外部文件名都以.js 后缀结尾。使用时，只需在 script 标记中添加 src 属性指向文件，就可以调用。这就大大减少了每个页面上的代码，而且更重要的是，这会使站点更容易维护。当需要对脚本进行修改时，只需修改.js 文件，所有引用这个文件的 HTML 页面会自动地受到修改的影响。

使用外部 JavaScript 文件.mp4

【实例 12-3】

例如，有一名为 lib.js 的外部文件，该文件包含如下的 JavaScript 脚本。

```
//显示中文提示的日期
function showDate(){
        var y=new Date();
        var gy=y.getYear();
        var dName=new Array("星期天","星期一","星期二","星期三","星期四","星期五","星期六");
        var mName=new Array("1 月","2 月","3 月","4 月","5 月","6 月","7 月","8 月","9 月","10 月","11 月","12 月");
        document.write("<FONT COLOR=\"black\" class=\"p1\">"+y.getYear()+"年" + mName[y.getMonth()]
+ y.getDate() + "日" + dName[y.getDay()] + "" + "</FONT>");
    }
        showDate();
```

在上述代码中，创建了一个函数 showDate()，获取当前的日期和时间进行格式化后，以中文的形式输出日期。接下来创建 HTML 文件，引用 lib.js 文件，代码如下所示：

```
<h2>链接外部 JS 文件</h2>
<h3>当前日期:
<script src="lib.js"></script>
</h3>
```

在浏览器中运行代码，具体效果如图 12-3 所示。

图 12-3　链接外部 JavaScript 文件

289

12.3 JavaScript 脚本语法

在掌握 JavaScript 程序的创建和执行方法之后，本节主要介绍与 JavaScript 有关的基础语法，包括 JavaScript 的数据类型、变量和常量、运算符。

12.3.1 数据类型

JavaScript 允许使用 3 种基础的数据类型：整型、字符串和布尔值。此外，还支持两种复合的数据类型：对象和数组，它们都表示基础数据类型的集合。作为一种通用数据类型的对象，函数和数组都是特殊的对象类型。

此外，JavaScript 还为特殊的目的定义了其他特殊的对象类型，例如 Date 对象表示的是一个日期和时间类型。在表 12-1 中列出了 JavaScript 支持的 6 种数据类型。

表 12-1　JavaScript 中的数据类型

数据类型	数据类型名称	示　　例
number	数值类型	123,-0.129871,071,0X1fa
string	字符串类型	'Hello','get the &','b@911.com'
object	对象类型	Date,Window,Document
boolean	布尔类型	true , false
null	空类型	null
undefined	未定义类型	tmp,demo,today,gettime

例如，下面是数值类型的一些示例。

```
.0001, 0.0001, 1e-4, 1.0e-4 // 四个浮点数，它们互等
3.45e2 // 一个浮点数，等于 345
42 // 一个整数
0377 // 一个八进制整数，等于 255
00.0001 // 由于八进制数不能有小数部分，因此这个数等于 0
378 // 一个整数，等于 378
Xff // 一个十六进制整数，等于 255
0x37CF // 一个十六进制整数，等于 14287
0x3e7 // 一个十六进制整数，等于 999
0x3.45e2 // 由于十六进制数不能有小数部分，因此这个数等于 3
```

12.3.2 变量与常量

在 JavaScript 中变量用来存放脚本中的值，一个变量可以是一个数字、文本或其他一些东西。JavaScript 是一种对数据类型变量要求不太严格的语言，所以不必声明每一个变量的类型、尽管变量声明不是必须的，但在使用变量之前先进行声明是一种好的习惯。

1．声明变量

使用 var 语句来进行变量声明，如：

```
var men = true; // men 中存储的值为布尔类型
var intCount=1; //intCount 中存储的是为整型数值
var strName='ZHT'; //strName 中存储的为字符串类型值
```

在上面的示例中，我们命名了三个变量 men、intCount 和 strName，它们的类型分别是布尔型、整型和字符串类型。

2．变量赋值

变量命名之后，就可以对变量进行赋值了。JavaScript 里对变量赋值的语法是：

```
var <变量> [= <值>];
```

这里的 var 是 JavaScript 的保留字，不可以修改。后面是要命名的变量名称，值是可选的，可以在命名时赋以变量初始值。当要一次定义多个变量时，使用如下语法：

```
var 变量1, 变量2, 变量3 变量4, … 变量 n;
```

例如，下面的几个示例：

```
var minScore=0, minScore=100 ;
var aString = ' ';
var anInteger = 0, ThisDay='2007-7-23';
var isChecker=false, aFarmer=true ;
```

3．常量

常量是一种恒定的或者不可变的数值或者数据项。在某特定的时候，虽然声明了一个变量，但却不希望这个数值被修改，这种永不会被修改的变量，统称为常量。在 Javascript 中，常量可以分为以下几种。

- ▶ 整型常量：JavaScript 的常量通常又称字面常量，它是不能改变的数据。其整型常量可以使用十六进制、八进制和十进制表示其值。
- ▶ 实型常量：实型常量是由整数部分加小数部分表示，如 12.32、193.98 。可以用科学或者标准方法表示，如 5E7、4e5 等。
- ▶ 布尔值：布尔常量只有两种状态——true 或者 false。它主要用来表示一种状态或者标志，以说明操作流程。
- ▶ 字符型常量：使用单引号(')或者双引号(")括起来的一个或者几个字符。如 "This is a book of JavaScript "、"3245"、"ewrt234234" 等。
- ▶ 空值：JavaScript 中有一个空值 null，表示什么也没有。如试图引用没有定义的变量，则返回一个 null 值。

12.3.3　运算符

运算符用于将一个或者几个值变成结果值，使用运算符的值称为操作数，运算符及操作数的组合称为表达式。例如，下面的表达式：

```
i=j-100;
```

在这个表达式中 i 和 j 是两个变量；"-"是运算符，用于对两个操作数执行减运算；100 是一个数值。

1. 算术运算符

算术运算符是最简单、最常用的运算符，可以使用它们进行通用的数学计算，如表 12-2 中所示。

表 12-2　算术运算符

运算符	表达式	说　明	示　例
+	x+y	返回 x 加 y 的值	X=5+3，结果为 8
-	x-y	返回 x 减 y 的值	X=5-3，结果为 2
*	x*y	返回 x 乘以 y 的值	X=5*3，结果为 15
/	x/y	返回 x 除以 y 的值	X=5/3，结果为 1
%	x%y	返回 x 与 y 的模(x 除以 y 的余数)	X=5%3，结果为 2
++	x++、++x	返回数值递增、递增并返回数值	5++、++5，结果为 5、6
--	x--、--x	返回数值递减、递减并返回数值	5--、--5，结果为 5、4

2. 逻辑运算符

逻辑运算符通常用于执行布尔运算，它们常和比较运算符一起使用来表示复杂比较运算，这些运算涉及的变量通常不止一个，而且常用于 if、while 和 for 语句中。表 12-3 列出了 JavaScript 支持的逻辑运算符。

表 12-3　逻辑运算符

运算符	表达式	说　明	示　例
&&	表达式 1 && 表达式 2	若两边表达式的值都为 true，则返回 true；任意一个值为 false，则返回 false	5>3 &&5<6 返回 true 5>3&&5>6 返回 false
||	表达式 1 || 表达式 2	只有表达式的值都为 false 时，才返回 false	5>3||5>6 返回 true 5>7||5>6 返回 false
!	! 表达式	求反。若表达式的值为 true，则返回 false，否则返回 true	!(5>3) 返回 false !(5>6) 返回 true

3. 比较运算符

比较运算符用于对运算符的两个表达式进行比较，然后返回 boolean 类型的值，例如，比较两个值是否相同或比较数字值的大小等。在表 12-4 中列出了 JavaScript 支持的比较运算符。

表 12-4　比较运算符

运算符	表达式	说　明	示　例
==	表达式 1 == 表达式 2	判断左右两边表达式是否相等	Score == 100 //比较 Score 的值是否等于 100
!=	表达式 1 != 表达式 2	判断左边表达式是否不等于右边表达式	Score != 0 //比较 Score 的值是否不等于 0
>	表达式 1 > 表达式 2	判断左边表达式是否大于右边表达式	Score > 100 //比较 Score 的值是否大于 100
>=	表达式 1 >= 表达式 2	判断左边表达式是否大于等于右边表达式	Score >= 100 //比较 Score 的值是大于等于 100
<	表达式 1 < 表达式 2	判断左边表达式是否小于右边表达式	Score < 100 //比较 Score 的值是否小于 100
<=	表达式 1 <= 表达式 2	判断左边表达式是否小于等于右边表达式	Score <= 100 //比较 Score 的值是否小于等于 100

4．字符串运算符

JavaScript 支持使用字符串运算符"+"对两个或多个字符串进行连接操作。这个运算符的使用比较简单，下面给出几个应用的示例：

```
var str1="Hello";
var str2="World";
var str3="Love";
var Result1=str1+str2 ;   //结果为" HelloWorld"
var Result2=str1+" "+str2 ;   //结果为" Hello World"
var Result3=str3+"   in   "+str2 ;   //结果为"Love   in   World"
var sqlstr="Select * from [user] where username='"+"ZHT"+"'"
//结果为 Select * from [user] where username='ZHT'
var a="5",b="2", c=a+b;   //c 的结果为"52"
```

5．位操作运算符

位操作运算符对数值的位进行操作，如向左或向右移位等，在表 12-5 中列出了 JavaScript 支持的位操作运算符。

表 12-5　位操作运算符

运算符	表达式	说　明
&	表达式 1 & 表达式 2	当两个表达式的值都为 true 时返回 1，否则返回 0
|	表达式 1 | 表达式 2	当两个表达式的值都为 false 时返回 0，否则返回 1
^	表达式 1 ^ 表达式 2	两个表达式中有且只有一个为 false 时返回 0，否则为 1
<<	表达式 1 << 表达式 2	将表达式 1 向左移动表达式 2 指定的位数
>>	表达式 1 >> 表达式 2	将表达式 1 向右移动表达式 2 指定的位数
>>>	表达式 1 >>> 表达式 2	将表达式 1 向右移动表达式 2 指定的位数，空位补 0
~	~表达式	将表达式的值按二进制逐位取反

6. 赋值运算符

赋值运算符用于更新变量的值，有些赋值运算符可以和其他运算符组合使用，对变量中包含的值进行计算，然后用新值更新变量，表 12-6 中列出了这些赋值运算符。

表 12-6　赋值运算符

运算符	表达式	说　明
=	变量=表达式	将表达式的值赋予变量
+=	变量+=表达式	将表达式的值与变量值执行+操作后赋予变量
_=	变量-=表达式	将表达式的值与变量值执行-操作后赋予变量
*=	变量*=表达式	将表达式的值与变量值执行*操作后赋予变量
/=	变量/=表达式	将表达式的值与变量值执行/操作后赋予变量
%=	变量%=表达式	将表达式的值与变量值执行%操作后赋予变量
<<=	变量<<=表达式	对变量按表达式的值向左移
>>=	变量>>=表达式	对变量按表达式的值向右移
>>>=	变量>>>=表达式	对变量按表达式的值向右移，空位补 0
&=	变量&=表达式	将表达式的值与变量值执行&操作后赋予变量
|=	变量|=表达式	将表达式的值与变量值执行|操作后赋予变量
^=	变量^=表达式	将表达式的值与变量值执行^操作后赋予变量

7. 条件运算符

JavaScript 支持 Java、C 和 C++中的条件表达式运算符"?"，这个运算符是个三元运算符，它有三个部分：一个计算值的条件和两个根据条件返回的真假值。格式如下所示：

```
条件 ? 值1 : 值2
```

含义为，如果条件为真，则表达值使用值 1，否则使用值 2。例如：

```
(x>y)?30:31
```

如果 x 的值大于 y 值，则表达式的值为 30；否则 x 的值小于或等于 y 值时，表达式值为 31。

12.4　脚本控制语句

为了使整个程序按照一定的方式执行，JavaScript 语言提供了对脚本程序执行流程进行控制的语句，使程序按照某种顺序处理语句。这种顺序可以根据条件进行改变，或者循环执行语句，甚至弹出一个对话框提示用户，等等。

12.4.1　if 条件语句

if 条件语句是使用最多的条件分支语句，在 JavaScript 中，它有很多种形式，每一种形式都需要一个条件表达式，然后再对分支进行选择。

1. 基本 if 语句

if 语句的最简语法格式如下，表示"如果满足某种条件，就进行某种处理"：

```
if(条件表达式) {
    语句块;
}
```

if 语句.mp4

其中，条件表达式可以是任何一种逻辑表达式，如果返回结果为 true，则程序先执行后面大括号对({})中的语句块，然后接着执行它后面的其他语句。如果返回结果为 false，则程序跳过条件语句后面的语句块，直接去执行程序后面的其他语句。

【实例 12-4】

假设学生成绩的等级划分为：80～100 为优秀，60～80 为及格，60 以下为不及格。下面使用 if 语句根据成绩显示对应的等级，代码如下：

```
var m=95;
if (m >= 80 && m <= 100)
    alert("优秀");
if (m >= 60 && m < 80)
    alert("及格");
if (m >= 0 && m < 60)
    alert("不及格");
if (m > 100)
    alert("不存在");
```

2. if else 语句

if else 语句的基本语法为：

```
    if(条件表达式) {
        语句块 1;
    } else {
        语句块 2;
    }
```

上面语句执行过程是，先判断 if 语句后面的条件表达式，如果值为 true，则执行语句块 1；如果值为 false，则执行语句块 2。

> **注意**
>
> if 和 else 语句中不包含分号。如果在 if 或者 else 之后输入了分号，将终止这个语句，并且将无条件执行随后的所有语句。

3. if else if 语句

if else if 多分支语句的语法结构为：

if else if 语句.mp4

```
if(条件表达式 1){
        语句块 1;
```

```
    }else if(条件表达式 2){
        语句块 2;
    }
    else if(条件表达式 n) {
        语句块 n;
    }else {
        语句块 n+1;
    }
```

以上语句的执行过程是，依次判断表达式的值，当某个分支的条件表达式的值为 true 时，则执行该分支对应的语句块，然后跳到整个 if 语句之外继续执行程序。如果所有的表达式均为 false，则执行语句块 n+1，然后继续执行后续程序。

【实例 12-5】

如果做一个用户登录模块，需要判断用户输入的用户名和密码是否正确，以下是使用 if else if 语句实现的代码片段：

```
    if (name == "王名" && password == "123")
    {
        Console.Write("用户名和密码正确，登录成功！");
    }
    else if (name == "王名" && password != "123")
    {
        Console.Write("密码不正确！请重新输入！");
    }
    else if (name != "王名" && password == "123")
    {
        Console.Write("用户名不正确！请重新输入！");
    }
    else
    {
        Console.Write("用户名和密码都不正确！请重新输入！");
    }
```

4．if else 嵌套语句

如果在 if 或者 else 子语句中又包含了 if else 语句，则称为 if else 嵌套语句，语法结构如下：

```
if(条件表达式 1){
    if(条件表达式 n) {
        语句块 n;
    }else {
        语句块 n+1;
    }
}else{
    ...
}
```

▌12.4.2　switch 条件语句

switch 条件语句提供了 if 条件语句的一个变通形式，可以从多个语句块中选择其中的一个执行。switch 条件语句是多分支选择语句，常用来根据表达式的值选择要执行的语句。基本语法形式如下所示：

switch 条件语句.mp4

```
switch(表达式)
{
    case 值 1:
        语句块 1;
        break;
    case 值 2:
        语句块 2;
        break;
        ......
    case 值 n:
        语句块 n;
        break;
    default:
        语句块 n+1;
        break;
}
```

switch 条件语句在其开始处使用一个简单的表达式。表达式的结果将与结构中每个 case 子句的值进行比较。如果匹配，则执行与该 case 关联的语句块。语句块以 case 语句开头，以 break 语句结尾，然后执行 switch 条件语句后面的语句。如果结果与所有 case 子句均不匹配，则执行 default 后面的语句。

【实例 12-6】

等级考试系统中将成绩分为 4 个等级：优、良、中和差。现在要实现知道等级之后，输出一个短评。用 switch 条件语句实现的代码如下：

```
switch (scoreLevel) {
    case "优":
        document.write("很不错，注意保持成绩！");
        break;
    case "良":
        document.write("继续加油！！！");
        break;
    case "中":
        document.write("你是最棒的！");
        break;
    case "差":
        document.write("不及格，要努力啦！");
        break;
    default:
        document.write("请确认你输入的等级：优、良、中、差。");
```

```
            break;
        }
```

▌12.4.3   while 循环语句

while 循环语句属于基本循环语句，用于在指定条件为真时重复执行一个代码片段。while 循环语句的语法如下所示：

while 循环语句.mp4

```
while(表达式)
{
        //代码片段
}
```

其中表达式是一个布尔表达式，控制代码片段被执行的次数，当条件为假时跳出 while 循环。

【实例 12-7】

通过循环依次输出 h1～h6 标题的字体，下面是使用 while 循环语句实现的代码。

```
var i=1;
while(i<7)
{
        document.write("<h"+i+">这是 h"+i+"号字体"+"</h"+i+">");
        ++i;
}
```

▌12.4.4   do while 循环语句

do while 循环语句的功能和 while 循环语句类似，只不过它是在执行完第一次循环之后才检测条件表达式的值。这意味着包含在大括号中的代码块至少要被执行一次。另外，do while 循环语句结尾处的 while 条件语句的括号后有一个分号(;)。该语句的基本格式如下所示：

do while 语句.mp4

```
do
{
        执行语句块
}while(条件表达式);
```

【实例 12-8】

下面将通过一个示例介绍 do while 循环语句的用法以及与 while 循环语句的区别。

```
var i=1,j=1,a=0,b=0;
while(i<1)
{
        a=a+1;
        i++;
}
alert("while 语句循环执行了"+a+"次");
do
{
```

```
        b=b+1;
        j++
    }
while(j<1);
alert("do while 语句循环执行了"+b+"次");
```

在上述代码中，变量 i，j 的初始值都为 1，do while 循环语句与 while 循环语句的条件都是小于 1，但是由于 do while 循环语句条件检查放在循环的末尾，这样大括号内的语句执行了一次。

12.4.5　for 循环语句

for 循环语句.mp4

for 循环语句也类似于 while 语句，它在条件为真时重复执行一组语句。其差别在于，for 循环语句每次循环之后会更新变量。

for 循环语句的语法如下：

```
for(初始化表达式；循环条件表达式；循环后的操作表达式)
{
        执行语句块
}
```

在使用 for 循环前，要先设定一个计数器变量，可以在 for 循环之前预先定义，也可以在使用时直接进行定义。在上述应用格式中，"初始化表达式"表示计数器变量的初始值；"循环条件表达式"是一个计数器变量的表达式，决定了计数器的最大值；"循环后的操作表达式"表示循环的步长，也就是每循环一次，计数器变量值的变化，该变化可以是增大的，也可以是减小的，或进行其他运算。

【实例 12-9】

例如，使用 for 循环语句求 10 的阶乘，实现代码如下：

```
var i=1,j=1;
for(i=1;i<11;i++)
{
        j=j*i;
}
alert("10 的阶乘是"+j) ;
```

12.4.6　for in 循环语句

for in 循环.mp4

for in 循环语句是用来罗列对象属性的循环方式。它并不需要有明确的更新语句，因为循环重复数是对象属性的数目决定的。它的语法如下：

```
for (var 变量 in 对象)
{
        在此执行代码;
}
```

【实例 12-10】

用 for in 循环输出数组中的元素，代码如下：

```
var myArray = new Array();
myArray [0] = "for";
myArray [1] = "for in";
myArray [2] = "hello";
for (var a in myArray)
{
    document.write(myArray [a] + "<br />");
}
```

12.5 函数

在 JavaScript 语言中，函数是一个既重要又复杂的部分。JavaScript 函数可以封装那些在程序中可能要多次用到的模块，并可作为事件驱动的结果调用程序，从而实现一个函数与相应的事件驱动相关联。

12.5.1 系统函数

JavaScript 中提供了一些内部函数，也称为系统函数、内部方法或内置函数。这些函数与任何对象无关，在程序中可以直接调用这些函数来完成某些功能。如表 12-7 所示列出了常用的系统函数。

表 12-7 常用系统函数

函数名称	说　明
eval()	返回字符串表达式中的值
parseInt()	返回不同进制的数，默认是十进制，用于将一个字符串按指定的进制转换成一个整数
parseFloat()	返回实数，用于将一个字符串转换成对应的小数
escape()	返回对一个字符串进行编码后的结果字符串
encodeURI()	返回一个对 URI 字符串编码后的结果
decodeURI()	将一个已编码的 URI 字符串解码成最原始的字符串返回
unescape ()	将一个用 escape 方法编码的结果字符串解码成原始字符串并返回
isNaN()	检测 parseInt() 和 parseFloat() 函数返回值是否为非数值型，如果是返回 true，否则返回 false
abs(x)	返回 x 的绝对值
acos(x)	返回 x 的反余弦值(余弦值等于 x 的角度)，用弧度表示
asin(x)	返回 x 的反正弦值
atan(x)	返回 x 的反正切值
ceil(x)	返回大于等于 x 的最小整数
cos(x)	返回 x 的余弦
exp(x)	返回 e 的 x 次幂(ex)
floor(x)	返回小于等于 x 的最大整数
log(x)	返回 x 的自然对数(ln x)
max(a，b)	返回 a，b 中较大的数
min(a，b)	返回 a，b 中较小的数

函数名称	说　明
pow(n，m)	返回 n 的 m 次幂
random()	返回大于 0 小于 1 的一个随机数
round(x)	返回 x 四舍五入后的值
sin(x)	返回 x 的正弦
sqrt(x)	返回 x 的平方根
tan(x)	返回 x 的正切
toString()	用法：<对象>.toString()；把对象转换成字符串。如果在括号中指定一个数值，则转换过程中所有数值转换成特定进制

这里需要说明的是，系统函数不需要创建，也就是说用户可以在任何需要的地方调用它们，如果函数有参数，还需要在括号中指定传递的值。

12.5.2　自定义函数

在 JavaScript 中定义一个函数必须以 function 关键字开头，函数名跟在关键字的后面，接着是函数参数列表和函数所执行的程序代码段。定义一个函数格式的语句如下所示：

自定义函数.mp4

```
function  函数名(参数列表)
{
    程序代码;
    return  表达式;
}
```

在上述格式中，参数列表表示在程序中调用某个函数时一串传递到函数中的某种类型的值或变量，如果这样的参数多于一个，那么各参数之间需要用逗号隔开。虽然有些函数并不需要接收任何参数，但在定义函数时也不能省略函数名后面的那对小括号，保持小括号中的内容为空即可。

另外，函数中的程序代码必须位于一对大括号之间，如果主程序要求返回一个结果集，就必须使用 return 语句后面跟上这个要返回的结果。当然，return 语句后可以跟一个表达式，返回值将是表达式的运算结果。如果在函数程序代码中省略了 return 语句后的表达式，或者函数结束时没有 return 语句，这个函数就返回一个为 undefined 的值。

【实例 12-11】

下面通过示例演示如何定义函数。在该例子中定义两个函数 Message() 和 Sum()，由于在 Message() 函数中没有 return 语句，所以没有返回值；在 Sum() 函数中，使用 return 语句返回三个数相加的和，具体实现代码如下所示。

```
<html>
<head>
<title>定义函数</title>
</head>
<body>
<script type="text/javascript">
```

```
//由于该函数没有 return 语句，所以它没有返回值
function Message(msg)
{
    document.write(msg,'<br/>');
}
//该函数是计算三个数的和
function Sum(a,b,c)
{
    return a+b+c;
}
Message("Hello World");
Message("三个数的和是："+Sum(1,2,3));
</script>
</body>
</html>
```

函数定义好以后，可以直接调用。在上述代码中，分别为 Message()和 Sum()函数传递参数，然后将代码保存为"调用函数.html"并双击打开，可以在页面中看到两条输出语句，如下所示：

```
Hello World
三个数的和是：6
```

12.6 常用对象

JavaScript 提供了内置的对象以实现特定的功能，其常用对象有数组对象、窗体对象和 DOM 对象等。本节详细介绍 JavaScript 内置对象的使用。

12.6.1 Array 对象

Array 对象是 JavaScript 中的数组对象，实现数组相关操作。数组允许在单个的变量中存储多个值，其创建语法如下所示：

```
new Array();
new Array(size);
new Array(element0, element1, ..., elementn);
```

上述代码中，参数 size 是期望的数组元素个数。参数 element……elementn 是参数列表。当使用这些参数来调用构造函数 Array()时，新创建的数组元素就会被初始化为这些值。它的长度(元素数量)也会被设置为参数的个数。

如果调用构造函数 Array()时没有使用参数，那么返回的数组为空，元素数量为 0。当调用构造函数时只传递给它一个数字参数，该构造函数将返回具有指定个数、元素为 undefined 的数组。当其他参数调用 Array()时，该构造函数将用参数指定的值初始化数组。

当把构造函数作为函数调用，不使用 new 运算符时，它的行为与使用 new 运算符调用它的行为时完全一样。

Array 对象有以下 3 个属性。

▶　constructor：返回对创建此对象的数组函数的引用。

▶　length：设置或返回数组中元素的数量。

▶　prototype：使开发人员有能力向对象添加属性和方法。

Array 对象具有对数组的操作，其所包括的方法如表 12-8 所示。

表 12-8　Array 对象的方法

方法名称	说　明
concat()	连接两个或更多的数组，并返回结果
join()	把数组的所有元素放入一个字符串元素通过指定的分隔符进行分隔
pop()	删除并返回数组的最后一个元素
push()	向数组的末尾添加一个或更多元素，并返回新的长度
reverse()	颠倒数组中元素的顺序
shift()	删除并返回数组的第一个元素
slice()	从某个已有的数组返回选定的元素
sort()	对数组的元素进行排序
splice()	删除元素，并向数组添加新元素
toSource()	返回该对象的源代码
toString()	把数组转换为字符串，并返回结果
toLocaleString()	把数组转换为本地数组，并返回结果
unshift()	向数组的开头添加一个或更多元素，并返回新的长度
valueOf()	返回数组对象的原始值

12.6.2　Document 对象

Document 对象使设计人员可以从脚本中对 HTML 页面中的元素进行访问。Document 对象是 Window 对象的一部分，可通过 window.document 属性对其进行访问。

Document 对象可以控制页面中的元素，也可以对多个元素统一处理。对多个元素统一处理需要使用集合，其所包含的集合如表 12-9 所示。

表 12-9　Document 对象的集合

集合名称	说　明
all[]	提供对文档中所有 HTML 元素的访问
anchors[]	返回对文档中所有 Anchor 对象的引用
applets	返回对文档中所有 Applet 对象的引用
forms[]	返回对文档中所有 Form 对象的引用
images[]	返回对文档中所有 Image 对象的引用
links[]	返回对文档中所有 Area 和 Link 对象的引用

HTML Document 接口对 DOM Document 接口进行了扩展，定义有 HTML 专用的属性和方法。

很多属性和方法都是 HTML Collection 对象拥有的，其中保存了对锚、表单、链接以及其他脚本元素的引用。其常用属性和方法如表 12-10 和表 12-11 所示。

表 12-10　Document 对象属性

属性名称	说　明
body	提供对<body>元素的直接访问，对于定义了框架集的文档，该属性引用最外层的<frameset>
cookie	设置或返回与当前文档有关的所有 cookie
domain	返回当前文档的域名
lastModified	返回文档被最后修改的日期和时间
referrer	返回载入当前文档的 URL
title	返回当前文档的标题
URL	返回当前文档的 URL

表 12-11　Document 对象方法

方法名称	说　明
close()	关闭用 document.open()方法打开的输出流，并显示选定的数据
getElementById()	返回对拥有指定 id 的第一个对象的引用
getElementsByName()	返回带有指定名称的对象集合
getElementsByTagName()	返回带有指定标签名的对象集合
open()	打开一个流，以收集来自任何 document.write()或 document.writeln()方法的输出
write()	向文档写 HTML 表达式或 JavaScript 代码
writeln()	等同于 write()方法，不同的是在每个表达式之后写一个换行符

在文档载入和解析的时候，write()方法允许一个脚本向文档中插入动态生成的内容。

12.6.3　Window 对象

Window 对象表示一个浏览器窗口或一个框架。在客户端 JavaScript 中，Window 对象是全局对象，所有的表达式都在当前的环境中计算。也就是说，要引用当前窗口，根本不需要特殊的语法，可以把那个窗口的属性作为全局变量来使用。

例如，可以只写 document，而不必写 window.document。同样，可以把当前窗口对象的方法当作函数来使用，如只写 alert()，而不必写 Window.alert()。Window 对象的常用方法如表 12-12 所示。

表 12-12　Window 对象方法

方法名称	说　明
alert()	显示带有一段消息和一个确认按钮的警告框
blur()	把键盘焦点从顶层窗口移开
clearInterval()	取消由 setInterval()方法设置的 timeout
clearTimeout()	取消由 setTimeout()方法设置的 timeout
close()	关闭浏览器窗口
confirm()	显示带有一段消息以及确认按钮和取消按钮的对话框
createPopup()	创建一个 pop-up 窗口

方法名称	说　明
focus()	把键盘焦点给予一个窗口
moveBy()	可相对窗口的当前坐标把它移动指定的像素
moveTo()	把窗口的左上角移动到一个指定的坐标
open()	打开一个新的浏览器窗口或查找一个已命名的窗口
print()	打印当前窗口的内容
prompt()	显示可提示用户输入的对话框
resizeBy()	按照指定的像素调整窗口的大小
resizeTo()	把窗口的大小调整到指定的宽度和高度
scrollBy()	按照指定的像素值来滚动内容
scrollTo()	把内容滚动到指定的坐标
setInterval()	按照指定的周期(以毫秒计)来调用函数或计算表达式
setTimeout()	在指定的毫秒数后调用函数或计算表达式

除了表 12-12 所列出的方法，Window 对象还实现了核心 JavaScript 所定义的所有全局属性和方法。

12.7　常用事件

事件是浏览器响应用户交互操作的一种机制。事件的处理过程是：发生事件→启动事件处理程序→事件处理程序做出响应。如果要启动事件处理程序，就必须要告诉对象：如果发生了什么事情，就要启动什么处理程序，否则这个流程就不能进行下去。事件的处理程序可以是任意的 JavaScript 语句，但是一般使用自定义函数来进行处理。

JavaScript 的事件很多，本节仅介绍常用的三大类事件，即键盘事件、鼠标事件和页面事件。

12.7.1　键盘事件

键盘事件，顾名思义就是按键触发的事件，即当我们操作键盘时会触发执行。它大体上就分三种，如下所示。

► onkeypress：这个事件在用户按下并放开任何字母数字键时发生。但是，系统按钮(例如，箭头键和功能键)无法得到识别。

► onkeyup：这个事件在用户放开任何先前按下的键盘键时发生。

► onkeydown：这个事件在用户按下任何键盘键(包括系统按钮，如箭头键和功能键)时发生。

下面我们举一个例子，来看看键盘事件的具体应用，代码如下所示：

```
<script type="text/javascript">
function document.onkeydown()
{
    if ( event.keyCode=='39' ) //->右箭头
```

```
        {
                window.open("http://www.baidu.com");
        }
}
function document.onkeypress()
{
        if ( event.keyCode=='43' )
        {
                alert( '你输入了键盘的 " + " 键');
        }
}
</script>
```

上述代码在 document 对象上添加了 onkeydown 和 onkeypress 两个事件。通过按下右键，可以打开一个页面，按下"+"键弹出一个对话框显示"你输入了键盘的'+'键"。

12.7.2　鼠标事件

鼠标事件很多，例如鼠标单击事件、鼠标双击事件、鼠标移动事件、鼠标拖动事件、鼠标离开事件、鼠标滚动事件等，如表 12-13 所示。

表 12-13　鼠标常见事件列表

事件名称	说　明
onblur()	使用在表单元素中，当元素失去焦点的时候执行
onchange()	使用在表单元素中，当某些东西改变时执行
onclick()	鼠标单击一个元素时执行
ondblclick()	鼠标双击一个元素时执行
onfocus()	使用在表单元素中，当元素获得焦点时执行
onkeydown()	按下某个按键时执行
onkeypress()	按下和释放某个按键时执行
onkeyup()	释放某个按键时执行
onload()	在 body 标记中使用，载入页面的时候执行
onmousedown()	按下鼠标按键时执行
onmousemove()	鼠标光标在元素上移动时执行
onmouseout()	鼠标光标移开元素时执行
onmouseover()	鼠标光标移到元素上时执行
onmouseup()	当释放鼠标按键时执行
onreset()	用在表单元素中，当表单重置时执行
onselect()	用在表单元素中，当元素被选择时执行
onsubmit()	用在表单元素中，当表单提交时执行
onunload()	用在 body 标记中，当关闭页面时执行

列出一个简单又常用的鼠标单击事件示例，代码如下所示：

```
<html>
    <head>
    <script type="text/javascript">
```

```
                function whichButton(event)
                {
                        if (event.button==2)
                        {
                                alert("你单击了鼠标右键!")
                        }
                        else{
                                alert("你单击了鼠标左键!")
                        }
                }
        </script>
        </head>
        <body onmousedown="whichButton(event)">        //在 body 上添加了 onmousedown 事件
        请单击你鼠标的左键或右键试试
        </body>
</html>
```

上述代码在 body 元素上添加了 onmousedown 事件，当单击鼠标键时触发该事件，执行 whichButton(event)方法。

12.7.3　页面事件

JavaScript 还有另一种常用的事件——页面事件，它是页面加载或改变浏览器大小、位置，以及对页面中的滚动条进行操作时，所触发的事件处理程序。我们先来看看页面相关事件都有哪些，如表 12-14 所示。

表 12-14　页面事件列表

事件名	浏览器支持	事件说明
onAbort()	IE4|N3|0	图片在下载时被用户中断
onBeforeUnload()	IE4|N|0	当前页面的内容将要被改变时触发的事件
onError()	IE3|N2|03	捕捉当前页面因为某种原因而出现的错误，如脚本错误与外部数据引用的错误
onLoad()	IE3|N2|03	页面完成传送到浏览器时触发的事件，包括外部文件引入完成
onMove()	IE|N4|0	当浏览器的窗口被移动时触发的事件
onResize()	IE4|N4|0	当浏览器的窗口大小被改变时触发的事件
onScroll()	IE4|N|0	浏览器的滚动条位置发生变化时触发的事件
onStop()	IE5|N|0	浏览器的停止按钮被按下时或者正在下载的文件被中断触发的事件
onUnload()	IE3|N2|03	当前页面将被改变时触发的事件

学习了页面事件之后，我们使用页面事件中的 onbeforeunload 事件来实现一个考试系统防止用户中途退出考试(有意或者无意)的功能，当用户退出考试时，给出是否"确定放弃考试"的提示。onunload 事件也可以实现这个功能，不过它与 onbeforeunload 事件有一定的区别，具体区别将在实例代码之后进行讲解，实例代码如下所示：

```
<body onbeforeunload=" checkLeave()">
<script>
function checkLeave(){
```

```
        event.returnValue="确定放弃考试？(考试作废，不记录成绩)";
    }
</script>
```

这样可以让用户确认是否要退出考场，如果不保存而跳转到其他页面，也会有一个确认的提示(防止误操作)，也是用到了 onbeforeunload。

另外还可以用来在页面关闭的时候关闭 session，代码如下(用 window.screenLeft > 10000 来区分关闭和刷新操作)：

```
<body onbeforeunload="closeSession()">
<script>
function closeSession (){
    //关闭(刷新的时候不关闭 Session)
    if(window.screenLeft>10000){
        //关闭 Session 的操作(可以运用 Ajax)
    }
}
</script>
```

onbeforeunload 是在页面刷新或关闭时调用，onbeforeunload 是正要去服务器读取新的页面时调用，此时还没开始读取；而 onunload 则已经从服务器上读到了需要加载的新的页面，在即将替换掉当前页面时调用。onunload 是无法阻止页面的更新和关闭的，而 onbeforeunload 可以做到。

onunload 也是在页面刷新或关闭时调用，可以在 Script 脚本中通过 window.onunload 来指定或者在 body 里指定。区别在于 onbeforeunload 在 onunload 之前执行，它还可以阻止 onunload 的执行。

本章小结

JavaScript 的功能非常强大，限于篇幅本章仅介绍了原生写法的基础知识。只有熟练掌握它们，才能学好 JavaScript，以及更快地入门其他 JavaScript 框架。目前主流的 JavaScript 封装框架有 jQuery，UI 框架有 WeUI 和 Bootstrap，全功能框架有 VUE、React 和 Angular，另外使用 Node.js 框架可以将 JavaScript 作为后端脚本来运行。可以说 JavaScript 在整个前端的技术栈中非常重要，希望读者能好好地学习。

习　题

一、填空题

1. JavaScript 中的多行注释以符号 "/*" 开头，并以 "＿＿＿＿＿" 结尾。
2. 假设要将外部的 lib.js 文件引入当前页面，应该使用语句＿＿＿＿＿。
3. 假设要声明一个变量，需要使用＿＿＿＿＿关键字。
4. 表达式 "1+2*3" 的结果是＿＿＿＿＿。

5. 通过使用_____属性可以获取数组中元素的数量。

二、选择题

1. 下列关于 JavaScript 语言特点描述，_____是不正确的。

    A. 简单性　　　　　　B. 面向对象　　　　　C. 动态性　　　　D. 跨平台性

2. 下列关于 JavaScript 语法描述，_____是不正确的。

    A. 不区别大小写　　　　　　　　　　B. 标识符不能以数字开头

    C. 内置对象通常是首字母大写　　　　D. 一行可以放多个语句

3. 下列不属于 JavaScript 数据类型的是_____。

    A. number　　　　　　B. integer　　　　　C. string　　　　D. null

4. 下列代码执行后，变量 i 的值是_____。

```
var i=0,j=1;
for(j=1;j<10;i++)
{
    i=j*i;
}
```

    A. 5050　　　　　　　B. 1　　　　　　　C. 55　　　　　D. 0

三、上机练习

📋 **练习 1：输出直角梯形**

使用一种符号，如 '@' '#' '*' 或 '$' 等，输出一个直角梯形。要求在梯形每一行的中间位置使用另一种符号，达到如图 12-4 所示的效果。

图 12-4　直角梯形运行效果

📋 **练习 2：求阶乘**

创建一个用户自定义函数，该函数带有一个参数用于指定求阶乘的数。例如，求 10 阶乘的公式如下：

```
10!=1*2*3*4*5*6*7*8*9*10
```

再创建一个函数用于统计阶乘之和，例如计算 5 阶乘和的公式如下：

1!+2!+3!+4!+5!

参 考 文 献

[1] 未来科技. HTML5+CSS3+Javascript 从入门到精通[M]. 北京：中国水利水电出版社，2017.

[2] 李东博. HTML5+CSS3 从入门到精通[M]. 北京：清华大学出版社，2013.

[3] 闫俊伢，耿强. HTML5+CSS3+JavaScript+jQuery 程序设计基础教程[M]. 2 版. 北京：人民邮电出版社，2018.

[4] 常新峰，王金柱. HTML5+ CSS3+JavaScript 网页设计实战(视频教学版)[M]. 北京：清华大学出版社，2018.

[5] 陆凌牛. HTML5 与 CSS3 权威指南[M]. 4 版. 北京：机械工业出版社，2019.

[6] 颜珍平，陈承欢. HTML5+CSS3 网页设计与制作实战[M]. 北京：人民邮电出版社，2019.